JN014494

基礎 界面とコロイドの化学

類家正稔　著

東京電機大学出版局

周期表：濃淡は典型非金属元素，典型金属元素，遷移元素の分類を表す。ただし，（濃い網掛け）は分類がよくわかっていない。

族→	1	2	3	4	5	6	7	8	9	10	11	12	13	14	15	16	17	18
周期↓	s	s^2	遷移元素									s^2d^{10}	s^2p	s^2p^2	s^2p^3	s^2p^4	s^2p^5	s^2p^6
1	1 **H** 水素 1.01								原子番号 元素記号 元素名 原子量									2 **He** ヘリウム 4.00
2	3 **Li** リチウム 6.94	4 **Be** ベリリウム 9.01											5 **B** ホウ素 10.81	6 **C** 炭素 12.01	7 **N** 窒素 14.01	8 **O** 酸素 16.00	9 **F** フッ素 19.00	10 **Ne** ネオン 20.18
3	11 **Na** ナトリウム 22.99	12 **Mg** マグネシウム 24.31											13 **Al** アルミニウム 26.98	14 **Si** ケイ素 28.09	15 **P** リン 30.97	16 **S** 硫黄 32.07	17 **Cl** 塩素 35.45	18 **Ar** アルゴン 39.95
4	19 **K** カリウム 39.10	20 **Ca** カルシウム 40.08	21 **Sc** スカンジウム 44.96	22 **Ti** チタン 47.87	23 **V** バナジウム 50.94	24 **Cr** クロム 52.00	25 **Mn** マンガン 54.94	26 **Fe** 鉄 55.85	27 **Co** コバルト 58.93	28 **Ni** ニッケル 58.69	29 **Cu** 銅 63.55	30 **Zn** 亜鉛 65.41	31 **Ga** ガリウム 69.72	32 **Ge** ゲルマニウム 72.64	33 **As** ヒ素 74.92	34 **Se** セレン 78.96	35 **Br** 臭素 79.90	36 **Kr** クリプトン 83.80
5	37 **Rb** ルビジウム 85.47	38 **Sr** ストロンチウム 87.62	39 **Y** イットリウム 88.91	40 **Zr** ジルコニウム 91.22	41 **Nb** ニオブ 92.91	42 **Mo** モリブデン 95.94	43 **Tc** テクネチウム (98)	44 **Ru** ルテニウム 101.07	45 **Rh** ロジウム 102.91	46 **Pd** パラジウム 106.42	47 **Ag** 銀 107.87	48 **Cd** カドミウム 112.41	49 **In** インジウム 114.82	50 **Sn** スズ 118.71	51 **Sb** アンチモン 121.76	52 **Te** テルル 127.60	53 **I** ヨウ素 126.90	54 **Xe** キセノン 131.29
6	55 **Cs** セシウム 132.91	56 **Ba** バリウム 137.33	57−71 *	72 **Hf** ハフニウム 178.49	73 **Ta** タンタル 180.95	74 **W** タングステン 183.84	75 **Re** レニウム 186.21	76 **Os** オスミウム 190.23	77 **Ir** イリジウム 192.22	78 **Pt** 白金 195.09	79 **Au** 金 196.97	80 **Hg** 水銀 200.59	81 **Tl** タリウム 204.38	82 **Pb** 鉛 207.2	83 **Bi** ビスマス 208.98	84 **Po** ポロニウム (209)	85 **At** アスタチン (210)	86 **Rn** ラドン (222)
7	87 **Fr** フランシウム (223)	88 **Ra** ラジウム (226)	89−103 **	104 **Rf** ラザホージウム (261)	105 **Db** ドブニウム (262)	106 **Sg** シーボーギウム (266)	107 **Bh** ボーリウム (264)	108 **Hs** ハッシウム (277)	109 **Mt** マイトネリウム (268)	110 **Ds** ダームスタチウム (281)	111 **Rg** レントゲニウム (272)	112 **Cn** コペルニシウム (285)	113 **Nh** ニホニウム (284)	114 **Fl** フレロビウム (289)	115 **Mc** モスコビウム (288)	116 **Lv** リバモリウム (292)	117 **Ts** テネシン (294)	118 **Og** オガネソン (294)

		3	4	5	6	7	8	9	10	11	12	13	14	15	16	17	18
ランタノイド*		57 **La** ランタン 138.91	58 **Ce** セリウム 140.12	59 **Pr** プラセオジウム 140.91	60 **Nd** ネオジウム 144.24	61 **Pm** プロメチウム (145)	62 **Sm** サマリウム 150.36	63 **Eu** ユウロピウム 151.96	64 **Gd** ガドリニウム 157.25	65 **Tb** テルビウム 158.93	66 **Dy** ジスプロシウム 162.50	67 **Ho** ホルミウム 164.93	68 **Er** エルビウム 167.26	69 **Tm** ツリウム 168.93	70 **Yb** イッテルビウム 173.04	71 **Lu** ルテチウム 174.97	
アクチノイド**		89 **Ac** アクチニウム (227)	90 **Th** トリウム 232.04	91 **Pa** プロトアクチニウム 231.04	92 **U** ウラン 238.03	93 **Np** ネプツニウム (237)	94 **Pu** プルトニウム (244)	95 **Am** アメリシウム (243)	96 **Cm** キュリウム (247)	97 **Bk** バークリウム (247)	98 **Cf** カリホルニウム (251)	99 **Es** アインスタイニウム (252)	100 **Fm** フェルミウム (257)	101 **Md** メンデレビウム (258)	102 **No** ノーベリウム (259)	103 **Lr** ローレンシウム (262)	

はじめに

本書の位置づけと想定する読者　本書は，大学で化学を専攻する学生のために書かれた界面化学とコロイド化学の入門書である。もともとは，著者の本務校で 2 年次に配当されている「界面化学」で用いるテキストとして作成したこともあり，おおよそ学部の 2 年生を想定して書かれてある。分量は「学部 2 年生が一生懸命読めば 1 週間で読了できること」を想定し，200 頁とした。

参考にした書籍　本書を作成するには多くのテキストを参考にした。おもなものは文献 [1–27] である。とくに，[1–3] の 3 冊は読むたびに新しい発見がある。それぞれの著者に深謝いたします。

自宅でできる課題実験　本書には，10 個の実験課題がある。これらはすべて特別な装置などなくても，工夫さえすれば家庭にあるものだけでできる。ぜひともチャレンジしてほしい。界面化学は，やはり実験が楽しい。

数式の導出・証明　界面化学は，化学全般はもとより，力学，熱力学，統計力学，電磁気学，反応速度論など広範な物理学を基礎とする学問であるから，すべての式を基礎まで戻って示すことは到底不可能である。もちろん，界面化学の教科書でなくては書かれていないような証明や導出は丁寧に示したが，それ以外のものについては，数式の導出と証明が教育的であると考えたものだけを示した。それ以上のものについては，それぞれの分野の成書を参考にされたい。

間違いがあれば連絡を下さい　おそらく，本書には正確でない記述や完全な誤解に基づく記述が残っているであろう。また，表や図の作成もすべて著者が行ったから，数値が誤っていたり，図が不適当であるかもしれない。さらに，見ていただければわかるように，本書は LaTeX 2ε を用いて組版しており*1，誤植があればそれも著者自身の責任である。もちろん，校正には膨大な時間を割いたが，それでも完全ではないだろう。本書を読み，間違いを見つけた方は info @ tdupress.jp まで連絡をいただけるとたいへんありがたい。また，出版後に見つかったミスや本書に関する情報は，https://www.tdupress.jp/で公開する予定である。[メインページ] から [ダウンロードページ] に移動していただき，ダウンロードページの下部にある「その他のダウンロード」項目内の『基礎　界面とコロイドの化学』をクリックしていただければ，本書のサポートページに到達する。

本書を出版するにあたり，東京電機大学出版局の吉田拓歩氏にはいろいろとアドバイスをいただきました。ここで，感謝の意を表します。

なお，本書は東京電機大学学術振興基金の援助を得て発刊された。

本書の執筆にあたり，精神的に支えてくれた妻と娘，そして両親に感謝し，本書を捧げます。

2023 年 11 月

類家　正稔

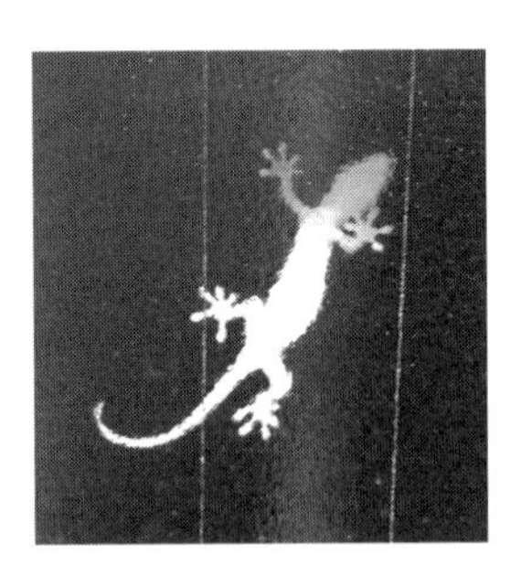

自然界にクライミングの名手は多いが，ヤモリほどみごとなものはいないだろう。この秘密はヤモリの足裏とガラスの「界面」にある。

*1 本書は Apple 社の Macintosh と LaTeX 2ε の組み合わせで組版しました。Steve Jobs(スティーブ ジョブズ)氏と Donald(ドナルド) E.(イー) Knuth(クヌース)氏をはじめ，Macintosh と TeX を開発してくれた方，すべてに感謝します。TeX に関しては，とくに，奥村氏の著作『LaTeX 2ε 美文書作成入門』[28] に助けていただきました。

目　次

第 1 章

序　論

図 1.1 に水（みず）に浮かぶ氷の写真を示した。水面より下では，氷が水と接しており，水面より上では氷が水蒸気と接している。また，水面自体は水と水蒸気が接している場所である。このように，物質の三態もしくは三相は「面」で接することが多く，この面を界面（かいめん）という[*1]。水を考えた場合，

① 氷—水　② 水蒸気—水　③ 氷—水蒸気

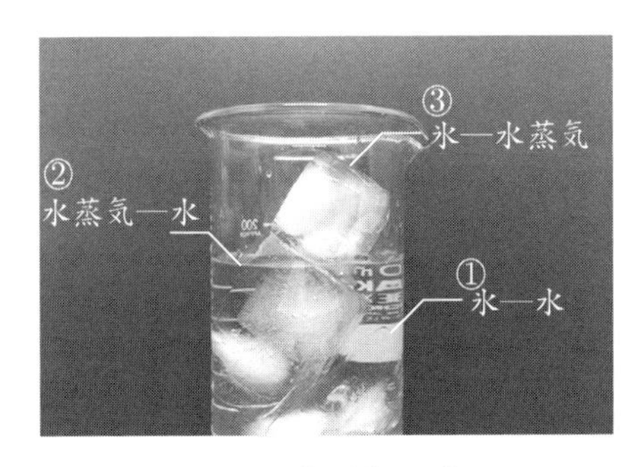

図 1.1　水に浮かぶ氷

[*1] 経験的に知っているように，水は透明な物質であり水の「内側」のようすもよく見ることができる。水中に氷が見えるのはこのためである。また，水は凍っても透明な状態を保つから，氷の「内側」もよく見ることができる。図 1.1 の氷は細かな気泡を含んでおり，白っぽく見えるのも氷が透明な証である。水が蒸発し気体になると水蒸気とよばれるが，水蒸気も無色透明である（やかんに入れたお湯が沸騰し，そそぎぐちから「白い」蒸気を見ることがあるが，これは水蒸気ではなく水蒸気が室温で急激に冷やされて細かな水滴となり，光を散乱して白く見える現象である）。このように，透明な物質は「外からの観察」で物質の「内側」を覗き込むことができる。しかし，われわれの身のまわりにある物質は不透明なものが圧倒的に多く，外側からの観察で物質の内側のようすをうかがい知ることはほとんど不可能である。多くの場合，物質の性質はその「内側」で決まる。しかし，（外側にいる）われわれが普段目にするのは，物質が外側と接している面だけである。これは，常に意識しておかなければならない重要な事実である。

の3つの界面がある。氷が溶ける（もしくは，水が凍る）のは氷—水界面であり，水が蒸発する（もしくは，水蒸気が水に凝縮する）のは水蒸気—水界面である。普段はお目にかからないが，氷が水蒸気に昇華する（もしくは水蒸気が氷に昇華する）のは氷—水蒸気界面である。純物質の相変化だけを考えても界面の重要性は明らかであろう。本書では，この界面の関与する現象に注目する。

ここでは水を例に説明したが，もちろん物質は水に限定されることなく，2つの相（そう）が接している境界面を界面とよぶ。1成分系を考える場合には，前述の3つの界面を考えれば十分であるが，2成分以上の系を考える場合には，新たに2つの界面が加わり，次に示す合計5つの界面を扱うことになる[*2]。そこで，これらを第2章〜第6章で取り扱う。

固相—気相 界面 → 第2章
気相—液相 界面 → 第3章
固相—液相 界面 → 第6章
液相—液相 界面 → 第4章，第5章
固相—固相 界面 → 本書で取り扱いません

はじめの3つはそれぞれを略して，固気界面（こきかいめん），気液界面（きえきかいめん），固液界面（こえきかいめん）ということが多い。また，一方の相が気相である場合には，その界面を表面（ひょうめん）とよぶこともある。

いずれの界面にせよ，そこでは性質を大きく異にする2つの相が接しており，1つの相からもう1つの相へと連続的に性質が変化している。すなわち，界面には「厚さ」がある。この点を強調するには界面層とよぶのがいいだろう。しかし，界面層はたかだか数分子程度であるから，巨視的には厚さがないと考えても差し支えない。しかし，近年の分子論的なアプローチによる界面化学の進展により，この数分子程度の領域が注目を集めている。

界面化学（かいめんかがく）は物質の表面や他の物質との界面で起こる現象を研究対象にした学問である[*3]。というのも，界面は相の内部に比べて異なった現象を示し，異なった性質を持つ。系に対する界面の割合が大きくなると，系の性質はバルク相に関する知見から予見できない性質や現象を示すことがある。そのような場合は界面の性質が系全体の性質を決めてしまう。ところで，物質はその大きさが小さくなればなるほど，自重に対する界面の面積が大きくなり，その分だけ界面の効果が大きく現れる。このように，

[*2] 気相どうしは混合するので，気相—気相界面は存在しない。

[*3] 前述した水のように，同じ物質どうしで異なる相が接する界面も界面化学で取り扱うが，どちらかといえば，相平衡の問題として「普通の熱力学」で取り扱う場合が多い。ただし，その界面が大きな曲率を持つと顕著に界面効果が現れるので，やはり界面化学での中心的な題材になる。

界面の効果が強調化される大きさの目安が**コロイド粒子**の大きさである。このような理由から，界面化学と**コロイド化学**は切っても切り離せない関係にある。そこで，コロイドに関しては，第 7 章〜第 9 章で取り扱う。

コロイド　→ 第 7 章，第 8 章，第 9 章

コロイドという語が 1861 年に**Graham**[*4]によって作られたことからわかるように，コロイド・界面化学の歴史は古い。Graham による先駆的な研究から百数十年たった近年では，コロイド・界面化学は物理化学の大きな一分野を形成するに至っている。おおざっぱにいえば，コロイド・界面化学は 1〜500 nm 程度の大きさを守備範囲にした学問である。この大きさは，単一の分子よりは大きく，バルクというには小さすぎるという，実に中途半端な大きさである。単一の分子であれば（原理的には）量子化学で取り扱うことができるし，バルクであれば熱力学が強力な武器になる。しかし，この中途半端な大きさを扱おうとすると，独特の困難さが待ち受けている。困難ということは，工夫のしがいがあるということである。これは，実験においても理論においても同様である。ここに界面化学の面白さがある。

また，界面化学は有機化学や無機化学のように，扱う物質の種類を限定する学問分野ではない。ましてや，電気化学や分析化学のように用いる手法によって他と区別される学問分野でもない。界面化学は高級脂肪酸の**単分子膜**を扱う一方，**シリカゲル**や**ゼオライト**などによる吸着現象も守備範囲である。**Langmuir**は反応速度論をベースに**単分子層吸着理論**を展開したが，現代では統計力学による導出，意味づけもされている。 また，コロイド粒子の大きさや形の測定などは種々の散乱実験などで行う。すなわち，コロイド・界面化学は扱う対象が 1〜500 nm 程度の大きさであれば，その物質の素性や測定の方法論にとらわれることはない。

もう 1 つ，コロイド・界面化学には大きな特徴がある。それは，扱う対象が「身のまわりの物質」，「身のまわりの現象」であることが多いということである。われわれは水道の蛇口から滴り落ちる水滴の大きさがどのぐらいなのか経験的に知っている。水道の蛇口から野球ボール並みの大きさの水滴が滴り落ちることはけっしてないが，これは水滴の大きさが水の**表面張力**と蛇口の径で決まるからである。この表面張力は界面化学で最重要な物理量の 1 つである。さらに，われわれは日々洗濯をするが，**洗浄**は**界面活性剤**の重要な働きであり，界面活性剤はコロイド・界面化学の中心的な存在である。また，**牛乳**，**バター**，**マヨネーズ**などの乳製品は典型的なコロイド（より正確にはエマルションに分類される）であるし，**乳液**や**クリーム**などもコロイドで

[*4] Thomas Graham (1805–1869)

あり，**化粧品**の開発にはコロイド・界面化学の知識は必須となる。屋外に視線を転じてみれば，雨上がりの空に太陽の光の筋が見えることがある。これは，コロイド粒子程度の大きさになった水滴による太陽光の散乱で，**Tyndall現象**とよばれる。雨上がりの水たまりには**アメンボ**が水面を滑るように走っていることがあるが，アメンボの足はとても強く水をはじく構造になっており，表面張力の助けを借りて水面上にとどまっている。また，水たまりが虹色にきらきらと光っているのを見たことのある読者も多いだろう。これは，水たまりの水面に油が数分子程度の厚さの膜を作っていることに原因がある。油の分子が単分子から数分子で層を作ると，ちょうど可視光線の波長と同程度となり，光の回折現象が起こり虹色に輝いて見えるのである。水面上に展開した不溶性の**単分子膜**は，コロイド・界面化学の重要な一分野である。

以上の例でわかっていただけるだろうが，身のまわりにはコロイド・界面化学の題材がたくさんある。すなわち，界面化学はもっとも身近な化学であるといってよい。

✄ 自宅でできる課題実験1

ガラスのコップに水を9割ほど入れ，水面にそっと1円玉をのせると1円玉が水に浮くことを確認せよ（1円玉の材料はアルミニウムであるが，アルミニウムは水より密度が大きい。それなのに水に浮くのはなぜか）。このとき，1円玉はコップの中央にいることを確認せよ（息を吹きかけて1円玉をコップのふちに近づけても，反発して中央に戻ってくる）。つぎに，ガラスのコップを水でなみなみと満たし，同じように1円玉を水面に浮かべよ。こんどは1円玉がコップのふちに接していることを確認せよ。

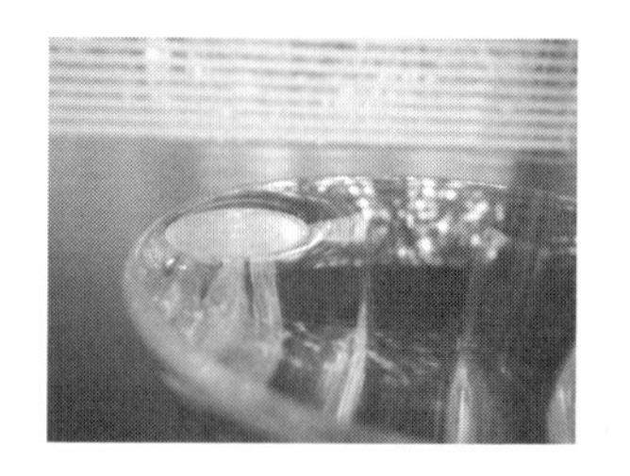

以上の観察結果はどのように説明されるだろうか。直接の答えはこのテキストのどこを探しても書かれていない。しかし，本書をすべて読めば，この現象を説明するのはそれほど難しいことではないだろう。

第2章

固体—気体界面

2.1 固体表面

固体表面と気体分子の相互作用について考える場合，現実の系では固体表面に存在する欠陥が重要になることが多い。たとえば，固体表面に気体分子が付着することを考えると，① 気相にある分子が固体表面に衝突し，② 付着する，という2つの過程が必要である[*1]。仮に，気体分子が表面に衝突しても，必ず表面に捕捉されるとはかぎらない。表面に捕捉されるためには，表面を構成する原子との強い引力的な相互作用が必要である。このことを考えると，気体分子は平坦な表面すなわち，**テラス**よりも，**ステップ**や**キンク**，**転移**(てんい)近傍で捕捉される確率が高くなることは予想できるだろう（図2.1参照）。

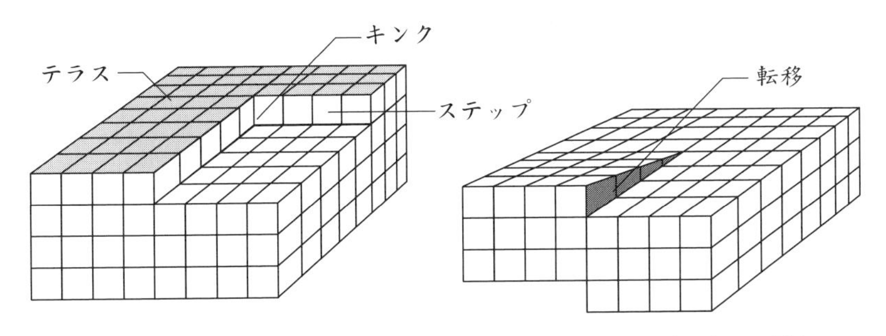

図2.1　固体表面に存在する構造：平坦な結晶面をテラスとよび，高さの異なるテラスが出会う段差の部分をステップ，ステップが交わる箇所をキンクとよぶ。また，原子の並びが線上に乱れた領域を転移とよぶ。

[*1] 気相にある分子の表面への衝突は気相の圧力で決まる。このことについては2.9節で考える。

しかし，常に欠陥構造を考えていると，固気界面で起こる現象の大枠を見渡すことができなくなる。そこで，固体表面の欠陥についての説明はこれだけにとどめ，これ以降の節では固体表面は（ある意味理想化された）まったく欠陥のない平坦な表面であると考える。また，固体表面は　　　　　のように描き，灰色で示したほうを固相，白で示したほうを気相とし，これらの境界に引いた黒線で固体表面を示すと約束する。

2.2　固体表面への吸着

気相の分子どうしは引力的相互作用によりたがいに引き合い，バルク相では一様に分布する。しかし，固体表面が近くにあると，気相の分子は固体表面を構成する多数の原子と引き合うため，固体表面へと引き寄せられる（図 2.2 参照）。すなわち，固体表面近傍で気体分子は自発的に濃縮する。この例のように，相と相が接する界面において，いずれかの相の物質の濃度がバルク相の濃度よりも大きくなる現象を**吸着**（きゅうちゃく）という。より広義には，濃度が大きくなる現象だけでなく，濃度が小さくなる現象も**負吸着**（ふきゅうちゃく）といい，吸着に含める*2。ここでは，固相と気相が接する界面（表面）において，気相の物質の濃度がバルク相の濃度よりも大きくなる場合に限定して説明する。

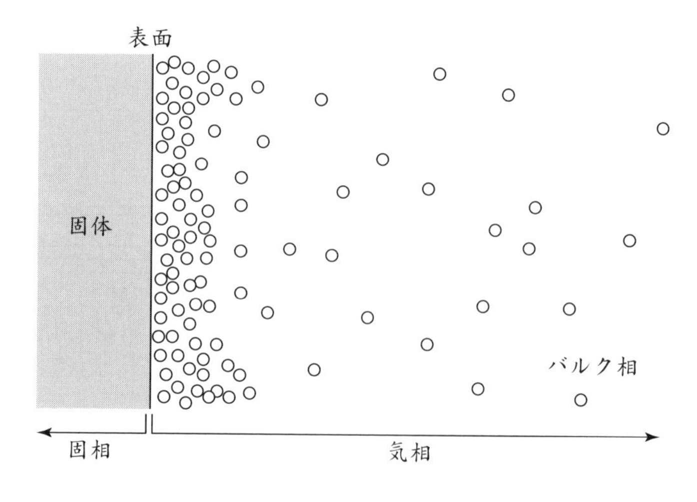

図 2.2　気相の分子は固体表面の近くで濃縮することが多い。

*2 負吸着の例は 3.8.3 項で示す。

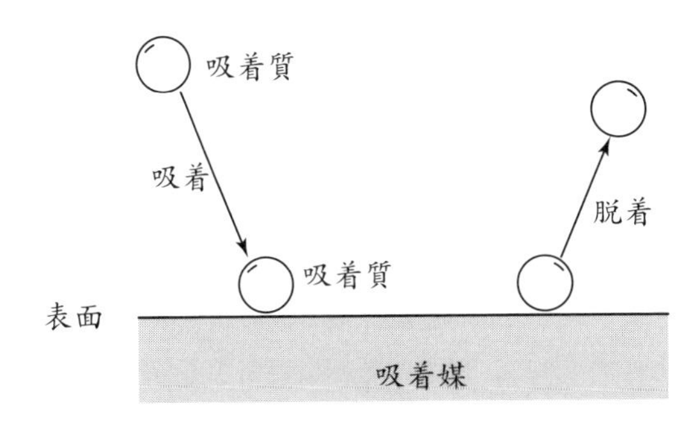

図 2.3 固体表面近傍における吸着

図 2.3 に固体表面近傍での吸着のようすを表した。吸着現象を考える場合，吸着する分子（もしくは原子）を**吸着質**（きゅうちゃくしつ），吸着される固体を**吸着媒**（きゅうちゃくばい）という。また，吸着質が固体表面から離れることを**脱着**（だっちゃく）という。もし，表面に吸着する原子が表面を構成する原子と同種原子である場合，吸着原子は表面の一部になる。これは**結晶成長**（けっしょうせいちょう）にほかならない。本書では，表面に吸着した原子が表面を構成する原子と異なった場合についてだけを扱う[*3]。

2.2.1 物理吸着と化学吸着

固体表面への気体分子の吸着は，固体表面と吸着質の相互作用が弱い場合を**物理吸着**（ぶつりきゅうちゃく）とよび，強い場合を**化学吸着**（かがくきゅうちゃく）とよんで区別することが多い。しかし，強い相互作用と弱い相互作用の区別に明確な定義はなく，この区分には任意性がある。それでも，相互作用が **van der Waals**（ファンデルワールス）[*4] **相互作用**（そうごさよう）の場合は物理吸着とよび，固体表面と吸着質のあいだに化学結合が形成されるような場合を化学吸着とよび，これらを区別するのが一般的である[*5]。一般に，物理吸着は可逆的であり[*6]，化学吸着は不可逆である。また，物理吸着は特異的な相互作用に起因しないので，比較的一般的な取り扱いが可能である。一方，化学吸着は（化学結合が形成されることからもわかるように）気体分子と固体表面の組み合わせに応じた特異的な相互作用に起因するから，一般的な記述は困難である。そこで，ここでは主として物理吸着を扱う。

[*3] 結晶成長も界面現象であるから界面化学の守備範囲であるが，結晶成長は単独の確立した一分野であるから，これについては他の成書を参照せよ。

[*4] Johannes Diderik van der Waals (1837–1923)

[*5] しかし，水素結合による吸着を化学吸着とするのか物理吸着とするのか，人によって異なる。

[*6] 2.7 節を参照せよ。

2.3　吸着等温線

吸着現象を定量的に表現する場合には吸着等温線を用いることが多い[*7]。吸着等温線とは，一定温度下における圧力と吸着量の関係を，横軸に圧力，縦軸に吸着量をプロットしたものをいう。ある吸着媒と吸着質の組み合わせにおいて，吸着量は温度と圧力によって定まるが，吸着等温線は吸着量の圧力依存性を表す。圧力は気相に存在する分子数に比例するから，横軸は気相に存在する分子数を意味する。縦軸は固体表面に存在する分子数そのものだから，吸着等温線上の任意の点は，図2.4中に描いたように，気相と吸着相での分子数の比，すなわち気相と吸着相における分子の分配のようすを表していると理解できる。

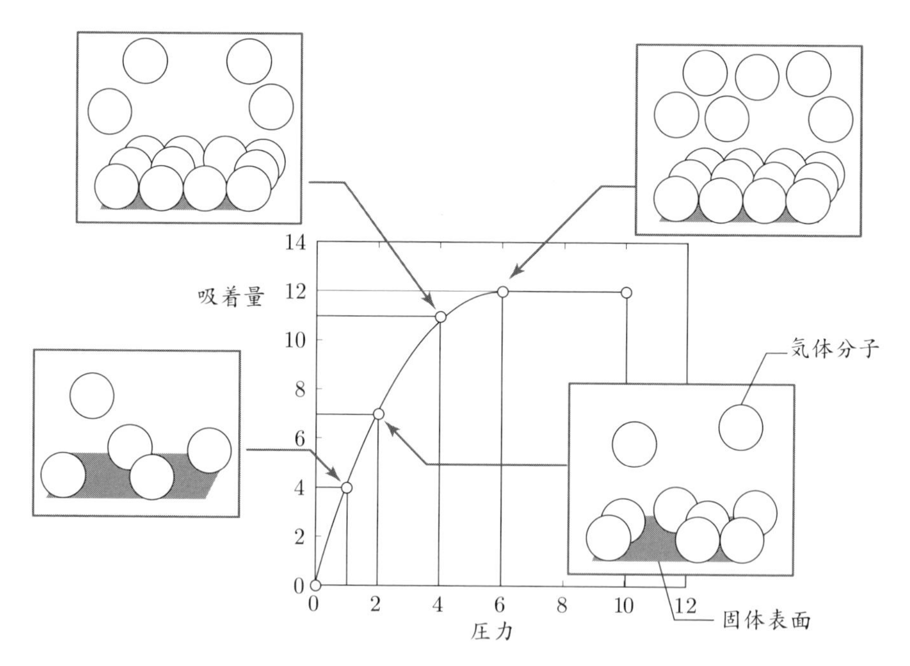

図2.4　吸着等温線の意味：吸着等温線上の任意の点は，図中に描いたように，気相と吸着相での分子の分配のようすを表す。たとえば，最初の点 (1, 4) は，気相に存在する分子数：吸着している分子数 = 1 : 4 を意味し，次の点 (2, 7) は，気相に存在する分子数：吸着している分子数 = 2 : 7 を意味する。これ以降の (4, 11)，(6, 12)，(10, 12) も同様である。もちろん，実際の吸着等温線では「気相に存在する分子数」とはそれに相当する圧力という意味であり，分子数そのものとは異なる。

[*7] これ以外にも，吸着等圧線や吸着等量線があるが，吸着等温線がもっとも測定しやすい。

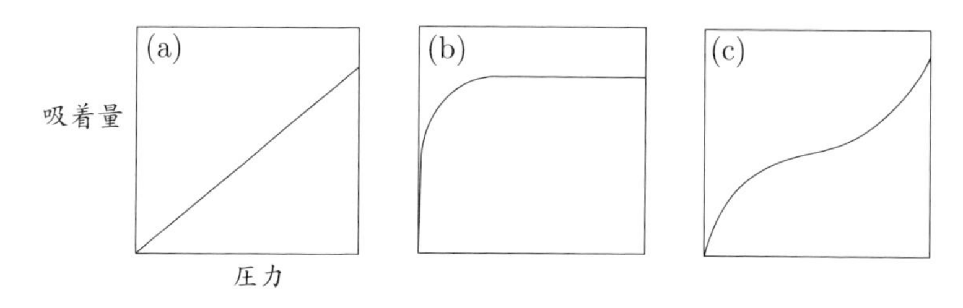

図 2.5　吸着等温線の代表的な形状：(a) Henry 型，(b) Langmuir 型，(c) BET 型

気相と吸着相での分子の分配の割合が圧力に依存せずに常に一定であるならば，吸着等温線は直線状になる。また，そうではなく，圧力に依存するような分配が起これば，それに特徴的な吸着等温線の形状となる。すなわち，吸着現象を吸着等温線の形で表すと，その吸着機構に特徴的な形状を示すことが予想され，実際，いくつかの特徴的な形になることが知られている。代表的なものとして，図 2.5 に示したような**Henry**（ヘンリー）[*8] **型**（がた），**Langmuir型**（ラングミュアがた），**BET 型**（ビーイーティーがた）などがある[*9]。すぐ前で述べたように，気相と吸着相での分子の分配が圧力に依存しない場合，吸着量は圧力に比例し，これを Henry 型とよぶ。一方，吸着量がある圧力で飽和し，それ以上の増大を示さない場合は Langmuir 型とよぶ。また，これらをかけ合わせたような特徴的な形：〜を示す場合，BET 型とよぶ。

ある吸着媒に対する複数の吸着質の吸着等温線を比較したい場合もある。しかし，異なる吸着質は異なる蒸気圧を持つから，圧力を絶対値で比較してもあまり意味がない[*10]。そこで，吸着等温線を示す場合，横軸の圧力 p は吸着質の**飽和蒸気圧**（ほうわじょうきあつ） p_0 で除して，**相対圧**（そうたいあつ） p/p_0 で表すのが一般的である。このように，横軸の圧力を相対圧として規格化してやれば，ある吸着媒に対する窒素吸着等温線とヘリウム吸着等温線を同時プロットするなどして，意味のある比較を行うことができるようになる。縦軸の吸着量は，「吸着媒 1 g あたりにどれだけ吸着しているか」という量で表す。すなわち，吸着媒 1 g で規格化するのが普通である。「どれだけ吸着しているか」は物質量で表すのがもっとも適当であると考えられるが，吸着質の質量であったり，**標準状態**（ひょうじゅんじょうたい）における体積であることも多い[*11]。

[*8] William Henry (1775–1836)

[*9] Langmuir 型吸着等温線は 2.4 節を，BET 型吸着等温線は 2.5 節を参照せよ。

[*10] もちろん，絶対圧での比較が重要な場合もある。

[*11] 吸着量の単位として mL/STP を用いる場合がある。これは，標準状態：Standard Temperature and Pressure における体積を意味する。標準状態については付録 F.4 節を参照せよ。

2.3.1 吸着等温線のIUPACによる分類

IUPAC（アイユーピーエーシー）[*12]は吸着等温線をその形状によって6種類に分類している（図2.6参照）。I型の等温線は，単分子層以上の吸着が起こらない場合に見られ[*13]，Langmuir型の吸着等温線がこれに相当する（図2.5(b)参照）。一方，吸着が単分子層で止まらず，多分子層を形成する場合には，II〜VI型の吸着等温線が得られる[*14]。II型とIII型の吸着等温線を示す系は非常に多く，非多孔性固体への吸着が典型的な例である[*15]。吸着質と固体表面の相互作用が強い場合にはII型，逆に弱い場合にはIII型を示す。BET型の吸着等温線がこれらに相当する（図2.5(c)参照）。II型の吸着等温線では，等温線が凸に曲がったところで第1層が完成し，相対圧の増大に従い第2層以上が形成される。III型では第1層の完成した点が不明瞭となる。IV型とV型の吸着等温線は，メソ孔性固体への吸着でよく見られ，吸着質と固体表面の相互作用が強い場合はIV型，逆に弱い場合はV型を示すことが多い。高圧部における平坦部分では，メソ孔への吸着が終わり，わずかに存在する外表面への吸着が起こっている。VI型は無極性吸着質が均一な表面を有する非多孔性固体へ吸着するときに得られる。

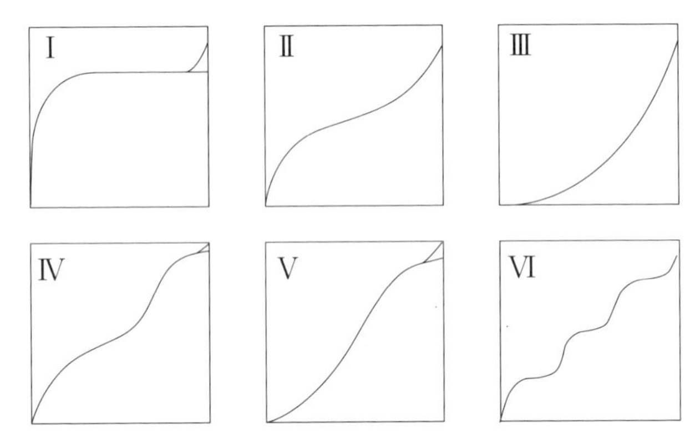

図2.6 IUPACによる吸着等温線の分類：IUPACは吸着等温線を6種類に分類することを提唱している。

[*12] 国際純正・応用化学連合：IUPACはInternational Union of Pure and Applied Chemistryの略で，そのままアイユーピーエーシーと読むが，アイウパック（アイユーパック）と読むこともある。

[*13] 化学吸着がこの典型的な例である。ただし，物理吸着であっても，外表面に比べて細孔由来の内表面積が圧倒的に大きいミクロ孔性固体への吸着ではI型の等温線が得られることが多いから注意を要する（低圧部の吸着量の急激な増大はミクロ孔への吸着であり，そのあとの平坦な部分は外表面へのゆるやかな吸着である）。

[*14] 単分子層吸着については2.4節を，多分子層吸着については2.5節を参照せよ。

[*15] 多孔性固体やメソ孔性固体については2.6節を参照せよ。

2.4 Langmuir 吸着理論：単分子層吸着理論

固体表面への気体分子の吸着に関する重要な理論として，**単分子層吸着理論**（たんぶんしそうきゅうちゃくりろん）がある。これは，固体表面上に分子が 1 層だけ吸着し，それ以上には吸着が進行しないことを仮定したもので，1916 年に**Langmuir**（ラングミュア）[*16]により提案された[29]。

2.4.1 Langmuir の吸着等温式：速度論的導出

ここでは Langmuir の吸着等温式を速度論的に導出する。

モデル

まずは，固体表面を分子が吸着する**吸着**（きゅうちゃく）サイトに区画化する（図 2.7 参照）。この区画化された吸着サイトは全部で N_{S} 個ある[*17]。この N_{S} 個ある吸着サイトのいずれかに吸着質が吸着する。吸着サイトが分子で占められると，そのサイトにはもう他の分子は吸着しない。すなわち，1 個の吸着サイトには 1 個の分子しか吸着せず，吸着した分子の上は吸着サイトとして機能しない。ある瞬間に吸着している分子の数，すなわち吸着量を N_{A} で表す。また，すべての吸着サイトは等価であり，吸着質がどの吸着サイトに吸着するかは，その近くが吸着されているかどうかには無関係である[*18]。

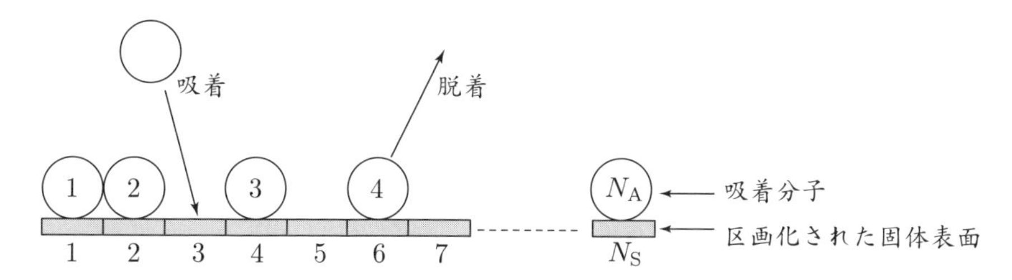

図 2.7 単分子層吸着モデル：表面には N_{S} 個の等価な吸着サイトが存在し，ある吸着平衡において，N_{S} 個のサイトのうち N_{A} 個のサイトが吸着質で占められている。

[*16] Irving Langmuir (1881–1957)：1932 年に「界面化学における諸発見と諸研究」に対してノーベル化学賞を受賞。

[*17] 下付きの S は saturated（飽和した）の頭文字であり，すぐあとに出てくる N_{A} の下付きの A は adsorbed（吸着した）の頭文字である。

[*18] 分子は他の分子と相互作用し，同種分子どうしであればその相互作用は液化することの原因になる。すなわち，すでに表面に分子が吸着していると，その近傍は新たな吸着質分子にとって有利な吸着サイトになる。なぜなら，吸着質—表面相互作用（「縦の相互作用」とよばれる）に加えて吸着質—吸着

導出

ある圧力において吸着が平衡に達している状態を想定する。この状態はマクロな視点では**吸着速度**（きゅうちゃくそくど）がゼロ[*19]であるが，ミクロな視点では吸着，脱着が止まっているわけではなく，（ミクロな意味での）吸着速度 $\overrightarrow{v}$ と（ミクロな意味での）**脱着速度**（だっちゃくそくど）$\overleftarrow{v}$ がちょうど等しくなっている。

さて，吸着速度 $\overrightarrow{v}$ と脱着速度 $\overleftarrow{v}$ を具体的に書き下すことにしよう。吸着が起こるには気相にある吸着質が固体表面に衝突することが必須であることを考えると，吸着速度は「まだ吸着されていないサイトの数」$(N_\mathrm{S} - N_\mathrm{A})$ に比例すると考えられる。また，同じ理由から吸着速度が気相に存在する分子数，すなわち圧力 p に比例すると考えるのも合理的だろう[*20]。一方，脱着速度はすでに吸着している分子の数に比例すると考えられる[*21]。吸着速度，脱着速度とも絶対値での議論を避けるために，比例定数 k と k' を入れておこう。

$$\begin{cases} \overrightarrow{v} = kp\,(N_\mathrm{S} - N_\mathrm{A}) \\[2ex] \overleftarrow{v} = k' N_\mathrm{A} \end{cases} \tag{2.1}$$

この吸着速度と脱着速度が等しい，すなわち $\overrightarrow{v} = \overleftarrow{v}$ とおくと，次の結果を得る。

$$\begin{aligned} kp\,(N_\mathrm{S} - N_\mathrm{A}) &= k' N_\mathrm{A} \\ N_\mathrm{A} &= \frac{kp}{k' + kp} N_\mathrm{S} && N_\mathrm{A}\text{について整理した} \\ &= \frac{\bigl(k/k'\bigr)p}{1 + \bigl(k/k'\bigr)p} N_\mathrm{S} && \text{分子と分母を } k' \text{で除した} \\ &= \frac{ap}{1 + ap} N_\mathrm{S} && k/k' = a \text{ とおいた} \end{aligned} \tag{2.2}$$

質相互作用（「横の相互作用」とよばれる）も期待できるからである。しかし，Langmuir は「どの吸着点も等価であり，吸着質がどの吸着点に吸着するかは，その近くが吸着されているかどうかには無関係である」と仮定している。これは，「横の相互作用に比べて縦の相互作用が圧倒的に強い」という仮定であると理解できる。

[*19] 実験的に得られる吸着量のように，マクロな意味での吸着量が時間とともに変化しないということを意味する。

[*20] 気相にある分子が固体表面へ衝突する頻度を表す厳密な式は，2.9 節と付録 A で示す。

[*21] 本文で説明しているように，吸着が起こるには吸着質が表面に衝突する必要がある。これを支配する因子として p と $N_\mathrm{S} - N_\mathrm{A}$ を吸着速度 $\overrightarrow{v}$ に組み込んだ。一方脱着は，すでに吸着している吸着質が脱着するわけで，これを N_A として脱着速度 $\overleftarrow{v}$ に組み込んだ。脱着過程において（すでに固体表面上に吸着した）吸着質は体積が無限大の気相へ移動する。吸着過程は固体表面の空サイトという非常に制限された場所への衝突が必須だったので $N_\mathrm{S} - N_\mathrm{A}$ という因子が吸着速度 $\overrightarrow{v}$ に組み込まれたが，脱着過程ではとくに移動する先の制限がない。そのため脱着速度 $\overleftarrow{v}$ は吸着速度 $\overrightarrow{v}$ に比べて単純な形をとる。

これを**Langmuir**（ラングミュア）の**吸着等温式**（きゅうちゃくとうおんしき）という。(2.2) 式の両辺を N_{S} で割ると次式を得る。

$$\theta := \frac{N_{\mathrm{A}}}{N_{\mathrm{S}}} = \frac{ap}{1+ap} \tag{2.3}$$

ここで定義した θ（シータ）を**被覆率**（ひふくりつ）という。物理的な意味は名前から明らかだろう。

吸脱着の活性化エネルギー

脱着速度 $\overleftarrow{v}$ をもう少し詳しく書けば，

$$\overleftarrow{v} = k'N_A = k''\nu_{\mathrm{v}}\exp\left(-\frac{E_{\mathrm{d}}}{RT}\right)N_A \tag{2.4}$$

となる*22。k'' は定数で，ν_{v}（ニュー）は表面上の吸着質分子の振動周波数の表面に垂直な成分，E_{d} は脱着の**活性化エネルギー**（かっせいか）を表す。吸着している分子は表面上で静止しているわけではなく振動運動しており，激しく振動する分子ほど表面から脱着しやすいので $\overleftarrow{v}$ に ν_{v} が含まれる。もう 1 つの $\exp(-E_{\mathrm{d}}/RT)$ は，脱着の温度依存性が**Arrhenius**（アレニウス）*23**型**（がた）であることを示している。脱着の活性化エネルギー E_{d} は吸着の活性化エネルギー E_{a} と**吸着エネルギー**（きゅうちゃく）q の和で表されるが，物理吸着の活性化エネルギー E_{a} はゼロと考えてよいので，$E_{\mathrm{d}} = q$ としてよい（図 2.8 参照）。つまり，脱着速度は次式のように書いてよい。

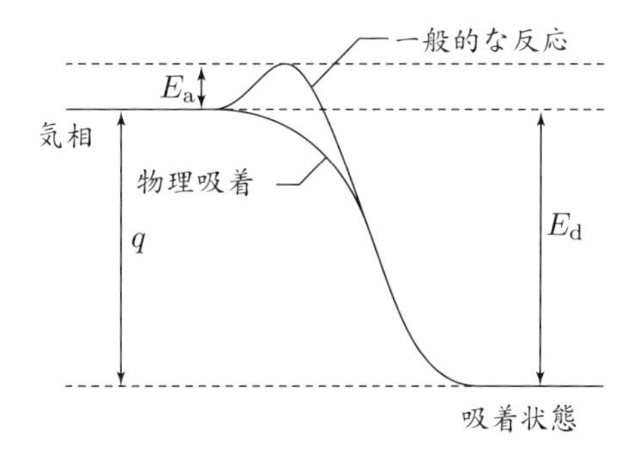

図 2.8　物理吸着では，一般的な反応のエネルギー図に現れる活性化エネルギーはゼロとしてよい。

$$\overleftarrow{v} = k''\nu_{\mathrm{v}}\exp\left(-\frac{q}{RT}\right)N_A \tag{2.5}$$

脱着と同様に，吸着速度 $\overrightarrow{v}$ に $\exp(-E_{\mathrm{a}}/RT)$ を含め，

$$\overrightarrow{v} = k'''p\,(N_{\mathrm{S}} - N_{\mathrm{A}})\exp\left(-\frac{E_{\mathrm{a}}}{RT}\right) \tag{2.6}$$

と書いてもよいが，上で述べたように吸着の活性化エネルギー E_{a} はゼロとしてよいので，この項は結局 $\exp(-E_{\mathrm{a}}/RT) = 1$ となる。

---

*22 $\exp x = e^x$ である。

*23 Svante August Arrhenius (1859–1927)

2.4.2 Langmuir 型吸着等温線の特徴

Langmuir 型吸着等温線には，以下の 2 つの特徴がある（図 2.9 参照）。

1. 飽和蒸気圧付近では，吸着量は N_S に近づく。
2. ごく低圧で **Henry** の法則[*24] が成り立つ。

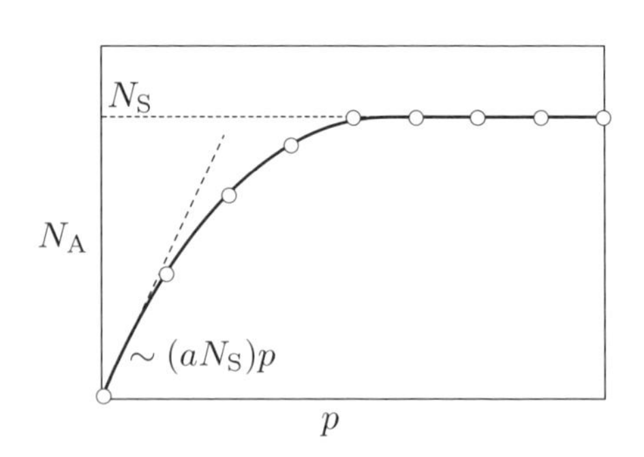

図 2.9　典型的な Langmuir 型吸着等温線

1. については，吸着等温式に含まれる圧力 p を無限大にした極限で吸着量 N_A が全吸着サイト数 N_S に等しくなることで示すことができる。

$$\lim_{p\to\infty} N_\mathrm{A} = \lim_{p\to\infty}\left(\frac{ap}{1+ap}\right)N_\mathrm{S} = \lim_{p\to\infty}\left(\frac{a}{1/p+a}\right)N_\mathrm{S} = N_\mathrm{S} \tag{2.7}$$

圧力が増大しても吸着量が一定値を示し，それ以上増大しないようすを「吸着が飽和する」といい，このときの吸着量を**飽和吸着量**という。また，**単分子層容量**ともいう。

2. については，吸着等温式を **Maclaurin**[*25] **展開**[*26]することにより示すことができる。$N_\mathrm{A}(p)$ の一回微分を $N'_\mathrm{A}(p)$ で表すと，Langmuir 型吸着等温線の圧力がゼロ近傍での振る舞いは，

$$\begin{aligned} N_\mathrm{A}(p) &= N_\mathrm{A}(0) + N'_\mathrm{A}(0)p + \cdots \\ &= \frac{a\times 0}{1+a\times 0}N_\mathrm{S} + \frac{a}{(1+a\times 0)^2}N_\mathrm{S}p + \cdots \\ &= 0 + (aN_\mathrm{S})p + \cdots = (aN_\mathrm{S})p \end{aligned} \tag{2.8}$$

と表すことができる[*27]。すなわち，Langmuir 吸着等温式を Maclaurin 展開の第 2 項までで近似すると，$N_\mathrm{A}(p) = (aN_\mathrm{S})p$ となる。これは吸着量は圧力に比例するという Henry の法則にほかならない。

[*24] 初等化学で勉強するように，気体の液体への溶解度が圧力に比例することを Henry の法則という。これ以外の現象でも，ある物理量が圧力に比例する現象を一般に Henry の法則ということがある。

[*25] Colin Maclaurin (1698−1746)

[*26] 付録 G.7 節を参照せよ。

[*27] $N'_\mathrm{A}(p) = \dfrac{\mathrm{d}N_\mathrm{A}}{\mathrm{d}p} = \dfrac{(1+ap)(ap)' - (1+ap)'ap}{(1+ap)^2}N_\mathrm{S} = \dfrac{a}{(1+ap)^2}N_\mathrm{S}$

2.4.3 Langmuir プロット

図 2.10 (a) に示した吸着等温線（数値データは表 2.1 に示した）では，明らかな飽和は確認できない。このような場合であっても，吸着等温線が Langmuir 型かどうかを判断する方法がある。これには，(2.2) 式の両辺の逆数をとったあと両辺に p をかけ，以下の形を得るとよい。

$$\frac{p}{N_\mathrm{A}} = \frac{1}{N_\mathrm{S}} \times p + \frac{1}{aN_\mathrm{S}} \tag{2.9}$$

(2.9) 式は，縦軸に圧力 p を吸着量 N_A で割った値を，横軸に圧力 p をプロットすれば直線が得られ，傾き s と切片 i は，

- $s = 1/N_\mathrm{S}$
- $i = 1/aN_\mathrm{S}$

で与えられることを示している。つまり，このプロットが直線になれば吸着等温線が Langmuir 型であるといえる[*28]。さらに，傾き s と切片 i から，定数 a と飽和吸着量 N_S が，

- $a = s/i$
- $N_\mathrm{S} = 1/s$

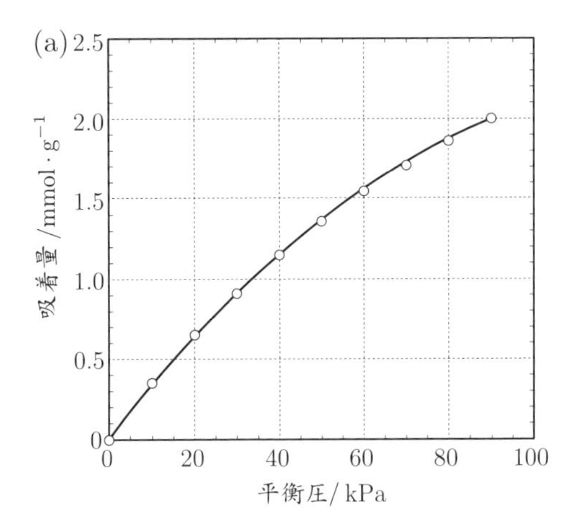

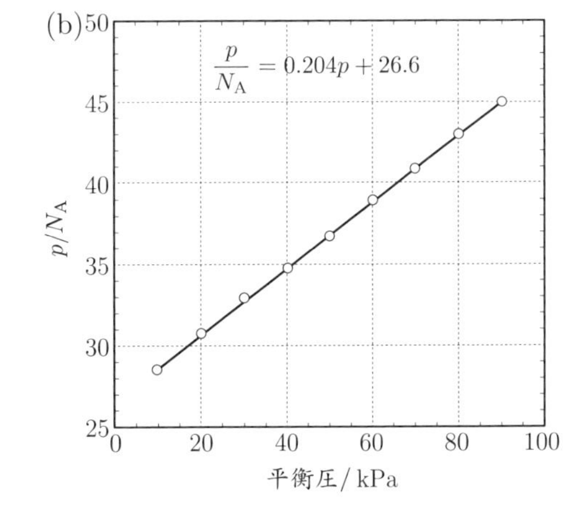

図 2.10　273 K における木炭への一酸化炭素の (a) 吸着等温線と (b) Langmuir プロット

で求められることもわかる。つまり，観測されていない飽和吸着量を推定することができる。このプロットを**Langmuir**（ラングミュア）**プロット**とよぶ（図 2.10 (b) 参照）。

[*28] 吸着が単分子層吸着とは異なる機構で起こっている場合でも，見かけ上プロットが直線になることはあるから，慎重に判断する必要がある。

表 2.1 273 K における木炭への CO 吸着：[20]

p〔kPa〕	0	10.0	20.0	30.0	40.0	50.0	60.0	70.0	80.0	90.0
N_{A}〔mmol/g〕	0	0.35	0.65	0.91	1.15	1.36	1.54	1.71	1.86	2.00

✐ 演習問題 1　表 2.1 に 273 K における木炭への一酸化炭素 CO 吸着のデータを示した。

1. 吸着等温線（横軸は平衡圧力 p，縦軸は吸着量 N_{A}）をプロットしなさい。
2. Langmuir プロットにより単分子層容量 N_{S}〔mmol/g〕を求めなさい。

解答 1

1. 図 2.10 (a) に示した。
2. 4.9 mmol/g
   Langmuir プロットを図 2.10(b) に示した。この傾きが 0.204 であるから，単分子層容量は $N_{\mathrm{S}} = 1/0.204 = 4.9$ mmol/g と求まる。

2.4.4 Langmuir の吸着等温式：統計力学による導出

ここでは Langmuir の吸着等温式を統計力学から導出する。

モデル

図 2.7 に示したモデルで考える。すなわち，固体表面に吸着サイトを考え，各吸着サイトには吸着質が 1 つだけ吸着できる。また，吸着サイトに分子が吸着すると，1 サイトあたり q だけエネルギーが安定化すると考える。また，吸着サイトどうしは相互作用しないものとする[*29]。すなわち，固体表面上のサイトはエネルギーがゼロの状

[*29] 固体表面上にサイト A とサイト B を考えて，A と B の両方が空サイトである状態を考える。サイト A に吸着が起こった場合，サイト A は q だけエネルギーが低下する。つぎにサイト B に吸着が起こった場合，同様に q だけエネルギーが低下する。このサイト A とサイト B が隣どうしである場合，吸着分子どうしが相互作用して，さらなるエネルギーの低下が見込める。しかし，いま考えている対象の主体はサイトであって分子ではないから，吸着分子どうしに相互作用が生じた場合，それをサイトのエネルギーの増減として評価しなくてはいけない。ところが，サイトのエネルギーの増減に関しては，分子が吸着すると 1 サイトあたり q だけエネルギーが安定化するとしているだけで，それ以外の原因によるエネルギーの増減を仮定していない。この「それ以外の原因によるエネルギーの増減はない」ということを「サイト間に相互作用はない」と表現した。これは「それぞれのサイトが独立である」ことを利用して N_{S} 個のサイトの系の大分配関数をサイトが 1 個の系の大分配関数の積で書き表すために，重要な仮定となる。また，この仮定は「吸着分子どうしは相互作用しない」と同じ意味であるから，Langmuir が提案した仮定と同じ仮定をしていることは明らかであろう。

態と $-q$ の状態のいずれかの状態をとる。この固体表面上にある吸着サイトの集団を統計力学で扱う。

導出

大正準集団における**大分配関数** Ξ は次のように表される[*30]。

$$\Xi = \sum_N \lambda^N \sum_n \exp\left(-\frac{E_N^n}{k_{\mathrm{B}}T}\right) \tag{2.10}$$

ここで，k_{B}，T はそれぞれ **Boltzmann**[*31] **定数**，絶対温度を表す。また，λ はフガシティーを表し，**化学ポテンシャル** μ を用いて次のように定義される。

$$\lambda := \exp\left(\frac{\mu}{k_{\mathrm{B}}T}\right) \tag{2.11}$$

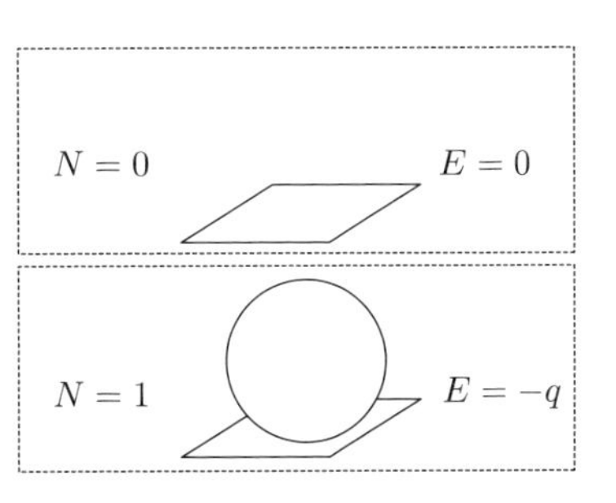

図 2.11　1 つの吸着サイトは「吸着状態」か「空状態」のいずれかの状態をとる。

また，E_N^n は N 粒子からなる**正準集団**で n 番目の微視的状態における系の全エネルギーを表す。

まずは簡単のために，吸着サイトが 1 つだけの系を考える（図 2.11 参照）。この場合，サイトは空サイトであるか吸着済みのサイトであるかのいずれかであり，おのおのの場合，粒子数は $N=0$ と $N=1$ となる。また，$N=0$ と $N=1$ のそれぞれの場合において，微視的状態は 1 つずつしかないから，E_0^n と E_1^n の n は不要になり，$E_0 = 0$ と $E_1 = -q$ と書ける。この 1 個の吸着サイトからなる系を大正準集団として扱い，大分配関数 Ξ を書き下すと次のようになる。

$$\begin{aligned}
\Xi_1 &= \sum_{N=0}^{1} \lambda^N \exp\left(-\frac{E_N}{k_{\mathrm{B}}T}\right) \\
&= \lambda^0 \exp\left(-\frac{0}{k_{\mathrm{B}}T}\right) + \lambda^1 \exp\left(-\frac{(-q)}{k_{\mathrm{B}}T}\right) && \textstyle\sum \text{ を展開した} \\
&= 1 + \exp\left(\frac{\mu + q}{k_{\mathrm{B}}T}\right) && \text{整理した}
\end{aligned} \tag{2.12}$$

[*30] 吸着が起これば表面上の分子数が増加し，脱着が起これば表面上の分子数が減少するから，吸脱着現象を扱うには粒子数 N，体積 V，温度 T を一定とする正準集団（カノニカルアンサンブル）よりも，化学ポテンシャル μ，体積 V，温度 T を一定とする大正準集団（グランドカノニカルアンサンブル）が適している。

[*31] Ludwig Eduard Boltzmann (1844–1906)

つぎに，固体表面に存在する N_S 個のサイトをまとめて 1 つの系（大正準集団）と考えて，この系の大分配関数を得よう。これはとくに難しいことではない。というのも，サイト間に相互作用はないと仮定しているから，N_S 個の独立な部分からなる系に対する通常の取り扱いができる。すなわち，全体の大分配関数は部分に対する大分配関数の積で表される。また，N_S 個の部分系はまったく等価であるから，積はべき乗で書き表すことができ，次のように書ける[*32]。

$$\Xi = \prod_{i=1}^{N_\mathrm{S}} \Xi_i = \Xi_1^{N_\mathrm{S}} = \left[1 + \exp\left(\frac{\mu + q}{k_\mathrm{B}T}\right)\right]^{N_\mathrm{S}} \tag{2.13}$$

大正準集団において，平均粒子数は $\overline{N} = k_\mathrm{B}T\left(\partial \ln \Xi / \partial \mu\right)_{V,T}$ で与えられるから，吸着粒子数は次式で与えられる。

$$\begin{aligned}
\overline{N} &= k_\mathrm{B}T \frac{\partial}{\partial \mu} \ln \left[1 + \exp\left(\frac{\mu + q}{k_\mathrm{B}T}\right)\right]^{N_\mathrm{S}} \\
&= N_\mathrm{S} \cdot \frac{1}{\beta} \frac{\partial\left(1 + e^{\beta(\mu+q)}\right)}{\partial \mu} \frac{\partial \ln\left(1 + e^{\beta(\mu+q)}\right)}{\partial\left(1 + e^{\beta(\mu+q)}\right)} && \beta = \frac{1}{k_\mathrm{B}T}\text{ と書いた} \\
&= N_\mathrm{S} \cdot \frac{1}{\beta}\, \beta \cdot e^{\beta(\mu+q)} \frac{1}{1 + e^{\beta(\mu+q)}} && \text{微分した} \\
&= N_\mathrm{S} \cdot \frac{e^{\beta(\mu+q)}}{1 + e^{\beta(\mu+q)}} = N_\mathrm{S} \cdot \frac{e^{\beta\mu}}{e^{-\beta q} + e^{\beta\mu}} && \text{整理した}
\end{aligned} \tag{2.14}$$

系を構成する気体を理想気体とすると，気体の圧力 p と化学ポテンシャル μ は次の関係にある。

$$e^{\beta\mu} = p\beta \left(\frac{2\pi\hbar^2\beta}{m}\right)^{3/2} \tag{2.15}$$

これを上式に代入すると次式を得る。

$$\begin{aligned}
\overline{N} &= N_\mathrm{S} \cdot \frac{p\beta\left(2\pi\hbar^2\beta/m\right)^{3/2}}{e^{-\beta q} + p\beta\left(2\pi\hbar^2\beta/m\right)^{3/2}} \\
&= N_\mathrm{S} \cdot \frac{p}{e^{-\beta q}\beta^{-1}\left(m/2\pi\hbar^2\beta\right)^{3/2} + p} && \text{整理した} \\
&= N_\mathrm{S} \cdot \frac{p}{C + p} \qquad C = k_\mathrm{B}T \exp\left(-\frac{q}{k_\mathrm{B}T}\right)\left(\frac{mk_\mathrm{B}T}{2\pi\hbar^2}\right)^{3/2} && \text{とおいた}
\end{aligned} \tag{2.16}$$

ここで C は温度で決まる定数である。$C = 1/a$ とおけば，この式は (2.2) 式に一致する。すなわち，(2.16) 式は Langmuir の吸着等温式そのものである。

[*32] (G.3) 式：$\prod_{i=1}^{n} x_i = x_1 \times x_2 \times x_3 \times \cdots \times x_n$

2.5 BET 吸着理論：多分子層吸着理論

固体表面への気体分子の吸着を考える場合，単分子層の完成で吸着の進行が停止することはまれで，吸着は**多分子層**(たぶんしそう)を形成するのが普通である。この**多分子層吸着理論**(たぶんしそうきゅうちゃくりろん)は，**Brunauer**(ブルナウアー), **Emmett**(エメット), **Teller**(テラー)ら[*33]によって提案された[30]。

2.5.1 BET の吸着等温式：速度論的導出

ここでは，BET の吸着等温式を速度論的に導出する。

モデル

まずは，固体表面を吸着サイトに区画化する。この区画化された吸着サイトは全部で N_{S} 個あるとする。吸着サイトが分子で占められると，その分子自身が吸着サイトとして機能する。これにより，**多分子層吸着**(たぶんしそうきゅうちゃく)をモデル化する。各吸着サイトは等価であり，独立であるとする。すなわち，あるサイトの吸脱着は，その隣のサイトの吸脱着とは無関係に起こるとする。すると，図 2.12 (a) に示したように，ある瞬間においてまったく吸着していないサイトがある一方，5 層も積層しているサイトもあることになる。ここで，層の数を i で表す。すなわち，まったく吸着していない場合は $i=0$ とする。そして，i 層吸着しているサイトの総数を s_i で表す。図 2.12 の例では，まったく吸着していないサイトが 1 個だけあるから $s_0=1$ であり，また 5 層吸着しているサイトが 3 個あるから $s_5=3$ となる。これを勘定するには，図 2.12 (b) のように吸着層数の等しいサイトを集めて整理してから勘定するのがわかりやすい。また，Langmuir 理論のときと同様に，ある瞬間に吸着している分子の数を N_{A} とする。

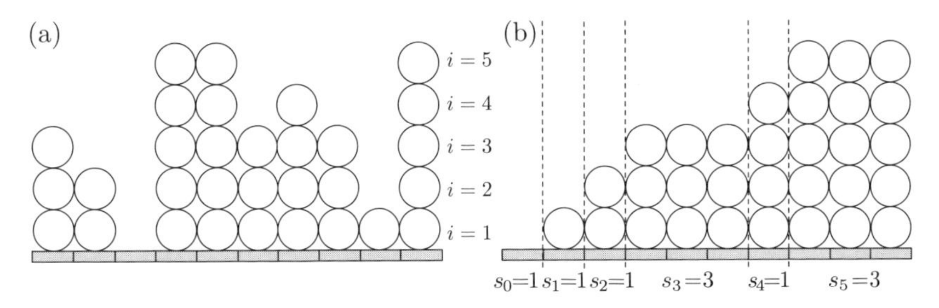

図 2.12　多分子層吸着モデル：(a) まったく吸着していない空サイトがある一方，5 層も吸着しているサイトがある。(b) s_i を勘定するために (a) を整理した。

[*33] Stephen Brunauer (1903–1986), Paul Hugh Emmett (1900–1985), Edward Teller (1908–2003)

導出

各層における（ミクロな意味での）吸着速度 $\overrightarrow{v}$，脱着速度 $\overleftarrow{v}$ を Langmuir による単分子層吸着理論のときとまったく同じに考える。まず，第1層目の吸脱着速度は，

$$\begin{cases} \overrightarrow{v_1} = a_1 p s_0 \\ \overleftarrow{v_1} = b_1 s_1 \exp\left(-\dfrac{q_1}{RT}\right) \end{cases} \tag{2.17}$$

と書ける。ここで，a_1，b_1 は定数で，q_1 は1層目の吸着エネルギーである（以下も同様とする）。平衡状態では，$\overrightarrow{v_1} = \overleftarrow{v_1}$ となるから次式を得る。

$$a_1 p s_0 = b_1 s_1 \exp\left(-\frac{q_1}{RT}\right) \xrightarrow{\text{整理すると}} s_1 = \frac{a_1}{b_1} p \exp\left(\frac{q_1}{RT}\right) s_0 \tag{2.18}$$

2層目の吸脱着速度は，

$$\begin{cases} \overrightarrow{v_2} = a_2 p s_1 \\ \overleftarrow{v_2} = b_2 s_2 \exp\left(-\dfrac{q_2}{RT}\right) \end{cases} \tag{2.19}$$

と書ける。やはり，平衡状態では，$\overrightarrow{v_2} = \overleftarrow{v_2}$ となるから次式を得る。

$$a_2 p s_1 = b_2 s_2 \exp\left(-\frac{q_2}{RT}\right) \xrightarrow{\text{整理すると}} s_2 = \frac{a_2}{b_2} p \exp\left(\frac{q_2}{RT}\right) s_1 \tag{2.20}$$

これ以降も，同じ具合に書き下せるから，i 層目の吸脱着については次の結果を得る。

$$\begin{cases} \overrightarrow{v_i} = a_i p s_{i-1} \\ \overleftarrow{v_i} = b_i s_i \exp\left(-\dfrac{q_i}{RT}\right) \end{cases} \xrightarrow{\overrightarrow{v_i} = \overleftarrow{v_i}\text{とし，整理すると}} s_i = \frac{a_i}{b_i} p \exp\left(\frac{q_i}{RT}\right) s_{i-1} \tag{2.21}$$

ここで，次の仮定をする。

$$\frac{a_1}{b_1} =: \kappa_0, \quad \frac{a_2}{b_2} = \frac{a_3}{b_3} = \cdots = \frac{a_i}{b_i} =: \kappa \tag{2.22}$$

$$q_1 \neq q_2 = q_3 = \cdots =: q \tag{2.23}$$

すなわち，吸着速度式と脱着速度式に含まれる係数 a_i と b_i の比を κ（カッパ）とするが，第1層目の吸脱着平衡についてだけは κ_0 とする。同様に，吸着エネルギーについても第1層目だけは q_1 として，2層目以降についてはすべて q とする（図 2.13 参照）。1層目の吸着質だけが直接固体表面と相互作用するのに対し，2層目以降の吸着質は（自分自身と同じ）吸着質と相互作用す

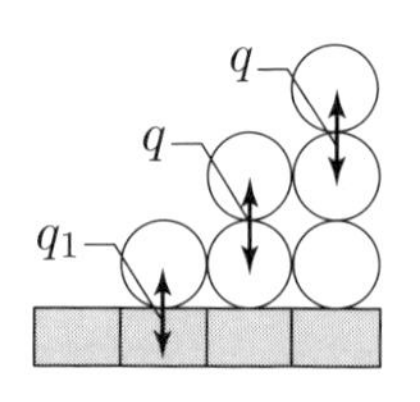

図 2.13　第1層目の吸着質だけが直接固体表面と相互作用する。

ることを考えれば，合理的な仮定であるといえる。この仮定のもと，(2.18)〜(2.21) 式を書き換えると以下のようになる。

$$\begin{aligned} s_1 &= \kappa_0 p \exp\left(\frac{q_1}{RT}\right) s_0 \\ s_2 &= \kappa p \exp\left(\frac{q}{RT}\right) s_1 \\ &\vdots \\ s_i &= \kappa p \exp\left(\frac{q}{RT}\right) s_{i-1} \end{aligned} \tag{2.24}$$

つまり，s_i は s_{i-1} で表現できて，s_{i-1} は s_{i-2} で表現できる。これらの式をまとめて 1 つの式で表そう。

$$\begin{aligned} s_i &= \kappa p \exp\left(\frac{q}{RT}\right) s_{i-1} && \text{(2.24) 式} \\ &= \kappa p \exp\left(\frac{q}{RT}\right) \cdot \kappa p \exp\left(\frac{q}{RT}\right) s_{i-2} && s_{i-1} = \kappa p \exp\left(\frac{q}{RT}\right) s_{i-2} \text{を代入} \\ &= \kappa^2 p^2 \left[\exp\left(\frac{q}{RT}\right)\right]^2 s_{i-2} && \text{整理した} \\ &= \kappa^2 p^2 \left[\exp\left(\frac{q}{RT}\right)\right]^2 \cdot \kappa p \exp\left(\frac{q}{RT}\right) s_{i-3} && s_{i-2} = \kappa p \exp\left(\frac{q}{RT}\right) s_{i-3} \text{を代入} \\ &= \kappa^3 p^3 \left[\exp\left(\frac{q}{RT}\right)\right]^3 s_{i-3} && \text{整理した} \\ &\vdots \\ &= \kappa^{i-1} p^{i-1} \left[\exp\left(\frac{q}{RT}\right)\right]^{i-1} s_1 \\ &= \underbrace{\kappa^{i-1} p^{i-1} \left[\exp\left(\frac{q}{RT}\right)\right]^{i-1}}_{\text{次の行で 2 項に分ける}} \cdot \kappa_0 p \exp\left(\frac{q_1}{RT}\right) s_0 && s_1 = \kappa_0 p \exp\left(\frac{q_1}{RT}\right) s_0 \text{を代入} \\ &= \kappa^i p^i \left[\exp\left(\frac{q}{RT}\right)\right]^i \underbrace{\kappa^{-1} p^{-1} \left[\exp\left(\frac{q}{RT}\right)\right]^{-1} \kappa_0 p \exp\left(\frac{q_1}{RT}\right) s_0}_{\text{次の行でまとめる}} \\ &= \left[\kappa \exp\left(\frac{q}{RT}\right) p\right]^i \frac{\kappa_0}{\kappa} \exp\left(\frac{q_1 - q}{RT}\right) s_0 && \text{整理した} \\ &= (xp)^i c s_0 \end{aligned} \tag{2.25}$$

ただし，最後の式変形において，$i \geq 1$ で x と c を次のように定義した。

$$x := \kappa \exp\left(\frac{q}{RT}\right) \tag{2.26}$$

$$c := \frac{\kappa_0}{\kappa} \exp\left(\frac{q_1 - q}{RT}\right) \tag{2.27}$$

ところで，全吸着量 N_A，単分子層容量（吸着サイト数）はそれぞれ次式で表される[*34]。

$$N_\mathrm{A} = \sum_{i=0}^{\infty} i s_i\ , \qquad N_\mathrm{S} = \sum_{i=0}^{\infty} s_i \tag{2.28}$$

これらを用いて被覆率 θ は次式で計算できる。

$$\theta := \frac{N_\mathrm{A}}{N_\mathrm{S}} = \frac{\sum_{i=0}^{\infty} i s_i}{\sum_{i=0}^{\infty} s_i} \tag{2.29}$$

図 2.12 での被覆率は，$\theta = 31/10 = 3.1$ と計算され，多分子層吸着理論では被覆率が 1 を超える。Langmuir の吸着等温式は単分子層吸着を仮定していたので，全吸着量を吸着サイト数で除することで被覆率を自然に定義できたが，BET の吸着等温式では多分子層吸着を認めるため，被覆率は 1 を超えてしまう。図 2.12 をみるとわかるように，これは「平均吸着層数」とよぶほうが適当である（しかし，慣例的に被覆率とよばれることが多い）。

ところで，(2.25) 式を (2.29) 式に代入すると次の結果を得る。

$$\begin{aligned}
\theta &= \frac{0 \times s_0 + \sum_{i=1}^{\infty} i s_i}{s_0 + \sum_{i=1}^{\infty} s_i} && i = 0 \text{ の項を} \sum \text{の外に出した} \\
&= \frac{c s_0 \sum_{i=1}^{\infty} i \, (xp)^i}{s_0 + c s_0 \sum_{i=1}^{\infty} (xp)^i} && \text{(2.25) 式を代入した} \\
&= \frac{c \cdot xp / (1 - xp)^2}{1 + c \cdot xp / (1 - xp)} && \text{(G.9) 式，(G.10) 式より} \\
&= \frac{cxp}{(1 - xp)(1 - (1 - c)xp)} && \text{整理した}
\end{aligned} \tag{2.30}$$

式中の x は (2.26) 式で定義した「温度で決まる定数」であるが，$p \to p_0$ の極限を考えれば，x の物理的な意味が明らかになる。これには，圧力 p が飽和蒸気圧 p_0 に近づいたとき，表面では凝縮（ぎょうしゅく）が起こることを思い出せばよい。凝縮は無限大量の吸着現象とみなすことができる。すなわち，(2.30) 式は $p \to p_0$ で $\theta \to \infty$ となることが要請される。(2.30) 式をみると，θ が無限大に発散するのは $xp \to 1$ のときであるから，これより $x = 1/p_0$ が得られる。これと $\theta = N_\mathrm{A}/N_\mathrm{S}$ を (2.30) 式に代入し，N_A につ

[*34] (2.28) 式が確かに全吸着量を表していることを図 2.12 で確かめておこう。図 2.12 において，(2.28) 式を計算すると，以下のようになる。

$$\begin{aligned}
N_\mathrm{A} &= 0 \times s_0 + 1 \times s_1 + 2 \times s_2 + 3 \times s_3 + 4 \times s_4 + 5 \times s_5 \\
&= 0 \times 1 + 1 \times 1 + 2 \times 1 + 3 \times 3 + 4 \times 1 + 5 \times 3 = 31
\end{aligned}$$

図 2.12 の吸着量をすべて勘定してみると，確かに 31 である。なお，BET 理論においては N_S に飽和吸着量という意味はない。

いて整理すると次の BET（ビーイーティー）の吸着等温式（きゅうちゃくとうおんしき）を得る。

$$N_{\mathrm{A}} = \frac{c\,(p/p_0)}{[1-(p/p_0)]\,[1-(1-c)\,(p/p_0)]}N_{\mathrm{S}} \tag{2.31}$$

図 2.14 に (2.31) 式で計算される BET 型吸着等温線を示した。c の値が大きくなるにつれて低相対圧での吸着量の立ち上がりが顕著になる。$c = 100$ や $c = 1000$ の場合の形がもっとも典型的な BET 型吸着等温線で，このように逆 S 字型となる。c の定義により，$q_1 \gg q$ のとき，すなわち吸着質—固体表面の相互作用が吸着質間相互作用よりもずっと大きい場合に c が大きい値をとる。たとえば，水酸基 –OH を表面にたくさん有するシリカゲルに水 H_2O のような極性の高い物質が吸着する場合，吸着等温線が逆 S 字型になる。

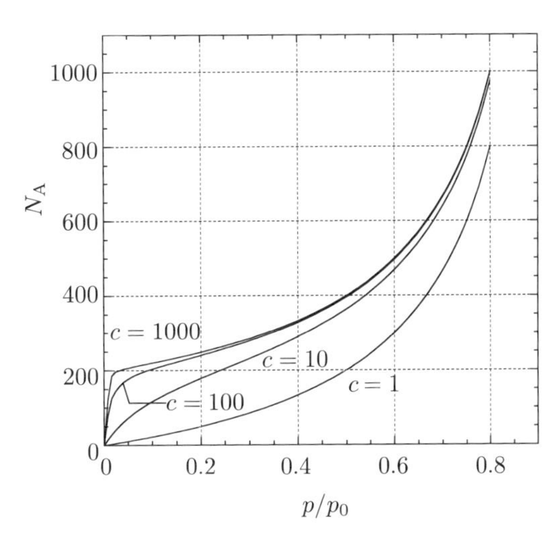

図 2.14　典型的な BET 型吸着等温線：$N_{\mathrm{S}} = 200$ を仮定して，$c = 1, 10, 100, 1000$ で BET 型吸着等温線を計算した。

2.5.2　BET プロット

吸着等温線が Langmuir 型であるかどうかは，吸着量が飽和するか否かで簡単に確かめられた。仮に吸着等温線が圧力の十分高い範囲まで測定されていない場合であっても，Langmuir プロットをとることで，その吸着等温線が Langmuir 型かどうかが（完全ではないが）判断できた。BET 型吸着等温線は明確な飽和吸着量を示さないばかりか，c の値によってさまざまな形状を示すので，吸着等温線のままでは BET 型かどうかの判断は難しい。吸着等温線が BET 型であるかどうかをチェックするには，吸着等温線のデータを次式で表される BET（ビーイーティー）プロットとよばれる形でプロットする。

$$\frac{(p/p_0)}{1-(p/p_0)}\cdot\frac{1}{N_{\mathrm{A}}} = \frac{1}{cN_{\mathrm{S}}} + \frac{(c-1)}{cN_{\mathrm{S}}}\cdot(p/p_0) \tag{2.32}$$

これは, (2.31) 式の両辺の逆数をとり, 両辺に $p/\,(1-xp)$ をかけると得られる。(2.32) 式は，縦軸に $(p/p_0)/(1-(p/p_0))N_{\mathrm{A}}$ を，横軸に (p/p_0) をプロットすると直線が得ら

れ，傾き s と切片 i は，

- $s = (c-1)/cN_\mathrm{S}$
- $i = 1/cN_\mathrm{S}$

で与えられることを示している。つまり，このプロットが直線になれば吸着等温線がBET型であるといえる。また，傾き s と切片 i から，定数 c と単分子層容量 N_S は，

- $c = s/i + 1$
- $N_\mathrm{S} = 1/(s+i)$

で求められる。なお，BETプロットは $p/p_0 = 0\sim0.35$ の範囲で直線になることが多いため，この範囲でBETプロットをとるのが普通である。

BET 型吸着等温線の例

図2.15(a)は75 Kにおける酸化チタン TiO_2 への窒素吸着等温線である。これをBETプロットしたものが図2.15(b)である。非常によい直線性を示しているから，この吸着等温線はBET型であると判断できる。また，BETプロットの切片と傾きより，定数 c と単分子層容量 N_S は，$c = 305$，$N_\mathrm{S} = 36._3$ μmol/g と求まる[*35]。

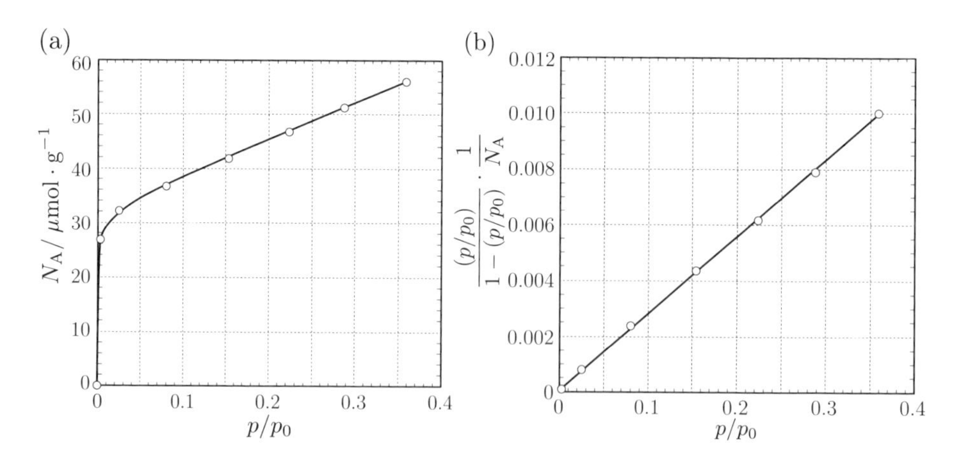

図2.15　75 Kにおける酸化チタン TiO_2 への (a) 吸着等温線と (b) BETプロット

[*35] この例のように，切片 i が非常に小さい場合，単分子層容量は $N_\mathrm{S} = 1/s$ で計算できる（この例では，$1/s = 36._4$ μmol/g を得る）。あまり精度を求めなければ，傾き s は吸着点が1点あれば求められる。吸着等温線をとることなく，吸着点を一点だけ測定し，これから単分子層容量を得る方法を一点法（いってんほう）という。ただし，一点法は切片 i が小さいと期待できるとき（定数 c が大きいとき）でないと，よい結果は得られない。

✐ 演習問題 2　表 2.2 に 75 K における酸化チタンへの N_2 吸着のデータを示した。

表 2.2　75 K における酸化チタンへの N_2 吸着：[20]

p〔kPa〕	0	0.2	1.9	6.1	11.7	17.0	21.9	27.3
N_A〔μmol/g〕	0	26.8	32.2	36.7	41.8	46.7	51.2	56.0

1. 吸着等温線をプロットしなさい（横軸は相対圧力 p/p_0，縦軸は吸着量 N_A）。ただし，75 K における窒素の飽和蒸気圧 p_0 は 76.0 kPa とする。
2. BET プロットを示し，直線回帰より単分子層容量 N_S〔μmol/g〕を求めなさい。
3. 吸着媒 1 g あたりの表面積を**比表面積**（ひひょうめんせき）とよぶ。酸化チタンの比表面積 A_s〔m^2/g〕を求めなさい。ただし，N_2 分子の**分子占有面積**（ぶんしせんゆうめんせき）は 0.162 nm^2 とする[*36]。

解答 2

1. 図 2.15 (a) に示した。
2. BET プロットは図 2.15 (b) に示した。また，$N_S = 36\ \mu$mol/g である。
   BET プロットの直線回帰より，傾き s と切片 i は，$s = 0.02741$，$i = 0.00009$ と求まる。これらから，単分子層容量 N_S と定数 c は次のように計算される。

$$N_S = \frac{1}{(s+i)} = 36._3\ \mu\text{mol/g}, \qquad c = \frac{s}{i} + 1 = 305$$

3. 3.6 m^2/g

$$\begin{aligned}36._3\ \mu\text{mol/g} \xrightarrow{\text{分子数に変換}}\ & 36._3 \times 10^{-6}\ \text{mol/g} \times 6.02 \times 10^{23}\ \text{molec/mol} \\ &= 2.19 \times 10^{19}\ \text{molec/g} \\ \xrightarrow{\text{面積に変換}}\ & 2.19 \times 10^{19}\ \text{molec/g} \times 0.162\ \text{nm}^2/\text{molec} \\ &= 3.5_5 \times 10^{18}\ \text{nm}^2/\text{g} = 3.6\ \text{m}^2/\text{g}\end{aligned}$$

[*36] 分子占有面積を計算する場合，①吸着分子は球形である，②吸着相は六方最密構造をとる，③吸着相はバルク液体と同じ密度である，と仮定することが多い。ここで窒素分子の分子占有面積を考える。窒素分子は 2 原子分子であるが，これを直径が a の球形分子と考え，吸着相はこれが六方最密充填している液体状態であると考える。六方最密構造の単位格子 3 つからなる六角柱の底面積は $S = 3\sqrt{3}a^2/2$ で与えられ，高さは $h = 2\sqrt{2/3}a$ で与えられる。すなわち，六角柱の体積は $V = 3\sqrt{2}a^3$ となり，この中に質量 M/N_A の球形分子が 6 つ詰まっているから，密度 d は $d = (6M/N_A)/(3\sqrt{2}a^3)$ で表される。ここで，M，N_A はそれぞれ，吸着質のモル質量，Avogadro 数である。これよりただちに，$a = (\sqrt{2}M/N_A d)^{1/3}$ を得る。六角柱の底面は 3 個相当の分子からなるので，分子占有面積は $a_m = S/3 = \sqrt{3}a^2/2 = (\sqrt{3}/2)2^{1/3}(M/N_A d)^{2/3} = 1.091(M/N_A d)^{2/3}$ で表される。77 K での窒素分子の場合には，$d = 0.808$ g/cm^3 を代入すると，$a_m = 0.162$ nm^2 を得る。
Lorenzo Romano Amedeo Carlo Avogadro, Conte di Quaregna e Cerreto (1776−1856)

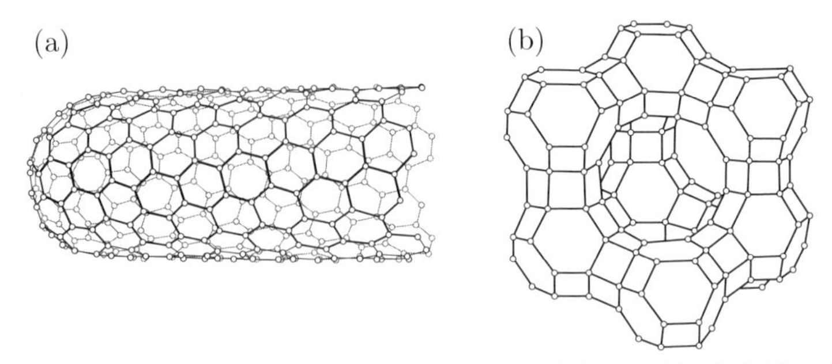

図 2.16　結晶性多孔性固体：(a) カーボンナノチューブ（○ は C 原子を表す）と (b) ゼオライト（○ は Si 原子もしくは Al 原子を表し，それらを結ぶ辺の中央には O 原子が存在する）

2.6　細孔の大きさと多孔性固体

固体が内部に空隙を有する場合，これを**細孔**とよぶ。細孔を多く内在する固体を**多孔性固体**という。ゼオライト，カーボンナノチューブ，シリカゲル，**活性炭**などが代表的な多孔性固体である。多孔性固体は，吸着性能が高く実社会においてさまざまな用途に用いられている。多孔性固体は，その細孔が結晶構造に由来する結晶性多孔性固体（カーボンナノチューブやゼオライトなど，図 2.16 参照）と結晶構造の乱れに由来する非晶性多孔性固体（シリカゲルや活性炭など）に分けることができる。最近では気相圧力がある値になると結晶構造が変化し，無孔性であったものが突然多孔性に変化する物質も開発されている。

IUPAC は細孔をその大きさ，すなわち**細孔径**によって**ミクロ孔**，**メソ孔**，**マクロ孔**の 3 種類に分類している（図 2.17 参照）。IUPAC 分類にはないが，最近はナノ孔，ウルトラミクロ孔，スーパーミクロ孔という語も用いられる。

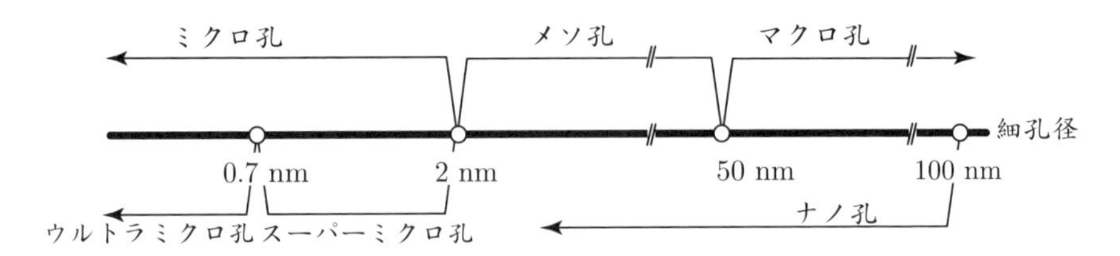

図 2.17　細孔の大きさによる分類：細孔径を表す数直線より上に書かれたミクロ孔，メソ孔，マクロ孔は IUPAC による分類である。数直線より下に書かれたウルトラミクロ孔，スーパーミクロ孔は IUPAC の分類にはないが，最近ではよく使われる（ミクロ孔，メソ孔，マクロ孔をすべて合わせてナノ孔とよぶことがあるが，その場合はおおよそ上限を 100 nm として用いることが多い）。

2.7　吸着は発熱過程

吸着は自発過程(じはつかてい)であるから，吸着によって系のGibbs(ギブス)[*37]の自由(じゆう)エネルギーは減少する。ここで，吸着過程におけるGibbs自由エネルギーの変化量を$\Delta_{\mathrm{ads}}G$とすれば，

$$\Delta_{\mathrm{ads}}G = \Delta_{\mathrm{ads}}H - T\Delta_{\mathrm{ads}}S \qquad (2.33)$$

と書ける。ここで，$\Delta_{\mathrm{ads}}H$と$\Delta_{\mathrm{ads}}S$はそれぞれ，吸着過程に伴うエンタルピー変化とエントロピー変化である。吸着過程では，気相にランダムに存在していた分子が固体表面に集まるため，エントロピーは明らかに減少する。すなわち，$\Delta_{\mathrm{ads}}S < 0$である。(2.33)式の右辺第2項$-T\Delta_{\mathrm{ads}}S$が正の値をとるにもかかわらず，$\Delta_{\mathrm{ads}}G$が負の値をとるには$\Delta_{\mathrm{ads}}H$がエントロピー項$-T\Delta_{\mathrm{ads}}S$をキャンセルする以上の大きな負の値をとる必要がある。すなわち，吸着現象が自発的に起こる場合において，$\Delta_{\mathrm{ads}}H < 0$すなわち，発熱が観測されるということが結論される。

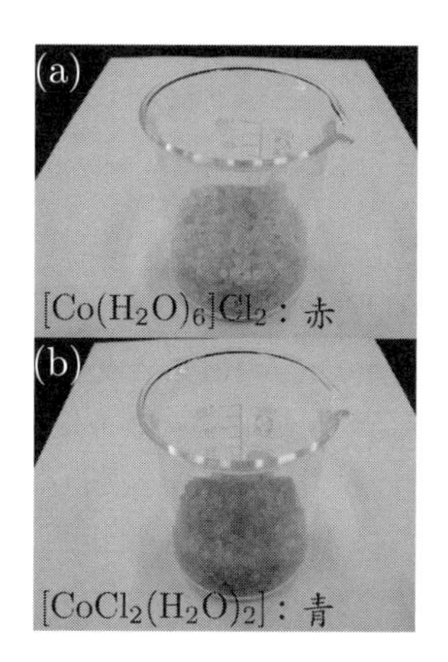

図2.18　シリカゲルの(a)再生前と(b)再生後：ある市販のシリカゲルは，使用限界がわかるように，吸湿すると変色するような処理が施されている。

では逆に系に熱を与えたらどうなるだろうか。これはもちろん，吸着とは逆の現象である脱着が起こる。これは吸着剤は加熱によって再生できる可能性を示唆している(図2.18参照)。

2.8　触媒作用

固体に吸着した分子はその結合を解き，容易に反応を起こす形に変化することがある。すなわち，固体表面は反応場として機能する。このように，固体表面が反応場として機能する場合，その固体は不均一触媒(ふきんいつしょくばい)とよばれる[*38]。固体が不均一触媒として機能するためには，反応に関与する物質の少なくとも1種類が固体表面に「吸着」しなければならない。本節では，反応にかかわるすべての分子が固体表面に吸着したあと

[*37] Josiah Willard Gibbs (1839–1903)

[*38] これに対し，溶液中での反応を促進するために，溶液に溶かして均一な状態で作用させる触媒を均一触媒とよぶ。

で反応が起こる場合と，一方の分子だけが固体表面に吸着した状態で反応が起こる場合の 2 つの触媒機構について説明する。

2.8.1　Langmuir – Hinshelwood 機構

表面に吸着した分子どうしが衝突することによって反応が起こる機構を **Langmuir**（ラングミュア） – **Hinshelwood**（ヒンシェルウッド）[39] 機構（きこう）という。図 2.19 にこのようすを示した。すなわち，気相にある分子Ⓐと分子Ⓑがいったん固体表面に吸着し，表面上を並進移動しているあいだに衝突し，反応が起こりⓅが生成する。多くの表面触媒反応がこのモデルで説明される。

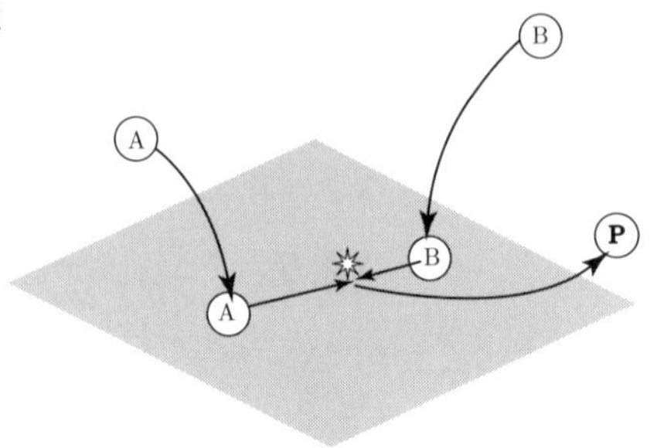

図 2.19　Langmuir – Hinshelwood 機構

$$\mathrm{A}_{(\text{表面})} + \mathrm{B}_{(\text{表面})} \longrightarrow \mathrm{P}_{(\text{気相})} \tag{2.34}$$

$$\begin{cases} \mathrm{A}_{(\text{気相})} + \sqcup \longrightarrow \mathrm{A}_{(\text{表面})} \\ \mathrm{B}_{(\text{気相})} + \sqcup \longrightarrow \mathrm{B}_{(\text{表面})} \\ \mathrm{A}_{(\text{表面})} + \mathrm{B}_{(\text{表面})} \longrightarrow \mathrm{P}_{(\text{気相})} + \sqcup\ \sqcup \end{cases} \tag{2.35}$$

ただし，$\sqcup$ は表面上の空サイトを表す。反応速度 v は，

$$v = k\theta_\mathrm{A}\theta_\mathrm{B} \tag{2.36}$$

で表される。ここで，k は定数を表し，θ_A，θ_B はそれぞれ A と B の被覆率を表す。仮に A と B の吸着が Langmuir 型である場合，つまり θ_A，θ_B が，

$$\theta_\mathrm{A} = \frac{K_\mathrm{A}p_\mathrm{A}}{1 + K_\mathrm{A}p_\mathrm{A} + K_\mathrm{B}p_\mathrm{B}}, \qquad \theta_\mathrm{B} = \frac{K_\mathrm{B}p_\mathrm{B}}{1 + K_\mathrm{A}p_\mathrm{A} + K_\mathrm{B}p_\mathrm{B}} \tag{2.37}$$

で表される場合，反応速度 v は次式で表される。

$$v = \frac{kK_\mathrm{A}p_\mathrm{A}K_\mathrm{B}p_\mathrm{B}}{(1 + K_\mathrm{A}p_\mathrm{A} + K_\mathrm{B}p_\mathrm{B})^2} \tag{2.38}$$

次に示した白金表面上での O_2（気相）による CO（気相）の酸化反応は，Langmuir–Hinshelwood 機構で反応が進むことが知られている。

---

[39] Cyril Norman Hinshelwood (1897–1967)

$$\mathrm{CO} + \frac{1}{2}\mathrm{O_2} \longrightarrow \mathrm{CO_2} \tag{2.39}$$

$$\begin{cases} \mathrm{CO}_{(\text{気相})} + \sqcup \longleftrightarrow \mathrm{CO}_{(\text{表面})} \\ \mathrm{O}_{2\,(\text{気相})} + \sqcup\ \sqcup \longleftrightarrow 2\mathrm{O}_{(\text{表面})} \\ \mathrm{CO}_{(\text{表面})} + \mathrm{O}_{(\text{表面})} \longrightarrow \mathrm{CO}_{2\,(\text{気相})} + \sqcup\ \sqcup \end{cases} \tag{2.40}$$

2.8.2　Eley – Rideal 機構

表面に吸着した分子に気相にある分子が直接衝突することによって反応が起こる機構を**Eley**(イーレイ)[*40]– **Rideal**(リディール)[*41] **機構**(きこう)という。図 2.20 にこのようすを示した。すなわち，あらかじめ吸着している分子Ⓐに気相にある分子Ⓑが直接衝突することにより反応が起こりⓅが生成する。

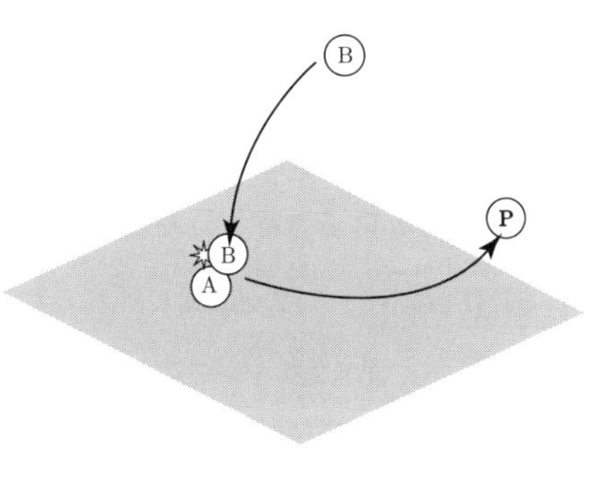

図 2.20　Eley – Rideal 機構

$$\mathrm{A}_{(\text{表面})} + \mathrm{B}_{(\text{気相})} \longrightarrow \mathrm{P}_{(\text{気相})} \tag{2.41}$$

$$\begin{cases} \mathrm{A}_{(\text{気相})} + \sqcup \longrightarrow \mathrm{A}_{(\text{表面})} \\ \mathrm{A}_{(\text{表面})} + \mathrm{B}_{(\text{気相})} \longrightarrow \mathrm{P}_{(\text{気相})} + \sqcup \end{cases} \tag{2.42}$$

反応速度 v は，

$$v = k\theta_{\mathrm{A}} p_{\mathrm{B}} \tag{2.43}$$

で表される。仮に A の吸着が Langmuir 型である場合，つまり A の被覆率 θ_{A} が，

$$\theta_{\mathrm{A}} = \frac{K_{\mathrm{A}} p_{\mathrm{A}}}{1 + K_{\mathrm{A}} p_{\mathrm{A}}} \tag{2.44}$$

で表される場合，反応速度 v は次式で表される。

$$v = \frac{k p_{\mathrm{B}} K_{\mathrm{A}} p_{\mathrm{A}}}{1 + K_{\mathrm{A}} p_{\mathrm{A}}} \tag{2.45}$$

かつては，この反応式に従う反応はほとんど知られておらず，そのため Eley–Rideal 機構の存在は確立されていなかったが，分子線を用いた研究により Eley–Rideal 機構による反応も数多くあることが知られてきた。

[*40] Daniel Douglas Eley (1914–2015)
[*41] Sir Eric Keightley Rideal (1890–1974)

2.9 衝突頻度

気相にある分子が固体表面に吸着するには，「気相の原子が表面に衝突」し「付着」するという2つの過程が必要である。気相原子の表面への衝突は気相の圧力に大きく依存する。(2.46) 式は固体表面に気相の原子（もしくは分子）が**衝突**（しょうとつ）する**頻度**（ひんど）（単位時間，単位面積あたりの衝突回数）を表す[*42]。

$$Z_{\mathrm{w}} = \frac{p}{\sqrt{2\pi m k_{\mathrm{B}} T}} \tag{2.46}$$

ただし，p，m はそれぞれ気相の圧力，気相の原子（もしくは分子）1個の質量を表す。

✐ 演習問題3　(2.46) 式に関する問題である。

1. 25 °C，101325 Pa で空気（くうき）は1秒間あたり単位面積（1 m^2）へ何回衝突するか。
2. (2.46) 式を導出しなさい。
3. Z_{w} が単位時間あたり，単位面積あたりの衝突回数の次元 $1/(\mathrm{m}^2 \cdot \mathrm{s})$ を有することを示しなさい。

解答3

1. おおよそ 3×10^{27} 回
   空気を窒素と酸素の混合気体とし，その体積比を 4：1 と仮定すれば，仮想的な空気分子のモル質量 M_{w} と質量 m は次式のように計算できる。
   $$M_{\mathrm{w}} = \left(28.0 \times \frac{4}{5} + 32.0 \times \frac{1}{5}\right) \times 10^{-3} = 28.8 \times 10^{-3}\ \mathrm{kg/mol}$$
   $$m = \frac{28.8 \times 10^{-3}}{6.02 \times 10^{23}} = 4.8 \times 10^{-26}\ \mathrm{kg}$$
   以上で，(2.46) 式に代入する値はすべてそろったので，これらを (2.46) 式に代入すると以下を得る。
   $$Z_{\mathrm{w}} = \frac{101325}{(2\pi \times 4.8 \times 10^{-26} \times\ 1.38 \times 10^{-23} \times\ 298)^{1/2}} = 2.9 \times 10^{27}\ /(\mathrm{m}^2 \cdot \mathrm{s})$$
2. 付録Aに示した。
3. 計算は略すが，(2.46) 式で，p に Pa，m に kg，k_{B} に J/K，T に K を代入して整理すれば，最終的に $1/(\mathrm{m}^2 \cdot \mathrm{s})$ を得る。組立単位の計算がわからなければ，表F.2を参照せよ。

[*42] 厳密に言葉を使い分ける場合，単位時間，単位面積あたりの衝突回数を衝突流束（しょうとつりゅうそく）という。流束とは「単位時間あたりに単位面積を通過する流量」を表す語である。一方，単位時間あたりの衝突回数を衝突頻度とよんで，厳密にはこれらを区別するが，本書では使い分けていない。

第3章

液体—気体界面

3.1　表面自由エネルギー

図 3.1 の分子 a のように液相の内部にいる分子は，それを囲む同種分子と相互作用する。この相互作用は，分子どうしが近づきすぎないかぎり引力的であり，そのため分子 a は安定化を受ける。一方，分子 b のような表面近傍にいる分子もまわりを囲む同種分子と相互作用し安定化するが，気相側に存在する分子は液相側に比べて極端に少ないので，分子 b の安定化は分子 a の安定化よりもずっと小さい。すなわち，表面にいる分子 b は液相内部にいる分子 a に比べてより大きなポテンシャルエネルギーを持つ。このため，液相内部にいる分子を表面に移動させて，新たに表面を作るには仕事が必要となる。

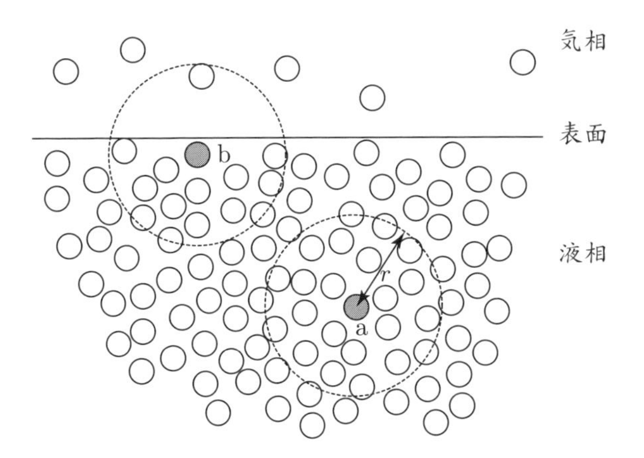

図 3.1　液相内部にいる分子 a と表面近傍にいる分子 b を考える。分子どうしの相互作用が及ぶ距離を r とした場合，分子が液相内部にいる場合と，表面近傍にいる場合とでは，相互作用する相手の数がだいぶ違う。

たとえば，25 °C における水を考えよう。ある水分子が表面にいるときは，内部にいるときと比べてポテンシャルエネルギーが 118 mJ/m^2 だけ大きい（図 3.2）。水分子を内部から表面へと移動するためには，この分の仕事が必要に思えるが，実際にはこれより小さい仕事で十分である。というのも，液相内部と表面とのエントロピー差も考慮しなくてはならないからである。25 °C における水の場合，表面にいるほうが 46 mJ/m^2 だけエントロピーが大きいので，ポテンシャルエネルギーとエントロピーの差分である 72 mJ/m^2 が分子を液相内部から表面に移すときに要する仕事であり，これが**表面自由エネルギー**（ひょうめんじゆう）として表面に蓄えられる。

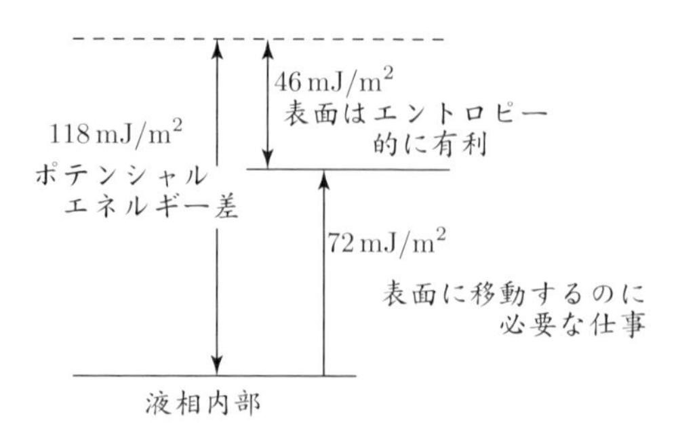

図 3.2 液相内部から表面に分子を移し，1 m^2 の表面を作るのに必要な仕事

ここまでをまとめると，「表面自由エネルギーは（等温，可逆的に）液相の内部から表面に分子を移し，新たに 1 m^2 の表面を作るのに必要な仕事」として定義される。単位は J/m^2 を用いる。なお，新たに 1 m^2 の表面を作る過程では系の体積変化を考えないので，表面自由エネルギーは，単位面積あたりの**Helmholtz**（ヘルムホルツ）[*1]**の自由エネルギー**（じゆう）である[*2]。

3.2 表面積の影響

界面を含まない（普通の）系において内部エネルギー変化 dU は，

$$\begin{aligned} \mathrm{d}U &= \mathrm{d}'q + \mathrm{d}'w \\ &= T\mathrm{d}S - P\mathrm{d}V \end{aligned} \qquad (3.1)$$

と書ける。ここでは，界面を含む系を考え，系の面積を dA だけ変化させることを考えよう。具体的には，図 3.3 に示し

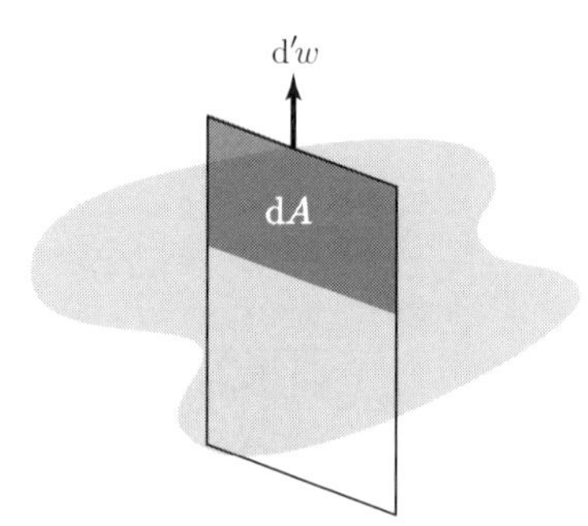

図 3.3 長方形に曲げた針金を液体に沈めてそっと引き上げると液膜ができる。これは「系」に液膜の面積分だけ新たな面積を付与する仕事である。

[*1] Hermann Ludwig Ferdinand von Helmholtz (1821–1894)

[*2] 表面自由エネルギーと表面エネルギー（内部エネルギーに相当）は厳密に区別しなければならない。すぐあとで，表面張力と表面自由エネルギーが等価であることを示すが，これを表面エネルギーと混同してはいけない。

たように，針金を曲げて長方形の形にし，これを液体に沈めてから，そっと引き上げることを考えればよい。針金をそっと引き上げると液膜（えきまく）ができる。このときの仕事 $\mathrm{d}'w$ は，新たに作る面積 $\mathrm{d}A$ に比例し，比例定数は表面自由エネルギーにほかならない。表面自由エネルギーを γ（ガンマ）とすれば，$\mathrm{d}'w$ は，

$$\mathrm{d}'w = \gamma \mathrm{d}A \tag{3.2}$$

で与えられる。すなわち，系に含まれる界面の面積変化を考慮した場合，系の内部エネルギー変化 $\mathrm{d}U$ は，

$$\mathrm{d}U = T\mathrm{d}S - P\mathrm{d}V + \gamma \mathrm{d}A \tag{3.3}$$

と表される。ここで，Helmholtz の自由エネルギー F の定義を思い出すと[*3]，次式を得る。

$$F := U - TS \qquad \text{F の定義} \tag{3.4}$$

$$\begin{aligned} \mathrm{d}F &= \mathrm{d}U - \mathrm{d}(TS) && \text{両辺を微分した} \\ &= (T\mathrm{d}S - P\mathrm{d}V + \gamma \mathrm{d}A) - T\mathrm{d}S - S\mathrm{d}T && \text{(3.3) 式を代入した} \\ &= -P\mathrm{d}V + \gamma \mathrm{d}A - S\mathrm{d}T && \text{整理した} \end{aligned} \tag{3.5}$$

Helmholtz の自由エネルギーの表記には A を用いる流儀と F を用いる流儀がある。界面相を扱う場合には界面の面積に A を用いるのが通例なので，ここでは Helmholtz

*3 熱力学では内部エネルギー U，エンタルピー H，Helmholtz の自由エネルギー F，Gibbs の自由エネルギー G を示量変数であるエントロピー S や体積 V，さらには示強変数である温度 T と圧力 P で定義する。これらの相互関係は暗記しておくのがよいが，すべてを暗記しておくのは難しい。そこでいろいろな憶え方（というよりは，思い出し方）が考えられている。その一例を次に示した。

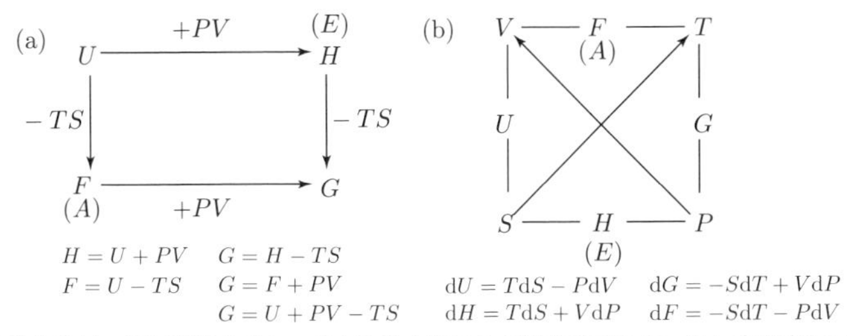

(a) は熱力学量の相互関係を表し，(b) は熱力学量の全微分形式の思い出し方を表している。(b) は上段 → 中段 → 下段の順に「バットングセップ」と憶える。語呂合わせにすらなっていないから，意味を考えても無駄である。内部エネルギー U を例に (b) の使い方を説明しよう。$\mathrm{d}U$ の表式を得るには，U をはさむ位置にある V と S を $\mathrm{d}V$，$\mathrm{d}S$ とし，これらにおのおのの対角の位置にある P と T をかけて $P\mathrm{d}V$ と $T\mathrm{d}S$ を作る。符号は矢印の向きで決める。V は矢印に刺されているが，この場合は負号をつける。一方，S は矢印に刺されていないから，正とする。以上の手続きで，$\mathrm{d}U = T\mathrm{d}S - P\mathrm{d}V$ を得る。

の自由エネルギーには F を用いた。ここで，定積 $\mathrm{d}V = 0$，定温 $\mathrm{d}T = 0$ 過程を考えると，

$$\mathrm{d}F = \gamma \mathrm{d}A \tag{3.6}$$

を得る。定積，定温過程では $\mathrm{d}F \leq 0$ が自発過程の条件であるから[*4]，いま考えている系での自発過程は次式で規定される。

$$\gamma \mathrm{d}A \leq 0 \xrightarrow{\text{両辺を}\gamma\text{で割る}} \mathrm{d}A \leq 0 \qquad \text{ただし}, \gamma \geq 0 \text{ である}^{*5} \tag{3.7}$$

すなわち，自発過程においては $\mathrm{d}A$ が負であることがわかる。これは，「液体はその表面積を最小にする傾向がある」の熱力学的な表現にほかならない。

3.2.1　表面張力

ここで，前節で考えた「液膜を作る仕事」の評価について，別の見方をしてみよう。図 3.4 は，U 字型の枠とピストンの役をするもう 1 本の針金に液膜が張っているようすを表している。このピストンは横方向（これを x 方向とする）に移動し，液膜の面積を増やしたり，減らしたりすることができる。実験をしてみるとわかるように，ピストンに力を作用させないとピストンは左側に引っ張られるので，一定の面積を保つためには，これにつり合う力を右側に作用させなくてはならない。この力 F は ℓ に比例する。しかし，液膜に表面と裏面があることを考慮して，F は 2ℓ に比例すると考えるのがよりよい。この比例定数を（少しわざとらしいが）γ' とおくと，

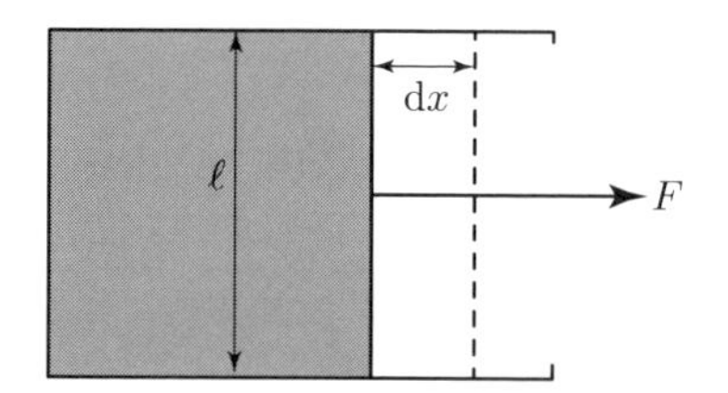

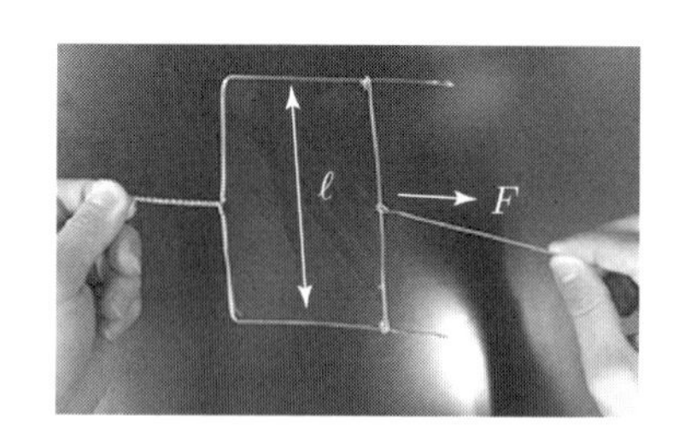

図 3.4　液膜の面積を一定に保つには ℓ に比例する力 F で右側に引っ張らなくてはいけない。

$$F = \gamma' \times 2\ell \tag{3.8}$$

*4 自由エネルギーには，① 内部エネルギーのうち，仕事として取り出すことのできるエネルギー，② 自発過程であるかどうかを判定する指標，という重要な意味がある。

*5 3.1 節の説明より，表面自由エネルギー γ が負になることはない。

と書ける。ここで導入した γ' は液膜の端面の単位長さあたりに働く力であり，表面張力（ひょうめんちょうりょく）という[*6]。単位は N/m である。ここで，ピストンを右に $\mathrm{d}x$ だけ移動すると，外力 F は膜に対して，

$$
\begin{aligned}
\mathrm{d}'w &= F\mathrm{d}x \\
&= \gamma' \times 2\ell \mathrm{d}x && \text{(3.8) 式を代入した} \\
&= \gamma' \mathrm{d}A && \mathrm{d}A = 2\ell \mathrm{d}x \text{ より} \qquad (3.9)
\end{aligned}
$$

だけの仕事を行うことになる。これを (3.2) 式と見比べると，ここで導入した表面張力 γ' と表面自由エネルギー γ が同じものであることがわかる。そこで，これらを区別することなくどちらも γ で表す。表面自由エネルギーと表面張力が等価であるのは，表面自由エネルギーの単位が $\mathrm{J/m^2 = (N \cdot m)/m^2 = N/m}$，すなわち「単位長さあたりの力」と変形できることからもわかる。

表面張力が表面自由エネルギーと同じものであるならば，表面自由エネルギーの定義「液相内部から表面に分子を移し，新たに 1 $\mathrm{m^2}$ の表面を作るのに必要な仕事」からも明らかなように，表面張力は分子間の相互作用を色濃く反映する。分子間の相互作用は分子の化学構造に密接に関係しているため，表面自由エネルギーの値は分子の化学構造に関する知見を与える。表 3.1 にいくつかの液体の表面張力の値を載せた[*7]。

表 3.1　25 °C における液体の表面張力（ただし，銀だけは 1100 °C の値）：[27]

物質	表面張力〔mN/m〕	物質	表面張力〔mN/m〕
水	72.60	アセトン	23.46
ヘキサン	17.89	トルエン	27.93
ヘプタン	19.65	酢酸	27.10
ノナン	22.38	ピリジン	36.56
ベンゼン	28.24	アニリン	42.12
メタノール	22.07	酢酸エチル	23.39
エタノール	21.97	水銀	485.48
1– プロパノール	23.32	銀	873.60

*6 単位面積あたりの力，すなわち「圧力」は直観的にもわかりやすく，日常生活で実感することも多いだろう。一方，単位長さあたりの力である「表面張力」は直観的に理解しにくいかもしれない。

*7 水の表面張力についてはとくによく調べられており，文献によって値が異なる場合がある。表 3.1 に示した水の表面張力の値は，水面に接触する気相を水蒸気として測定された値である。接触する気相を空気にすると 72.00 mN/m という値が報告されている。また，測定方法によって得られる表面張力の値が異なる場合もある。

✂ 自宅でできる課題実験 2

まずは下の「液膜実験」を読み，そのあとで (a) 正四面体と (b) 正六面体を針金で作り，セッケン液に浸してできる液膜を観察せよ（食品の入った袋のくちをしばっているビニールコートされた針金や，手芸用のモールを針金代わりに使うのがもっとも簡単だろう）。結果は 55 頁にある[*8]。

液膜実験

図 3.5 (a) に示してあるような正四面体の骨格を針金で作り，それをセッケン液の中に浸してそっと引き上げたらどんな液膜ができるだろう。結果は (a)′ のとおり，正四面体の体心を 1 つの頂点として正四面体の 1 辺を対辺とする二等辺三角形の液膜が 6 枚できる。なぜこんな不思議な液膜ができるのだろうか。それは，液膜（液体）はその表面積を最小限にする傾向があるからである。つまり，いまの場合，「すべての骨格を端面とする」という条件のもとで面積が最小となる液膜の形が (a)′ なのである。なお，「空間内に与えられた 1 つの閉曲線で囲まれた曲面のうち，面積最小のものを見出す問題」を**Plateau**（プラトー）[*9] **問題**（もんだい）という。

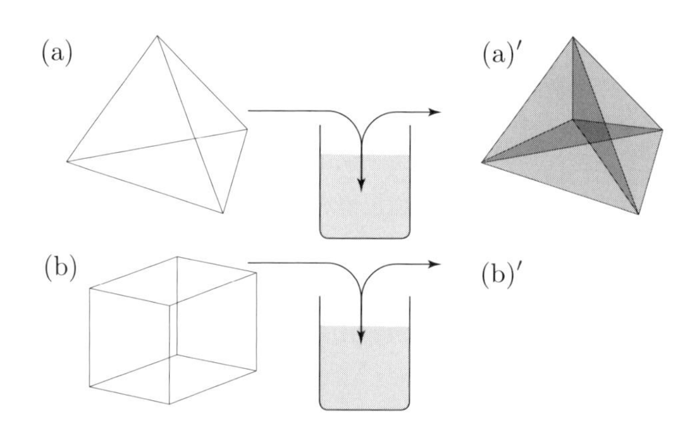

図 3.5 液膜実験：(a) 正四面体を針金で作り，セッケン液に浸してできる液膜，(b) 正六面体ではどんな液膜が張るだろうか。実験の結果は 55 頁：図 3.23 にある。

[*8] 著者はこの実験がとても気に入っている。なんといっても，観察される液膜の形が美しい。しかし，(b) の実験結果には何か腑に落ちない感じがあった。予想を裏切る実験結果なのだ（この実験結果は予想できないと思う）。思い立って，簡略化した 2 次元モデルで計算してみたら，想像した結果よりも観察した結果のほうが表面積（2 次元モデルでは「長さ」）がほんの少し小さいことがわかった。やはり自然は侮れない。実験結果になんでこうなるの？と思った読者は付録 B を参照せよ。また，文献 [31] により詳しい解説がある。

[*9] Joseph Antoine Ferdinand Plateau (1801–1883)

3.3 曲率半径の影響

ここでは液体の表面が曲がると気液平衡がずれることを説明する。

3.3.1 液滴，空洞，泡，メニスカス

図 3.6 に液滴(えきてき)，空洞(くうどう)，泡(あわ)，メニスカスを模式的に示した。網かけ部分が液体を示す。それぞれは，

- 液滴：小粒の液体
- 空洞：液体中の穴に蒸気がとじ込められたもの
- 泡　：蒸気が薄膜でとじ込められたもの
- メニスカス：容器の表面との相互作用による液面の屈曲

と定義される。水を張った鍋を火にかけて沸騰させると，水の内部から気泡(きほう)が発生し浮き上がってくる。これが「空洞」であり[*10]，鍋の上方で蒸気が液化して白っぽく見えるのが「液滴」である[*11]。また，子供の頃によく作ったシャボン玉(だま)は「泡」である。

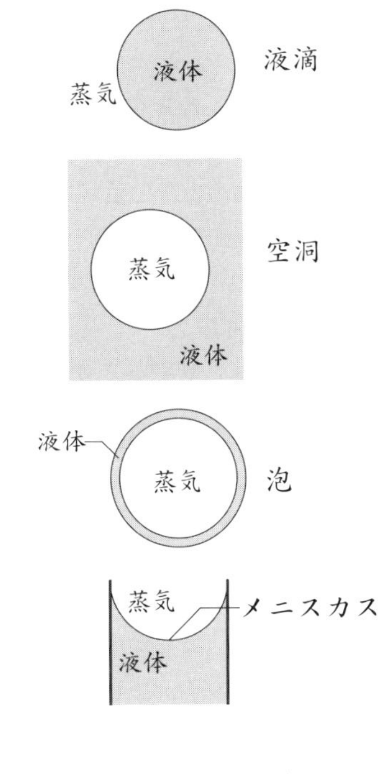

図 3.6　液滴，空洞，泡，メニスカス

dyn/cm = mN/m，erg/cm^2 = mJ/m^2

古い文献などでは，表面張力の単位として cgs 単位系の dyn(ダイン)/cm が用いられている場合がある。dyn = g · cm/s^2 であるから，dyn/cm = g/s^2 である。一方，SI 単位系における表面張力の単位は，N/m であり，N = kg · m/s^2 であるから，N/m = kg/s^2 である。すなわち，dyn/cm と N/m は 1000 倍だけ異なるので，dyn/cm はそのまま mN/m と読み替えてよい。なお，同単位系ではエネルギーの単位として erg(エルグ) (= dyn · cm) を用いるから，表面自由エネルギーの単位は erg/cm^2 となる。やはり，erg/cm^2 はそのまま mJ/m^2 と読み替えてよい。

[*10] すなわち，気泡と空洞は同義である。

[*11] 水蒸気ではない。水蒸気は目に見えない。

3.3.2　曲率半径

図 3.7 (a) に半径 a の毛管で観察されたメニスカスの模式図を示した。メニスカスは完全な半球状を示していないので，メニスカスの半径は毛細管の半径 a とは異なるが，その形は毛細管の半径より少し大きめの半径 r の球面の一部と近似できる。このように，曲面の局所的な曲がり具合を球で近似する場合，この球の半径 r をメニスカスの**曲率半径**（きょくりつはんけい）とよび，曲率半径の逆数 $1/r$ を**曲率**（きょくりつ）という[*12]。曲率半径 r と毛細管の半径 a は，液体と管壁の示す**接触角**（せっしょくかく）[*13] θ を介して，次の関係がある[*14]。

$$a = r\cos\theta \qquad (3.10)$$

液体が管壁をよくぬらすほど接触角は小さい値をとる。接触角が $\theta = 0$ となる理想的な状況，つまり液体が管壁を完全にぬらす場合は $\cos\theta = 1$ となり，メニスカスの曲率半径 r と毛管の半径 a は等しくなる（図 3.7 (b) 参照）。

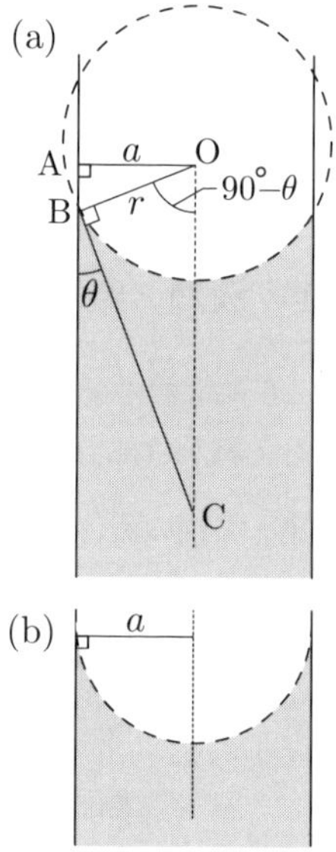

図 3.7　メニスカスの曲率半径 r と毛細管の半径 a

3.3.3　空洞での圧力バランス

図 3.8 に示したように，液中にある半径 r の空洞に細いストローをさし込んで加圧することを考える。この加圧により，空洞の半径は r から $\mathrm{d}r$ だけ大きくなり，内圧 P_{in}，外圧 P_{out} で新たな平衡状態になったとする。ただし，この操作は定温下で行うものとする。すると，この過程での自由エネルギー変化 $\mathrm{d}F$ は

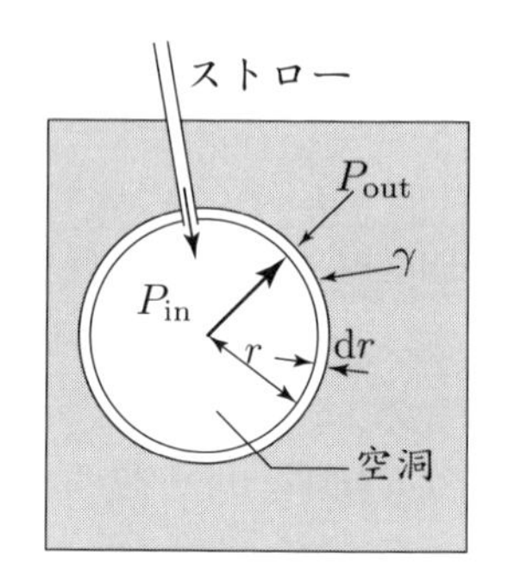

図 3.8　空洞の加圧

*12 「曲率が大きい」といったら，曲率半径が小さいこと，つまり，「曲がりがきつい」ことを意味する。

*13 接触角については 6.1.1 項で詳しく説明する。

*14 図 3.7 (a) で説明する。∠OCB は，接触角 θ と錯角の関係にあるから $\angle\mathrm{OCB} = \theta$ である。また，三角形の内角の和から $\angle\mathrm{COB} = 90^\circ - \theta$ である。$\angle\mathrm{COA} = 90^\circ$ であるから，$\angle\mathrm{BOA} = \theta$ となる。これよりただちに，$\cos\theta = a/r$ がいえる。

(3.5) 式より，

$$\mathrm{d}F = -P\mathrm{d}V + \gamma\mathrm{d}A \tag{3.11}$$

と表される。ここで，$P = P_{\mathrm{in}} - P_{\mathrm{out}}$ である。ところで，平衡状態では $\mathrm{d}F = 0$ であるから，

$$-(P_{\mathrm{in}} - P_{\mathrm{out}})\mathrm{d}V + \gamma\mathrm{d}A = 0 \tag{3.12}$$

の関係を得る。式中の $\mathrm{d}V$ と $\mathrm{d}A$ は単純な幾何からそれぞれ，

$$\mathrm{d}A = \left(4\pi(r+\mathrm{d}r)^2 - 4\pi r^2\right) \simeq 8\pi r\mathrm{d}r \tag{3.13}$$

$$\mathrm{d}V = \left[\frac{4}{3}\pi(r+\mathrm{d}r)^3 - \frac{4}{3}\pi r^3\right] \simeq 4\pi r^2\mathrm{d}r \tag{3.14}$$

で表されるから[*15]，これらを (3.12) 式に代入すると次式を得る[*16]。

$$P_{\mathrm{in}} = P_{\mathrm{out}} + \frac{2\gamma}{r} \tag{3.15}$$

ここで，$2\gamma/r$ は正の値であるから，この式は空洞の内部は空洞の外部（すなわち，液相）よりも高圧であること（$P_{\mathrm{in}} > P_{\mathrm{out}}$），また，空洞の半径が小さいほど加圧の程度が大きいことを示し，**Gibbs**(ギブス) – **Thomson**(トムソン)[*17] 効果(こうか)とよばれる。また，**Young**(ヤング)[*18] – **Laplace**(ラプラス)[*19] 式(しき)[*20]ということもある。3.2 節でみたように，空洞でも液滴でも表面張力は球の表面積を小さくする方向，すなわち内側に向かって働く。これにより，空洞では気相，液滴では液相が加圧される。(3.15) 式はこの加圧の程度が球の半径と表面張力で決まることを表している。

[*15] ここで，$\mathrm{d}r$ は「微小」変化であり，$(r+\mathrm{d}r)^2$ や $(r+\mathrm{d}r)^3$ を展開すると出てくる $(\mathrm{d}r)^2$ や $(\mathrm{d}r)^3$ は微小量の 2 乗，3 乗であるから，さらに小さい値である。そこで，これらを含む項は十分に小さいとして無視した。

[*16] 空洞や液滴などを完全な球の一部として近似できない場合でも，任意の（部分的な）曲面は 2 つの曲率半径 r_1，r_2 を用いて表すことができる。その場合，(3.15) 式は，より一般的な $P_{\mathrm{in}} = P_{\mathrm{out}} + \gamma(1/r_1 + 1/r_2)$ となる。また，少し先での話題になるが，界面をどこにとるかは任意性がある（3.7 節参照）。曲面の表面張力を議論する場合，界面をどこにとるかによって表面積が異なるので，厳密な取り扱いをすると Gibbs–Thomson 式はもう少し複雑で，$P_{\mathrm{in}} - P_{\mathrm{out}} = 2\gamma/r + \partial\gamma/\partial r$ と，(3.15) 式の右辺に付加的な項 $\partial\gamma/\partial r$ が加わる。厳密な取り扱いは，本書の範囲を超えるので文献 [12] などを参考せよ。

[*17] William Thomson (1824–1907)

[*18] Thomas Young (1773–1829)

[*19] Pierre-Simon Laplace (1749–1827)

[*20] 脚注*28 で説明しているように，Thomson はのちに Kelvin とよばれるようになるので，この効果を Kelvin 効果とよぶこともある。

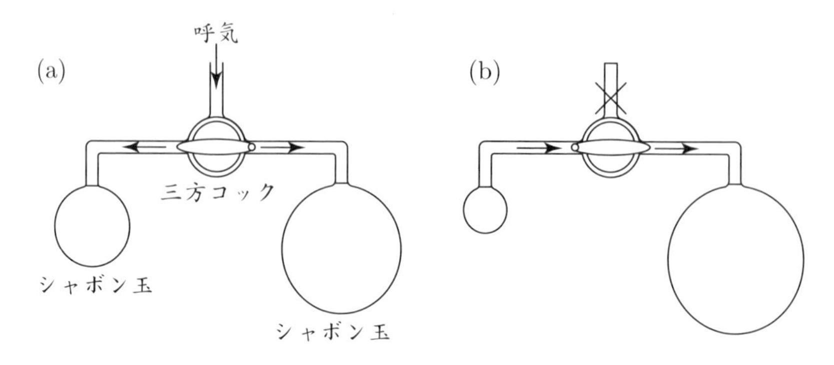

図 3.9 Gibbs–Thomson 効果の確認実験

図 3.9 に示したように，(a) 三方コックの両端に大きさの異なるシャボン玉を作り，(b) 三方コックを操作して外気との経路を遮断すると，小さいシャボンはどんどん小さくなり，大きいシャボンはどんどん大きくなる。これは，小さいシャボン玉のほうが大きいシャボン玉よりも内圧が大きいことを示しており，これはまさに Gibbs–Thomson 効果である[*21]。

✂ 自宅でできる課題実験 3

図 3.9 の実験を家庭にある材料（ストローなど）を用いて再現せよ（著者らは，「曲がるストロー」と「セロテープ」で右図のようなものを作って実験した)。ストローを使った実験の結果は 55 頁：図 3.23 にある。

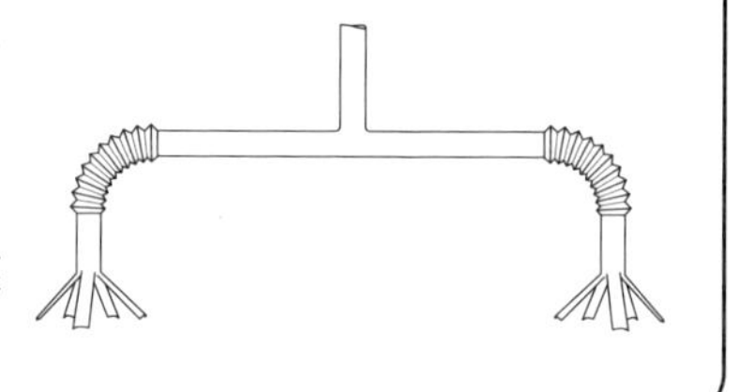

3.3.4 毛管上昇

図 3.10 (a) は水面に半径 a のガラスの毛管をさした瞬間を表している。水はガラスをよくぬらすから，ガラスの表面を水の薄膜ができるだけ広くぬらそうとする。管の内側に注目すると，水が管の壁面をはい上がり，管の中の水面を大きく曲げている。これは，液体分子どうしの凝集力よりも液体分子と壁との付着力のほうが強いことに起因する。管内の液面の曲率半径を r とすると，曲がったメニスカスの直下の圧力は直上の圧力よりも $2\gamma/r$ だけ小さい。メニスカス直上の圧力は，もちろん大気圧 P に

[*21] シャボン玉のセッケン膜には内側と外側に面が存在するので，Gibbs–Thomson 効果は 2 倍となる。すなわち，(3.15) 式は $P_{\mathrm{in}} = P_{\mathrm{out}} + 4\gamma/r$ と書き換えられる。

等しい。また，毛管の外の平らな表面の直下の圧力は大気圧 P である。毛管の外側と内側はつながっているから，同じ高さで比べると圧力は等しいはずである。しかし，水面直下での圧力を管の外側と内側で比べると，外側では P であるのに対し，内側では $P - 2\gamma/r$ しかない。これでは**静水圧**（せいすいあつ）の平衡が成り立たない。この矛盾を解消するためには，管内の液面が上昇しなければならない。これが**毛管上昇**（もうかんじょうしょう）であり，その結果は図 3.10 (b) のようになる。高さが h の液柱による圧力差を ΔP とすると，これが $2\gamma/r$ と等しくなり新たな平衡となる。

$$\Delta P = \frac{2\gamma}{r} \tag{3.16}$$

ところで，ΔP は毛管上昇した液柱の重量と底面積から，

$$\Delta P = \frac{\text{液柱の重量}}{\text{液柱の底面積}} = \frac{\pi a^2 h\rho g}{\pi a^2} = h\rho g \tag{3.17}$$

で表される[*22]。ここで，ρ（ロー）と g は液体の密度と重力加速度を表す。これを (3.16) 式に代入すれば，

$$h = \frac{2\gamma}{\rho g r} \tag{3.18}$$

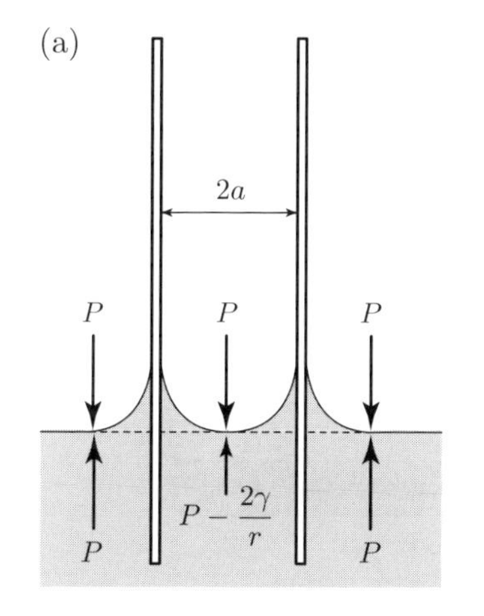

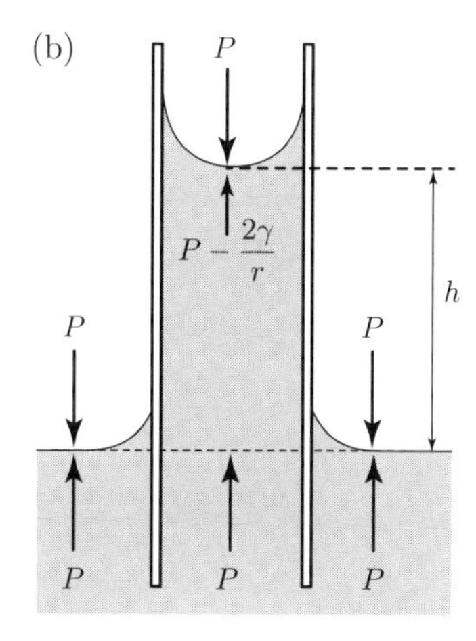

図 3.10　水面に毛管をさしたときに観察される毛管上昇：(a) 毛管をさした瞬間，(b) 平衡状態。毛管上昇を考えるときに重要なのは，大気圧，Young–Laplace 式，静水圧の 3 点である。

[*22] 図 3.10 (b) で，水面とメニスカスでは h だけ高さが異なるから，それぞれの場所における大気圧も（ごくわずかに）異なるが，空気は密度 ρ が小さいのでこの違いは無視してよい。

を得る。これは，毛管上昇の高さ h は，液体の表面張力 γ と密度 ρ，毛管の内径 a で決まることを示している。また，同じ内径 a の毛管を使った場合には，表面張力 γ の大きな液体ほど毛管上昇の高さ h が高いことがわかる。

ここで接触角を θ とすると，管の半径 a と液面の曲率半径 r には，$a = r\cos\theta$ の関係：(3.10) 式があるから，(3.18) 式は次のように書き換えられる。

$$h = \frac{2\gamma\cos\theta}{\rho g a} \tag{3.19}$$

つぎに液体と毛管の壁の材とのあいだの付着力が液相内部の引力よりも弱いときのことを考えよう。水銀にガラスの毛管をさし込んだときがこれに相当し，水銀はガラス壁から逃げる。このとき表面は，のように曲がる。メニスカス直下（図 3.11 の ◦ 部）の圧力は $2\gamma/r$ だけ加圧されているため，水銀全体で同じ深さで同じ圧力を示すためには，メニスカスが深く潜らなければならない。これが毛管降下（もうかんこうか）を引き起こす。液体が水の場合でも，接触角が 90° 以上になるパラフィン，テフロン，シリコンなどの毛管をさし込むと毛管降下が起こる（表 3.2 参照）。ただし，これらの物質は不透明なので毛管降下を観察しにくい。

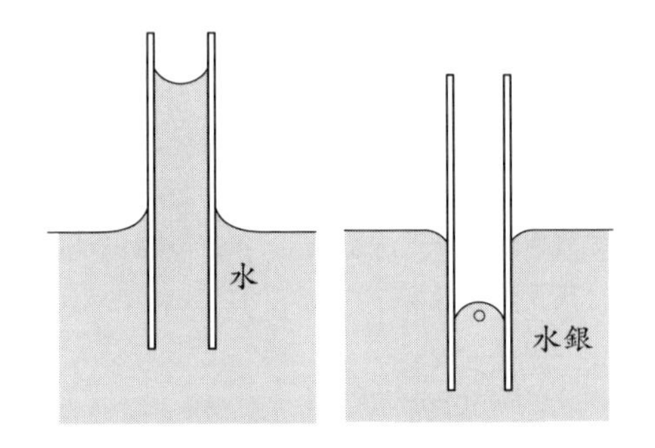

図 3.11　水銀にガラス管をさし込むと液面の降下が見られる。

表 3.2　水と水銀の接触角：[5]

毛管の材料	水の接触角〔deg〕	水銀の接触角〔deg〕
ガラス	0〜4	135〜140
ナイロン	70	145
パラフィン	105〜108	149
テフロン	108	–
シリコン	90〜110	–

3.3.5 負の曲率半径

ここで議論している Gibbs–Thomson 効果は，表面張力によって「球の内側が常に圧縮される」ので，この効果は常に $P_{\mathrm{in}} = P_{\mathrm{out}} + 2\gamma/r$ で表すことができる。ところが，化学では「内側と外側」ではなく「液相と気相」で議論することも多いので，液相の圧力を P_{L}，気相の圧力を P_{G} と書いて Gibbs–Thomson 効果を書き換えておくと便利なこともある[*23]。ただし，内側が液相である液滴と気相である空洞・メニスカスに場合分けして考えなければならない。すなわち，$P_{\mathrm{in}} = P_{\mathrm{out}} + 2\gamma/r$ を，

$$\begin{cases} \text{液滴} & \mathrm{in} \to \mathrm{L} \quad \mathrm{out} \to \mathrm{G} \\ \text{空洞・メニスカス} & \mathrm{in} \to \mathrm{G} \quad \mathrm{out} \to \mathrm{L} \end{cases} \tag{3.20}$$

と場合分けして書き直すと，

$$\begin{cases} \text{液滴} & P_{\mathrm{L}} = P_{\mathrm{G}} + \dfrac{2\gamma}{r} \\ \text{空洞・メニスカス} & P_{\mathrm{L}} = P_{\mathrm{G}} - \dfrac{2\gamma}{r} \end{cases} \tag{3.21}$$

と書ける。すなわち，「液体の立場」になれば，液体は液滴のとき加圧され，空洞・メニスカスの場合は減圧される。しかし，液滴の場合と空洞・メニスカスの場合で符号が異なるのは面倒だし，何よりややこしい。そこで，この符号を曲率半径に含めてしまうのがよい。すなわち，これまで暗に曲率半径を正の値にかぎっていたのを拡張して負の曲率半径（ふ きょくりつはんけい）を定義する。これは，図 3.12 に示したように，液相内部に曲率半径

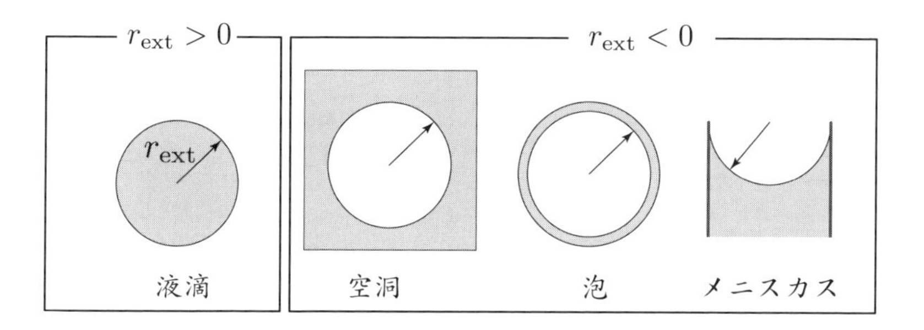

図 3.12 負の曲率半径の定義：曲率半径を示す矢印が気相に描かれる場合を負の曲率半径と定義する。

[*23] 下付きの L と G はそれぞれ liquid（液体），gas（気体）の頭文字である。

の矢印が描かれる場合に曲率半径を正の値とし，蒸気相に曲率半径の矢印が描かれる場合の曲率半径を負の値と定義すればよい。本書では，負の値まで拡張した曲率半径を r_{ext} と書く。すると，(3.21) 式は次のように書くことができる。

$$P_{\mathrm{L}} = P_{\mathrm{G}} + \Delta P \tag{3.22}$$

$$\Delta P = \frac{2\gamma}{r_{\mathrm{ext}}} \qquad \begin{cases} \text{液滴} & : r_{\mathrm{ext}} > 0 \longrightarrow \text{加圧} \\ \text{空洞，メニスカス} & : r_{\mathrm{ext}} < 0 \longrightarrow \text{減圧} \end{cases} \tag{3.23}$$

このように約束することによって，$\Delta P = 2\gamma/r_{\mathrm{ext}}$ で加圧と減圧の両方を表すことができる[*24]。

3.4 Kelvin 式

液体は加圧（もしくは減圧）されると，その蒸気圧が変化する。液体の（普通の状態の）蒸気圧を p^*，液体に加える圧力を ΔP，圧力を加えた状態で示す蒸気圧を p とすれば，この圧力上昇は，

$$\frac{p}{p^*} = \exp\left[\frac{V_{\mathrm{m}}^{\ell}\Delta P}{RT}\right] \tag{3.24}$$

で表される[*25]。ここで，V_{m}^{ℓ} は液相の**モル体積**（たいせき）を表す[*26]。すなわち，液体に圧力を加えた場合，その液体は圧力を加えていない普通の状態よりも大きな蒸気圧を示す[*27]。ここでは，表面張力によって液体が加圧されている場合（液滴）や減圧されている場合（空洞，メニスカス）を考えよう。すなわち，(3.23) 式を (3.24) 式に代入すれば，

$$\frac{p}{p^*} = \exp\left[\frac{V_{\mathrm{m}}^{\ell}}{RT}\frac{2\gamma}{r_{\mathrm{ext}}}\right] \tag{3.25}$$

[*24] ここまでは，おもに界面を球もしくは球の一部とみなせる単純な曲面について考えてきた。これをより一般化し，任意の曲面について考える。任意の曲面は，脚注*16 でも指摘したとおり，その曲面上で直交する 2 つの曲線を円弧とする 2 つの曲率半径 $r_{\mathrm{ext.1}}$，$r_{\mathrm{ext.2}}$ で表すことができ，この場合は (3.23) 式の ΔP は $\Delta P = \gamma(1/r_{\mathrm{ext.1}} + 1/r_{\mathrm{ext.2}})$ と書ける。少し複雑な曲面として，馬の鞍（サドル）の形をした曲面を考えた場合，r_{ext1}，r_{ext2} の一方が正の値をとり，他方が負の値をとるから，これらの大小関係により ΔP は正にも負にもなりうる。

[*25] この式の導出は 3.4.1 項で行う。

[*26] 上付きの ℓ は liquid（液体）の頭文字である。あとのほうで，上付きの g が出てくるが，これは gas（気体）の頭文字である。液相を表す L や ℓ，気相を表す G や g は基本的に下付きで表すが，部分モル量の場合は m を下付きで表すので，この場合だけ上付きで表す。

[*27] 要するに「液体に圧力をかけると，分子がしぼり出されて気体として逃げ出す [20]」と理解できる。この逃げ出した分子の分だけ，大きな蒸気圧を示すわけである。といっても，指数の肩に乗る数値 $V_{\mathrm{m}}^{\ell}\Delta P/RT$ が非常に小さいので，圧力上昇はわずかである。どのくらい「わずか」なのかは「演習問題 4」を参照せよ。

を得る。これを**Kelvin**[*28]式（ケルビンしき）という。Gibbs–Thomson 式（もしくは Young–Laplace 式）は歪んだ液面における液体の圧力と気体の圧力差を与えるのに対し，Kelvin 式は平坦な液面の圧力（普通の意味での蒸気圧）と歪んだ液面の圧力の比を与える。

✐ 演習問題 4　半径が 1.00 μm の水滴は，25 °C において表面張力によってどの程度の加圧を受けているか。また，その結果，蒸気圧はどの程度変化しているか。ただし，水の 25 °C における表面張力は 72.60 mN/m，蒸気圧は 31.67 hPa とする。また，水のモル体積は $V_\mathrm{m}^\ell = 18.00\ \mathrm{cm^3/mol} = 18.00 \times 10^{-6}\ \mathrm{m^3/mol}$ としてよい。

解答 4　(3.23) 式を用いて加圧の程度を計算すると，

$$\Delta P = \frac{2\gamma}{r_\mathrm{ext}} = \frac{2 \times 72.60 \times 10^{-3}\ \mathrm{N/m}}{1.00 \times 10^{-6}\ \mathrm{m}} = 1.45 \times 10^5\ \mathrm{Pa}$$

を得る。これを (3.24) 式に代入すれば，半径 1 μm の液滴の蒸気圧が，

$$\begin{aligned} \frac{p}{p^*} &= \exp\left[\frac{18.00 \times 10^{-6}\ \mathrm{m^3/mol} \times 1.45 \times 10^5\ \mathrm{Pa}}{8.314\ \mathrm{J/(K \cdot mol)} \times 298\ \mathrm{K}}\right] \\ &= \exp(0.001053) \\ &= 1.001 \\ p &= p^* \times 1.001 = 31.67 \times 10^2 \times 1.001 = 3170\ \mathrm{Pa} \end{aligned}$$

と計算され，平坦液面における蒸気圧 31.67 hPa に比べて 3 Pa だけ蒸気圧が上昇していることがわかる。表 3.3 に半径 r が 10^{-6}〜10^{-9} m の水滴の水蒸気圧変化を示した。

注意　1 気圧以上の加圧（$\Delta P = 1.45 \times 10^5\ \mathrm{Pa} = 1.4$ 気圧）で蒸気圧の変化はわずか 3 Pa である。

表 3.3　水滴の半径 r に対する水蒸気圧変化 p/p^*

r〔m〕	10^{-6}	10^{-7}	10^{-8}	10^{-9}
$p/p*$	1.001	1.011	1.111	2.872

[*28] Kelvin 卿 (William Thomson) (1824–1907)
Kelvin とは，Gibbs–Thomson 効果の Thomson である。William Thomson はイギリス人で，その功績によって（一代かぎりの）貴族となった。まずは Sir. William になり，さらに Lord Kelvin (Kelvin 卿) となっている。絶対温度の単位 K は彼の名前を冠したものである。兄の James Thomson も物理学者である。
James Thomson (1822–1892)

✐ 演習問題5　25 °C において，水滴の蒸気圧が水（平坦表面）の蒸気圧よりも10 %以上大きくなるのは，水滴の半径がどの程度の大きさ以下になったときか。

解答5　11 nm 以下

$$\begin{aligned}\frac{p}{p^*} &= \exp\left[\frac{V_{\rm m}^{\ell} 2\gamma}{RT r_{\rm ext}}\right]\\ &= \exp\left[\frac{18.00\times10^{-6}\ \mathrm{m^3/mol}\times 2\times 72.60\times10^{-3}\ \mathrm{N/m}}{8.314\ \mathrm{J/(K\cdot mol)}\times 298\ \mathrm{K}\times r_{\rm ext}\,[\mathrm{m}]}\right]\\ &= \exp\left[\frac{1.055\times10^{-9}\ \mathrm{m}}{r_{\rm ext}\,[\mathrm{m}]}\right] \geq 1.1 \xrightarrow{r_{\rm ext}\text{について解くと}} r_{\rm ext} \leq 11\times10^{-9}\ \mathrm{m}\end{aligned}$$

✐ 演習問題6　25 °C において，水滴が示す蒸気圧 p を水滴の半径 $r_{\rm ext}$ に対してプロットしなさい。その際，蒸気圧は平坦表面での蒸気圧 p^* に対する比 p/p^* で表しなさい。同様に，空洞・メニスカスにおける蒸気圧についてもプロットしなさい。

解答6　図 3.13 に示した。(3.25) 式に $V_{\rm m}^{\ell} = 18.00\times10^{-6}\ \mathrm{m^3/mol}$，$\gamma = 72.60\times10^{-3}\ \mathrm{N/m}$ を代入し，市販の計算ソフトで $r_{\rm ext}$ を細かく刻んで計算すればよい。空洞・メニスカスの結果は，曲率半径を $r_{\rm ext} < 0$ として計算し，プロットするときは曲率半径に -1 をかけて正の値としてプロットするとよい。

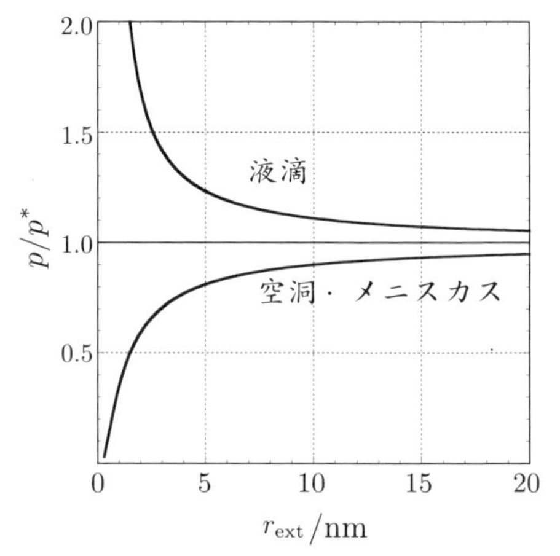

図 3.13　液滴と空洞・メニスカスにおける水の蒸気圧変化：Kelvin 式による計算値

「演習問題5」と「演習問題6」に共通していえることだが，計算に用いる Kelvin 式は熱力学に基づいた関係式であり，熱力学は巨視的な系を扱う理論体系である。「演習問題5」で，「液滴は半径が 11 nm 以下になると蒸気圧は普通の場合の 10 %増となる」という結果を得たが，半径 11 nm の水滴を熱力学で扱ってよいのか疑問は残る。「どの程度の大きさまで熱力学を適用してよいのか」は未解決の問題である。

3.4.1 蒸気圧に対する外圧の効果

ここでは，液体を加圧するとその蒸気圧が上昇することを示す（すなわち，(3.24) 式を導出する）。図 3.14 に示したように，純粋な液体を閉じた容器に入れ，液相の圧力を P，気相の圧力を p とする。気液平衡が成り立っていれば，P と p はともに自身の蒸気圧 p^* に等しい（図 3.14 (a) 参照）。ここで，液相が気相に比べて ΔP だけ大きい圧力を感じるように加圧しよう。たとえば，窒素のような不活性気体を気相に注入すれば液相を加圧できる（図 3.14 (b) 参照）。液相は自身の蒸気圧とあとから注入された不活性気体の圧力の全圧を感じ，この結果，蒸気圧が p^* から $p^* + \mathrm{d}p'$ へ変化すると仮定しよう。液体の蒸気圧が $\mathrm{d}p'$ だけ増えると，これによって液体はさらに加圧され，さらに蒸気圧が $\mathrm{d}p''$ だけ増えて $\cdots$ と繰り返していくが，この効果はどんどん小さくなっていき，新たな平衡（図 3.14 (c) 参照）に収束する。最終的には蒸気圧が $p^* + \mathrm{d}p$ になったとする。新たな蒸気圧が $p^* + \mathrm{d}p$ で，これよりも ΔP だけ大きい圧力を液相が感じているから，結局，新たな平衡で液相が感じる圧力 P は，$P = p^* + \mathrm{d}p + \Delta P$ となる。つぎに，この加圧により液相と気相の化学ポテンシャル μ がどれだけ変化したかを考えよう。これには，

$$\mathrm{d}\mu = -S_\mathrm{m}\mathrm{d}T + V_\mathrm{m}\mathrm{d}P \tag{3.26}$$

の関係を用いる。ただし，S_m，V_m は**モルエントロピー**，モル体積を表す*29。加圧の際に温度を一定に保てば $\mathrm{d}T = 0$ とおけるから，

$$\mathrm{d}\mu = V_\mathrm{m}\mathrm{d}P \tag{3.27}$$

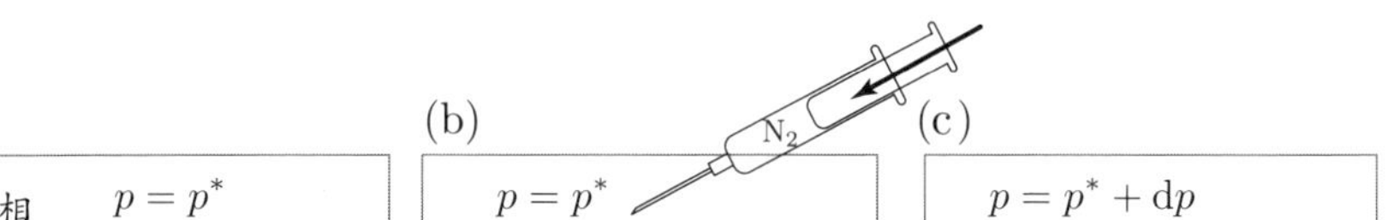
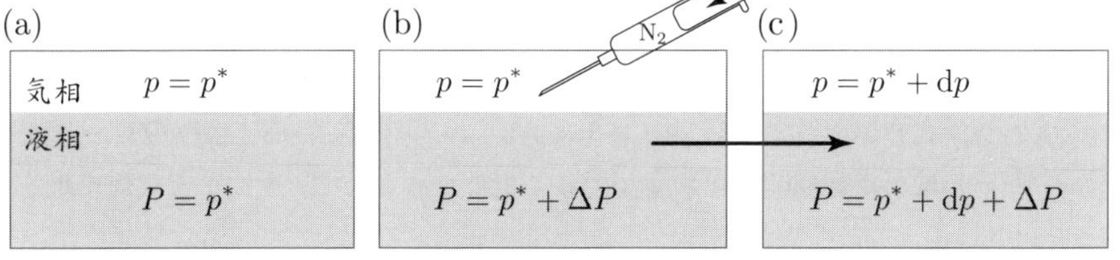

図 3.14　(a) 気液平衡において，液体の示す圧力 P と気体の示す圧力 p は等しい。(b) 窒素を容器に入れると，液体は窒素によって ΔP だけ加圧される。(c) その結果，液体の蒸気圧が $\mathrm{d}p$ だけ変化して新たな平衡になる。

---

*29 一般に，部分モル量 $X_{\mathrm{m},i}$ は $X_{\mathrm{m},i} := (\partial X/\partial n_i)_{T,P,n_j(j\neq i)}$ で定義されるが，1 成分系では非常に簡単で，G, S, V の部分モル量は $\mu = G/n$，$S_\mathrm{m} = S/n$，$V_\mathrm{m} = V/n$ で表すことができる。脚注*3 の (b) に示した $\mathrm{d}G = -S\mathrm{d}T + V\mathrm{d}P$ の両辺を n で割れば，$\mathrm{d}(G/n) = -(S/n)\mathrm{d}T + (V/n)\mathrm{d}P$ となるから，これよりただちに (3.26) 式を得る。

と簡単化できる。すなわち，加圧による液相と気相の化学ポテンシャル変化は，

$$\boxed{\text{液相}}\quad \mathrm{d}\mu^{\ell} = V_{\mathrm{m}}^{\ell}\mathrm{d}P \tag{3.28}$$

$$\boxed{\text{気相}}\quad \mathrm{d}\mu^{\mathrm{g}} = V_{\mathrm{m}}^{\mathrm{g}}\mathrm{d}p = \frac{RT}{p}\mathrm{d}p \tag{3.29}$$

と書ける。ただし，理想気体近似 $pV_{\mathrm{m}}^{\mathrm{g}} = RT$ を用いた。加圧したことにより蒸気圧が変化し，新たな平衡状態に達したとすれば，液相と気相の化学ポテンシャルは等しくなっているはずだから，次式が成り立つ。

$$\int_{p^*}^{p^*+\mathrm{d}p+\Delta P} \mathrm{d}\mu^{\ell} = \int_{p^*}^{p} \mathrm{d}\mu^{\mathrm{g}} \tag{3.30}$$

ΔP の加圧によって $\mathrm{d}p$ だけ蒸気圧が増大すると仮定しているから，おそらく $\mathrm{d}p \ll \Delta P$ であろう。すなわち，左辺（液相）の積分範囲の上限 $p^* + \mathrm{d}p + \Delta P$ を $p^* + \Delta P$ として差し支えない[*30]。(3.30) 式に (3.28) 式と (3.29) 式を代入すると次の結果を得る。

$$V_{\mathrm{m}}^{\ell} \int_{p^*}^{p^*+\Delta P} \mathrm{d}P = RT \int_{p^*}^{p} \frac{1}{p}\mathrm{d}p$$

$$V_{\mathrm{m}}^{\ell}\Big[P\Big]_{p^*}^{p^*+\Delta P} = RT\Big[\ln p\Big]_{p^*}^{p} \qquad \text{積分した}$$

$$V_{\mathrm{m}}^{\ell}\Delta P = RT\ln\left(\frac{p}{p^*}\right) \qquad \text{上端と下端を代入した} \tag{3.31}$$

ここで，圧力が $p^* \to p^* + \Delta P$ と変化する過程で，液体のモル体積 V_{m}^{ℓ} は変化しないと仮定して積分の外に出した。つぎに，加圧前後の蒸気圧変化に着目して式を整理し直すと，以下を得る。

$$\ln\left(\frac{p}{p^*}\right) = \frac{V_{\mathrm{m}}^{\ell}\Delta P}{RT} \qquad \text{もしくは} \qquad \frac{p}{p^*} = \exp\left[\frac{V_{\mathrm{m}}^{\ell}\Delta P}{RT}\right] \tag{3.32}$$

これで (3.24) 式を導けた。なお，$e^x = 1 + x + \cdots$ [*31]であり，$V_{\mathrm{m}}^{\ell}\Delta P/RT \ll 1$ であるから[*32]，指数の級数展開を 1 次まででよく近似できるので，次のように簡単化してもよい。

$$\frac{p}{p^*} = 1 + \frac{V_{\mathrm{m}}^{\ell}\Delta P}{RT} \tag{3.33}$$

[*30] この近似は必ずしも自明ではないが，液相に加えた圧力以上に蒸気圧が変化することは考えづらい。
[*31] (G.17) 式を参照せよ。
[*32] 「演習問題 4」の計算を参照せよ。1 気圧の加圧を考えた場合でも，$V_{\mathrm{m}}^{\ell}\Delta P/RT \sim 10^{-3}$ である。

3.4.2 毛管凝縮と多孔性固体の細孔径分布

図 3.13 からもわかるように，液体がメニスカスを形成すると，平坦な状態での気液平衡時における圧力 p^* よりも小さな蒸気圧 p で気相と平衡になる。すなわち，気相が飽和蒸気圧に達していなくても毛管中では凝縮が起こる。これを**毛管凝縮**（もうかんぎょうしゅく）といい，2.6 節で示したメソ孔への吸着現象をよく説明する。メソ孔における吸着現象を Kelvin 式で説明できることを利用して，多孔性固体中の細孔径とその分布を決定する方法が数多く提案されている。おのおのの方法ではさまざまな補正が工夫されているが，核となるのは Kelvin 式である。気相の圧力 p と毛管凝縮を起こす細孔半径 r の関係は Kelvin 式：(3.25) 式を $r_{\rm ext}$ について解いて，

$$r = (-1) \times r_{\rm ext} = -\frac{V_{\rm m}^{\ell} \cdot 2\gamma}{RT \ln (p/p^*)} \tag{3.34}$$

で表される。ここで，細孔半径を正の値とするために曲率半径 $r_{\rm ext}$ に -1 をかけた。メソ孔において毛管凝縮が起こるとき，そこにはすでに多分子層吸着による吸着膜ができているはずであるから，多分子層吸着による吸着膜の厚さを t とすれば，実際の細孔半径 $r_{\rm p}$ は，$r_{\rm p} = r + t$ で表される。この t は非多孔性固体への窒素吸着等温線より見積もる。

3.4.3 Ostwald 成長

Kelvin 式によると，小さな液滴の蒸気圧は大きな液滴の蒸気圧よりも高い[*33]。たとえば，ここで半径が r_1，r_2（ただし，$r_1 < r_2$ とする）の液滴を考え，これらの液滴の蒸気圧を p_1，p_2 とする。すると，(3.25) 式は次のように書ける。

$$RT \ln \left(\frac{p_1}{p_2} \right) = 2\gamma V_{\rm m}^{\ell} \left(\frac{1}{r_1} - \frac{1}{r_2} \right) \tag{3.35}$$

この式で，$r_1 < r_2$ とするとただちに，$p_1 > p_2$ とわかる。すなわち，小さな液滴と大きな液滴が共存する場合には，小さな液滴は自身のより大きな蒸気圧により蒸発して消滅し，蒸発した分子は大きな液滴に凝縮し，結果として大きな液滴が成長する。この現象を**等温蒸留**（とうおんじょうりゅう）という。

ところで，気液共存系における蒸気圧は，溶液—固体共存系における溶解度に対応すると考えられる。簡単のため固体を半径が r_1，r_2（ただし，$r_1 < r_2$ とする）の球状

[*33] このことは，表 3.3 や図 3.13 をみれば明らかであるが，以下では溶解度への拡張を考慮し数式を用いて説明する。

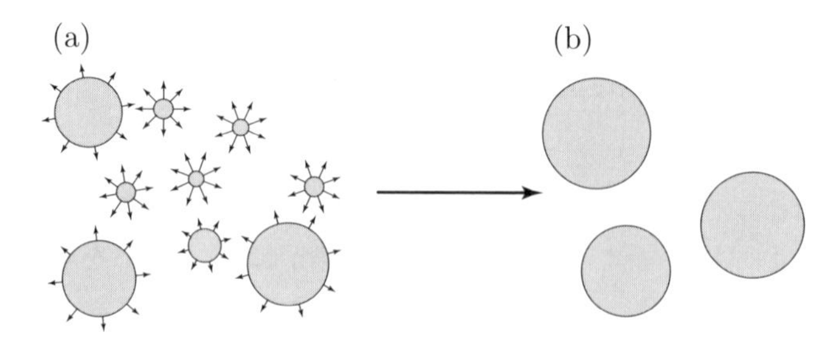

図3.15　Ostwald 成長（熟成）：小さな液滴の蒸気圧は大きな液滴の蒸気圧よりも高い。また，小さな結晶の溶解度は大きな結晶の溶解度よりも高い。

と考え，それぞれの溶解度を c_1，c_2 とすると，これらには (3.35) 式と同じ関係が期待され，$c_1 > c_2$ が導かれる。すなわち，過飽和である溶液から析出した微粒子の大きさに差がある場合（つまり大きな微粒子と小さな微粒子が生成した場合），時間が経過するに従って大きな溶解度を示す小さな微粒子は消滅し，小さな溶解度を示す大きな微粒子がしだいに成長すると考えられる。

ここでみた2つの例のように，小さな粒子が消滅し大きな粒子が成長する現象を**Ostwald**[*34]**成長**もしくは**Ostwald熟成**という（図3.15参照）。

3.4.4　毛管現象

ここまでで，毛管上昇と毛管凝縮を扱ったが，これらを合わせて**毛管現象**もしくは**毛管作用**という。毛管現象は普段の身のまわりにあふれており，ペーパータオル，コーヒーフィルターがよくぬれるのは毛管作用の例である。合成繊維の中には毛管作用を示さないものもあるが，そういった合成繊維でできた衣類は湿気を吸わないため，湿度の高いところではべたべたして着心地が悪い。逆に，防水を目的にした衣料では毛管作用のない繊維を用いるか，毛管作用のない物質で繊維をコーティングする。また，ガラスペンや万年筆などの筆記用具も毛管現象を積極的に利用したものである。さらに，ロウソクにも毛管現象は利用されている。ロウソクの芯に点火すると，その熱でまわりのロウが溶け，液体のロウは毛細管現象によって芯を伝わりのぼっていく。芯の上部では，のぼってきた液体のロウがさらに熱せられ高温の気体になり，空気中の酸素と混ざり合って炎となり燃えつづける。アルコールランプでも同様の現象を利用している。

[*34] Friedrich Wilhelm Ostwald (1853–1932)

3.5　表面張力の測定法

3.5.1　毛管上昇法

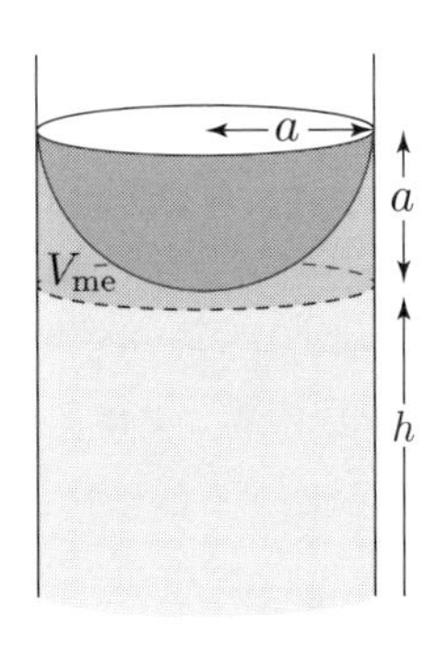

図 3.16　毛管上昇法で補正するメニスカスの体積

3.3.4 項で述べたように，毛管上昇の高さと表面張力には (3.19) 式の関係があるから，この高さを測定することにより液体の表面張力を得ることができる。接触角が $\theta = 0$ と近似できる条件では，

$$\gamma = \frac{1}{2}a\rho g h \tag{3.36}$$

となる。実験の精度は，メニスカスの高さ h の測定と毛管の内径 a の測定の精度に依存する。高さ測定は**カセトメーター**とよばれる定置式のノギスのようなもので測る。また，液面とメニスカスの底の部分の差をもって毛管の高さとするので，メニスカスの淵（ふち）の部分（ガラスをつたって這（は）い上がっている部分：図 3.16 の $V_{\rm me}$）の重量による圧力を無視することになる。これを補正するには，メニスカス部分の体積 $\pi a^3 - (4/3)\pi a^3/2 = \pi a^3/3$ による重量を考慮すればよい。その結果，(3.36) 式は次のようになる。

$$\gamma = \frac{1}{2}\left(h + \frac{a}{3}\right)a\rho g \tag{3.37}$$

これより液体の表面張力を求める方法を**毛管上昇法**（もうかんじょうしょうほう）という。

3.5.2　滴重法

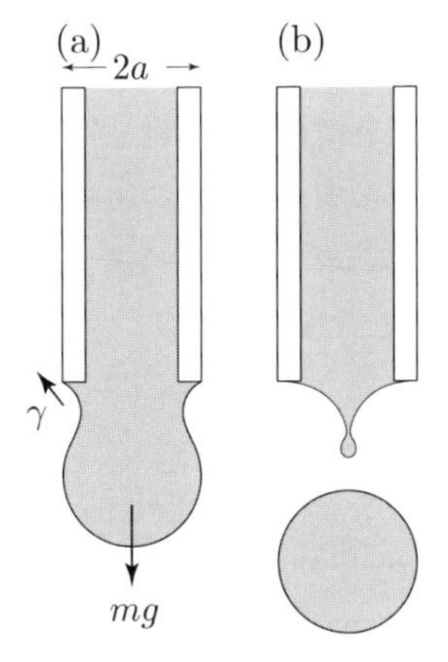

図 3.17　液滴が管から滴り落ちる瞬間のようす

図 3.17 に液滴が管から滴り落ちるようすを表した。これを，「液滴が管の先端の周囲に沿って上向きに働く表面張力に支えられながら成長し，成長した液滴に働く重力が表面張力で支えきれなくなったときに液滴が落下する」とモデル化する。外径が $2a$ の管の先端から落下する液滴の質量 m とすれば，

$$mg = 2\pi a\gamma \tag{3.38}$$

が成り立つ。これより液体の表面張力を求める

方法を滴重法(てきじゅうほう)という[*35]。液滴の質量と管先端の径を測定するだけだから簡単に実験ができるが，実際にこの方法で精度よく表面張力を求めようとすると，さまざまな補正項を取り入れる必要がある。というのも，液滴が落下する際には液滴の一部にくびれができて，そのくびれの下の部分が液滴として落ちるが，くびれより上の部分は管の先端に残ったり，さらに小さな液滴となって先に落ちた液滴のあとで落ちたりと，実験条件によってさまざまに現象が変わるからである。補正は $2\pi a\gamma = mg\phi$ というように補正項 ϕ(ファイ) で考慮される。この補正項は，同条件で表面張力が既知の液体で実験を行って決定することができる。

3.5.3　円環法

3.2 節でみたような「液体が膜を作る現象」を利用して液体の表面張力を求める方法がある。まず液面に白金製の環(わ)を接触させ，この白金環(かん)を垂直に持ち上げる（図 3.18 (a), (b) 参照）。すると，液体の膜が環の下側について持ち上がってくる。それをさらに引き上げると，この液体膜は切れて白金環から離れてしまう。この液体膜を引き上げて破るのに要する力を測れば表面張力が求められる。すなわち，液面に接触させた白金環の円周を ℓ とすれば，この白金環を引き上げ液体膜から離すのに要する力 f は，

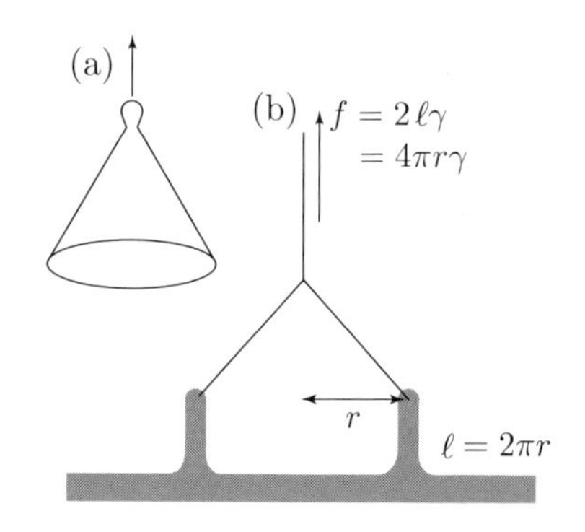

図 3.18　円環法：(a) 白金製の環，(b) 液膜が持ち上がるようす

$$f = 2\ell\gamma \tag{3.39}$$

となる。白金環の内側と外側に液体膜が形成されるので 2 倍の因子が入る。これにより液体の表面張力を決定する方法を**円環法**(えんかんほう)という。白金環を垂直に引き上げるときの力 f の測定を振り秤によって行う **du Noüy**(デュヌイ)[*36]の**表面張力計**(ひょうめんちょうりょくけい)が有名である。

---

*35 ビュレットに水を入れてコックをわずかに開いた状態にし，水滴を 100 滴程度落下させ，その質量を量り取ることによって 1 滴の体積を求めるという定番の学生実験がある。これが 0.04 mL 程度であったことを憶えているだろうか。ビュレットの先端の外径が $2a = 2$ mm 程度であるとすれば，水の表面張力が (3.38) 式から求まるはずである。ざっと試算してみると，次の値を得る。

$$\gamma = \frac{mg}{2\pi r} = \frac{0.04\ \mathrm{mL} \times 1\ \mathrm{g/mL} \times 10^{-3} \times 9.8\ \mathrm{m/s^2}}{2 \times 3.14 \times 1 \times 10^{-3}\ \mathrm{m}} = 62 \times 10^{-3}\ \mathrm{N/m}$$

25 °C における水の表面張力は 72 mN/m であるから，粗い実験のわりにはよい一致と判断できる。

*36 Pierre Lecomte du Noüy (1883–1947)

✐ 演習問題 7　内径が 0.40 mm（$2a = 0.40$ mm）の毛管を水に鉛直に立てると毛管上昇が観察された[*37]。この毛管上昇の高さを水温とともに測定したところ表 3.4 に示すデータが得られた[*38]。水の密度は文献値である。各温度における水の表面張力を計算し，表面張力の温度依存性をプロットしなさい。ただし，重力加速度は $g = 9.81 \text{ m/s}^2$ とする。また，メニスカス部分の体積の補正は考えなくてよい。

表 3.4　水の毛管上昇の高さ h と密度 ρ の温度依存性

T〔°C〕	10.0	15.0	20.0	25.0	30.0
h〔cm〕	7.56	7.46	7.43	7.36	7.29
ρ〔g/cm^3〕	0.9997	0.9991	0.9982	0.9971	0.9957

解答 7　(3.36) 式：$\gamma = a\rho gh/2$ より次の結果を得る。

表 3.5　水の表面張力の温度依存性

T〔°C〕	10.0	15.0	20.0	25.0	30.0
γ〔mN/m〕	74.2	73.5	72.8	72.0	71.3

この結果を図 3.19 にプロットした。温度の上昇とともに，表面張力が直線的に低下するようすがわかる。

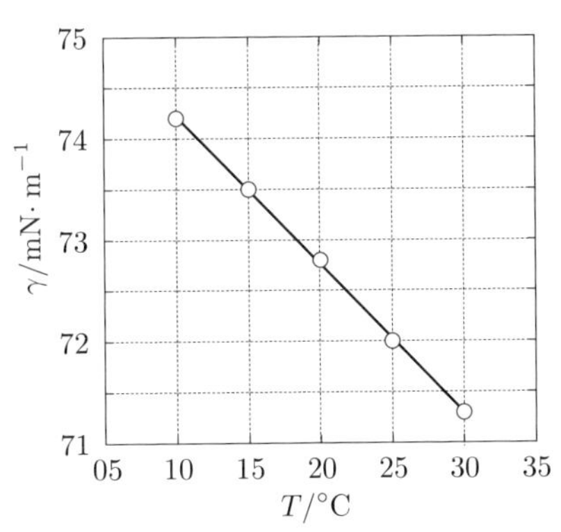

図 3.19　水の表面張力の温度依存性

*37 実際に実験をする場合，乾いた毛管を水に差し込んでも期待されるような毛管上昇は観察されない。乾いた毛管を水に差し込んだあと，水をある程度吸い上げて毛管の内部を水でぬらしてから観察を行うとよい実験値が得られる。

*38 ところで，植物の道管の典型的な半径はここで用いた毛管と同じおおよそ 0.2 mm である。表 3.4 のデータによると，水は道管中を 7 cm しか上昇しない。ということは，草丈 7 cm 以上の植物は水を上端まで吸い上げることができない。すなわち，植物が根から水を吸い上げるのには毛管上昇以外の現象を利用していることがわかる。

3.6　泡　沫

気体が薄い液膜で覆われた状態を泡といい(3.3.1項参照)，泡が集合して存在している状態を泡沫（ほうまつ）という[*39]。純水を適当な容器に入れて，これを振とうしても泡は生じない。水にかぎらず，純粋な液体をいくら振とうしても泡を生じることはほとんどなく，実質的には純粋な液体は泡を生じないと考えてよい。一方，界面活性剤の水溶液は泡立ちもよく，生じた泡は消えにくい。

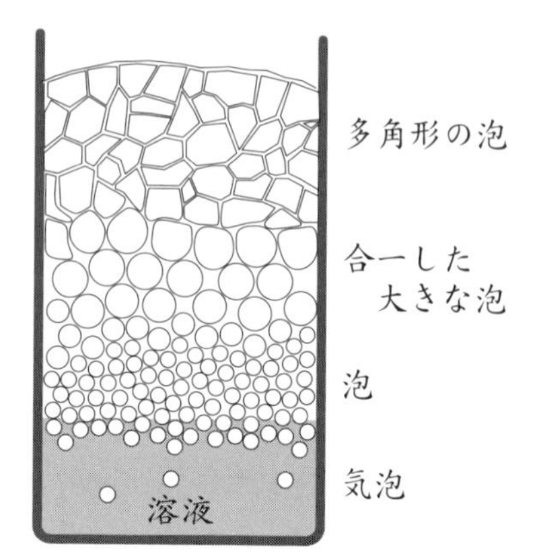

図3.20　泡沫：溶液を振ると細かい泡が立ち，それらは合一して大きな泡となる。大きくなった泡は，排液により液膜が薄くなり，多角多面体の泡となる。

図3.20に溶液上に形成した泡沫のようすを表した。溶液中で小さな気泡はほぼ球形を示す。気泡が浮上して泡となり，泡どうしが集まって水上で泡沫となる。泡沫内では，小さな泡どうしが合わさって大きな泡に成長する。これを合一（ごういつ）という。泡の大きさに大小が生じると，泡の中の気体の拡散が起こる。すなわち，隣り合う泡の大きさに違いがあると，気体は圧力の大きい小さな泡から圧力の小さな大きな泡へと膜を通り抜けて移動するため，小さい泡は消失する傾向にあり，泡は大きくなる（図3.21参照）。合一した泡沫の上部のほうは液体が流下して膜が薄化し，平面の薄膜の多角多面体が集合した状態となる。泡沫中で泡と泡の接点では，3つの泡が接しており，4つであることはほ

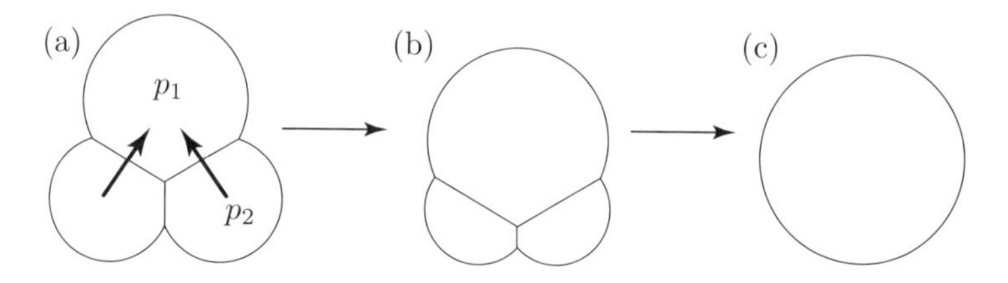

図3.21　(a) 大きさの異なる泡が隣り合うと，小さな泡の内圧 p_2 は大きな泡の内圧 p_1 より大きいため（$p_1 < p_2$），小さな泡から大きな泡へ気体の拡散が起こり，(b) 大きい泡はより大きく，小さな泡はより小さくなり（Ostwald熟成），(c) 最終的には1つの大きな泡になる。

[*39] 英語では，前者をbubble，後者をfoamという。泡沫は「うたかた」と読んで「はかなく消えやすいもの」のたとえとして用いることもある

とんどない。この交点を**Plateau境界**という。泡沫中では液膜がたがいに 120° の角度をなすときがもっとも安定であるといわれている（図 3.22 (a) 参照）。図 3.22 (a) の Plateau 境界付近を拡大したものが (b) である。Plateau 境界付近は，ほぼ平面である部分と曲率の大きい部分からなる。曲率の大きい部分では，Gibbs−Thomson 効果により $p_1 > p_2$ の関係にある（3.3.3 項参照）。一方，液膜が平面な部分では $p_1 = p_3$ であるから，液膜中に圧力バランスの崩れ $p_3 > p_2$ が生じ，平面部分から Plateau 境界部分に液体の流動が起こり，液膜はしだいに薄くなっていく*40。この現象を**排液**という。

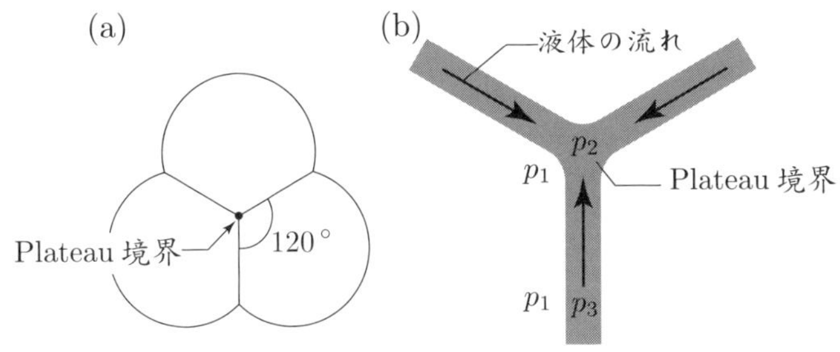

図 3.22 (a) Plateau 境界と (b) その付近の圧力：$p_2 < p_3$ であるから，矢印方向に液体が流動し，泡を区切っている液膜が薄化する。

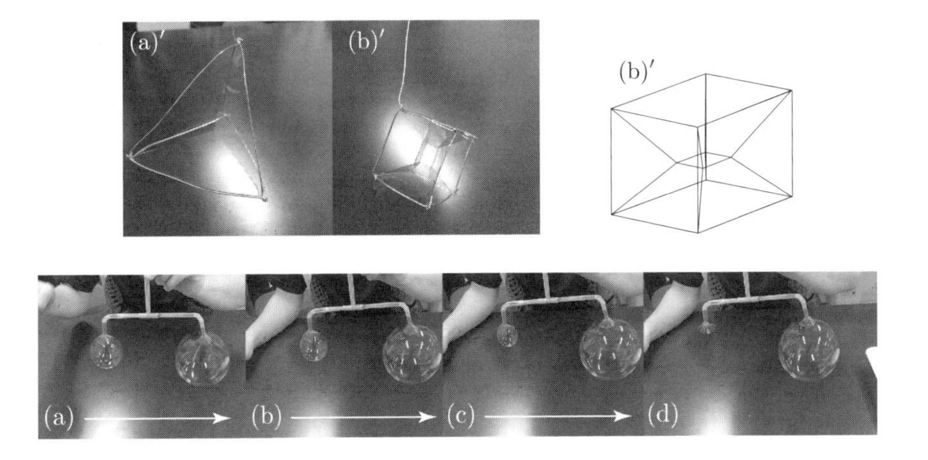

図 3.23 上段：課題実験 2 の結果（よく観察すると，(b)′ の枠の内側にできる正方形はわずかに丸みを帯びる），下段：課題実験 3 の結果

*40 図 3.21 に示した泡の Ostwald 熟成を観察しようとしても，実際には排液に起因する液膜の薄化によりシャボン玉が割れてしまうことが多い。

✂ 自宅でできる課題実験 4

界面活性剤水溶液（水に家庭用中性洗剤を溶かして調製せよ）をコップに調製し，テーブルの上にストローでシャボン玉 A を 1 つ作り，その隣にもう 1 つのシャボン玉 B を作れ。

1. A と B の接点が 120° の角度をなすことを確認せよ。
2. A と B の接点で液膜が厚くなっていることを確認せよ。これが Plateau 境界である。**Gibbsの環**（ギブスのわ）とよばれることもある。
3. シャボン玉 A の隣にシャボン玉 C，シャボン玉 D,··· を作っていくと，シャボン玉 A は 6 個のシャボン玉で囲まれることを確認せよ。また，それ以上のシャボン玉を作るとどうなるのか観察せよ。

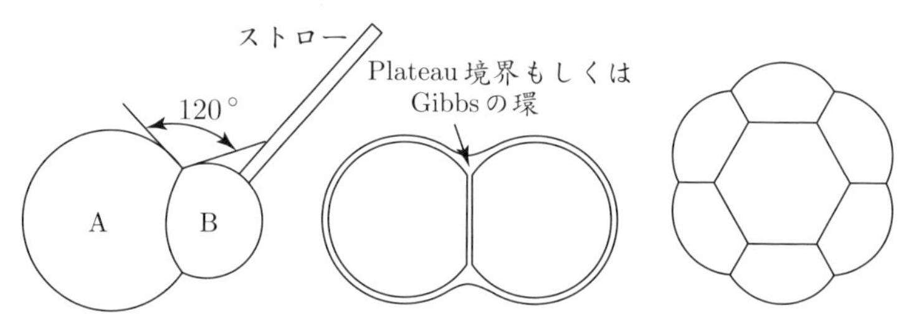

実験結果はすぐ下の図 3.24 にある。

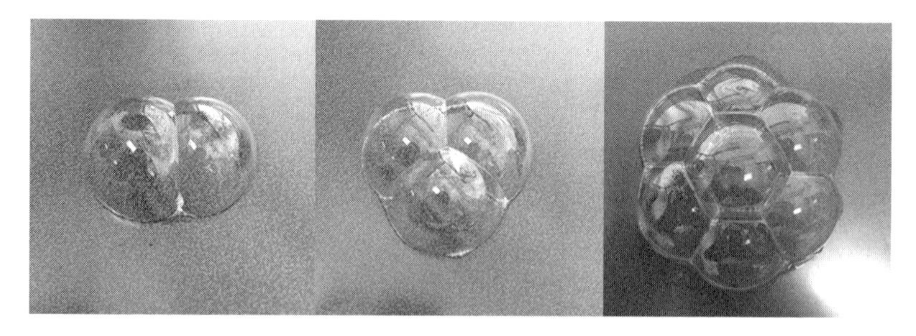

図 3.24 「実験 4」で確認すべき現象：さすがに，写真では Gibbs の環は確認できない。また，シャボン玉の接点が 120° の角度をなすことは，シャボン玉を 3 つ接するように作るともっともわかりやすい。最後の実験は各自で確かめよ。

3.7　気液界面の取り扱いと過剰量

3.7.1　分割面

液相と気相のあいだには，分子の密度（濃度）が液相よりは小さく気相よりは大きい「境界領域」が存在する。図 3.25 (a) に濃淡で示したように，この密度の変化は連続的であり，どこかで急に密度が変化するということはない。界面近傍の分子密度の概形を図 3.25 (d) に示したが，ここでは $-\ell$〜ℓ の範囲で分子密度が変化している。そこで，この範囲を**界面相**(かいめんそう)とよび，液相と気相のあいだに存在するもう 1 つの相として区別する（図 3.25 (b) 参照）。なお，図中や式中では，液相，気相，界面相をそれぞれ α(アルファ)，β(ベータ)，σ(シグマ) で表す。この界面相を「厚みのない界面」として扱う方法もある（図 3.25 (c) 参照）。この「厚みのない界面」は分子密度が変化している領域であればどこにとってもよいが，普通は次の関係が成立する原点を界面に選ぶ。

$$\int_{-\ell}^{0} (c^{\alpha} - c^{\sigma}(x))\,\mathrm{d}x = \int_{0}^{\ell} \left(c^{\sigma}(x) - c^{\beta}\right)\mathrm{d}x \tag{3.40}$$

この等式の幾何学的な意味を図 3.25 (e) に示した。実際の分子密度は液相領域では一定値を示し，界面相で連続的に減少するが，ここで界面相の中に新たに**分割面**(ぶんかつめん)を考え，分割面までは液相での密度に等しいとする。そして，分割面で分子密度は気相の密度

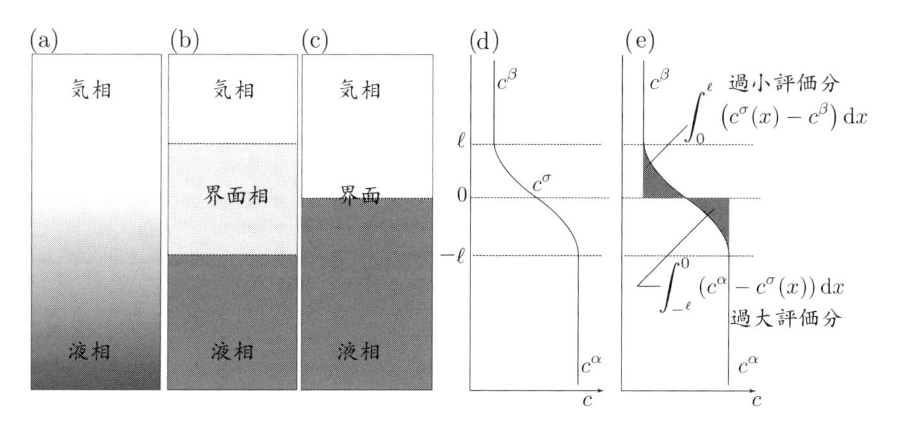

図 3.25　液体とその蒸気の界面近傍：(a) 液相と気相と境界領域，(b) 有限の厚みを持つ界面相，(c) 厚みのない界面，(d) 分子密度の概形，(e) 分割面。(d)，(e) では，縦軸に深さ方向の距離をとり，横軸に分子密度 c をとって分子密度の概形を模式的に表した。

まで突然減少し，そのあとは一定の値をとると仮定する。液相側から見ていくと，現実には徐々に減少している密度を一定値と仮定しているので，この領域では密度を過大評価することになる。これが (3.40) 式の左辺である。そのあと，分割面以降では徐々に減少している密度を減少しきった値（気相の密度）で置き換えているので，こちらは逆に過小評価していることになる。(3.40) 式の右辺がこの過小評価分である。片側では過大評価し，もう片方で過小評価するのだから，これがキャンセルするように分割面を選び，これを界面とするのが自然である[*41]。

ここでは単成分の液体（純溶媒）について考えたが，あとのほうで溶液について扱う際には，溶質と溶媒で分割面が異なり界面が1つに定まらない。そのような場合は，興味の低い成分（ほとんどの場合は溶媒）の分割面を界面とし，これを**Gibbs**（ギブス）**の分割面**（ぶんかつめん）という。また，この分割面のとり方を**Gibbs**（ギブス）**の規約**（きやく）という。

3.7.2 界面における過剰量

ここでは，分割面のとり方によって生じる過剰量の概念について説明する。いま，図3.26に従って物質量について考えよう。ここで，液相，界面相，気相からなる系に分割面を定めたことにより，液相には N^{α}，気相には N^{β} だけの物質量が割り振られるとする。系を構成する全物質量 N と N^{α}，N^{β} には $N = N^{\alpha} + N^{\beta}$ の関係がありそうだが，そうとはかぎらない。図3.26に示したように，溶媒分子密度は液相では一定値 c^{α} を示し，ある部分からなだらかに減少し，再度一定値 c^{β} を示す。現実の系はこのようになだらかな変化を示すのだが，ここに仮に図3.26 (a) で破線で示したような分割面をとると，この分割面より右側では溶媒分子密度が c^{α} で一定であり，左側では溶媒分子密度が c^{β} で一定であると仮定することになる（簡単のため $c^{\beta} = 0$ とする）。

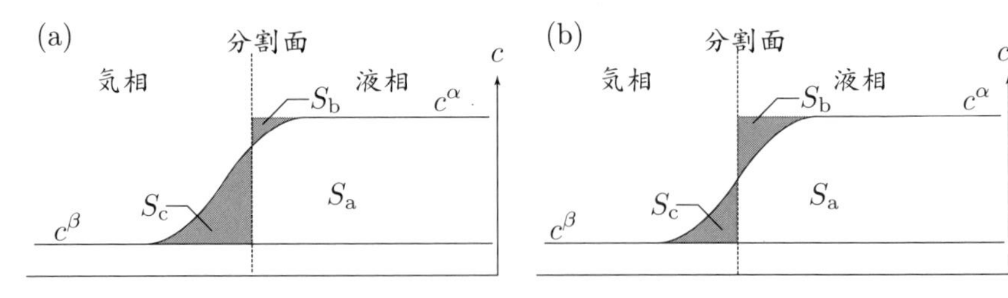

図3.26 分割面のとり方を考える図：横軸に深さ方向の距離をとり，縦軸に分子密度 c をとって分子密度の概形を模式的に表した。簡単のため $c^{\beta} = 0$ として面積を考える。

[*41] ただし，熱力学的な要請ではない。

そうした場合，液相，気相に割り振られる物質量 N^α，N^β は，図中の面積を用いて，

$$N^\alpha = S_\mathrm{a} + S_\mathrm{b} \qquad N^\beta = 0 \tag{3.41}$$

と表すことができる[*42]。一方，分割面などない現実の系で全物質量 N は，

$$N = S_\mathrm{a} + S_\mathrm{c} \tag{3.42}$$

であるから，これらの差分：

$$\begin{aligned} N - \left(N^\alpha + N^\beta\right) &= S_\mathrm{a} + S_\mathrm{c} - (S_\mathrm{a} + S_\mathrm{b} + 0) \\ &= S_\mathrm{c} - S_\mathrm{b} \end{aligned} \tag{3.43}$$

は行き場を失ってしまう。そこで，これを界面相（分割面）に押し付け**過剰量**（かじょうりょう）もしくは**界面過剰量**（かいめんかじょうりょう）とよぶ。(3.43) 式により，過剰量は図中の S_b と S_c の大きさの差分で評価できることがわかる。図 3.26 (a) では $S_\mathrm{b} < S_\mathrm{c}$ だから過剰量は正となり，図 3.26 (b) では $S_\mathrm{b} = S_\mathrm{c}$ だから分子数の過剰量がゼロとなる。分割面をもっと気相側（図では左側）にとれば $S_\mathrm{b} > S_\mathrm{c}$ となるから過剰量が負になることがわかる。なお，過剰量の考え方を用いれば，3.7.1 項で説明した Gibbs の分割面を「界面過剰量が 0 になる面」と定義できる。

過剰量の考え方は容易に一般化でき，物理量（示量変数）X の分割面に押し付ける過剰量 X^σ を次のように表すことができる。

$$X^\sigma = X - \left(X^\alpha + X^\beta\right) \tag{3.44}$$

ここで，X は分割面などない現実の系での物理量 X の総量であり，X^α，X^β は分割面を設けることにより α 相，β 相に割り振られた X の量を表す[*43]。

3.8　溶液表面における吸着

3.8.1　Gibbs の吸着等温式

物質の出入りのある界面において，内部エネルギー変化 $\mathrm{d}U^\sigma$ は次のように表される。

$$\mathrm{d}U^\sigma = \underbrace{T\mathrm{d}S^\sigma}_{\mathrm{d}'q} \underbrace{-P\mathrm{d}V^\sigma + \gamma\mathrm{d}A}_{\mathrm{d}'w} + \sum_i \mu_i \mathrm{d}n_i^\sigma \tag{3.45}$$

[*42] 厳密にいえば，図 3.26 の縦軸は分子密度であるから，体積との積が物質量となる。

[*43] 次の節でみるように，界面過剰量は「単位面積あたり」で定義するのが普通であるから，そのように定義した場合，(3.44) 式は $AX^\sigma = X - \left(X^\alpha + X^\beta\right)$ と書ける。ここで，A は界面の面積を表す。

ここで，物質 i が微小量 $\mathrm{d}n_i^\sigma$ だけ出入りするとし，それに伴う系の内部エネルギー増加を $\mu_i \mathrm{d}n_i^\sigma$ とした。μ はもちろん化学ポテンシャルを表す。すなわち，$\sum_i \mu_i \mathrm{d}n_i^\sigma$ は，界面だけで系が閉じているのではなく，共存する液相，気相とのあいだで分子の往来があること（すなわち開放系）による組成変化によって U^σ が変化するようすを表す項である。上付きで σ がついた変数は界面相の値であることを表す[*44]。界面相の内部エネルギー U^σ は，

$$U^\sigma = TS^\sigma - PV^\sigma + \gamma A + \sum \mu n_i^\sigma \tag{3.46}$$

で表せる[*45]。これを完全微分すると，$\mathrm{d}U^\sigma$ として次式を得る。

$$\begin{aligned} \mathrm{d}U^\sigma = T\mathrm{d}S^\sigma + S^\sigma \mathrm{d}T - P\mathrm{d}V^\sigma - V^\sigma \mathrm{d}P + \gamma \mathrm{d}A + A\mathrm{d}\gamma \\ + \sum \mu \mathrm{d}c_i^\sigma + \sum n_i^\sigma \mathrm{d}\mu \end{aligned} \tag{3.47}$$

これと (3.45) 式を比較すれば，次式を得る。

$$S^\sigma \mathrm{d}T - V^\sigma \mathrm{d}P + A\mathrm{d}\gamma + \sum n_i^\sigma \mathrm{d}\mu_i = 0 \tag{3.48}$$

これを界面相（かいめんそう）における**Gibbs**（ギブス）**–Duhem**（デュエム）[*46]式（しき）とよぶ。

ここで，定温 $\mathrm{d}T = 0$，定圧 $\mathrm{d}P = 0$ 過程を考える。すると，前式の左辺第1項と第2項がゼロになるので，次の結果を得る。

$$\begin{aligned} A\mathrm{d}\gamma &= -\sum n_i^\sigma \mathrm{d}\mu_i \\ \mathrm{d}\gamma &= -\sum \frac{n_i^\sigma}{A} \mathrm{d}\mu_i && \text{両辺を } A \text{ で割った} \\ &= -\sum \Gamma_i \mathrm{d}\mu_i && \Gamma_i \text{を定義した} \end{aligned} \tag{3.49}$$

これを**Gibbs**（ギブス）**の吸着等温式**（きゅうちゃくとうおんしき）という。ただし，界面過剰量 Γ_i（ガンマ）を，

$$\Gamma_i := \frac{n_i^\sigma}{A} \tag{3.50}$$

で定義した。界面過剰量は表面過剰量ということもあるが，これらが（溶液表面への）吸着量と言い換えてもいいのは，定義より明らかだろう。

[*44] 表面張力 γ と界面の面積 A は界面相に固有の変数なので，わざわざ σ を上付きで添えることはしない。これら以外でも，示強変数 T, P, μ には σ をつけない。というのも，系全体が平衡にあれば（これが普通の熱力学を適用する大前提である）液相と界面相とで示強変数である T, P, μ が一定になっているから，これにわざわざ σ や α をつけて相を指定する必要はない。

[*45] これ以降，少しのあいだ，和の記号 $\sum_i$ の下付き i は省略する。

[*46] Pierre Maurice Marie Duhem (1861–1916)

3.8.2 2成分系における Gibbs の吸着等温式

ここでは2成分からなる「溶液」の表面について考察する。溶液内部（バルク相）では溶媒と溶質の組成がどこでも均一であるが，表面では溶液内部とエネルギー状態が異なるので（3.1節参照），溶質と溶媒の組成が溶液内部と異なる。あとのほうで具体例を示すが，エタノールのような有機化合物の水溶液では，バルク相よりも表面近傍で溶質の濃度が大きい。これは，溶質分子が溶液内部から表面へ吸着していることにほかならない。しかし，溶液表面への溶質の吸着は固体表面への吸着と本質的に異なり，表面をどこに選ぶかによって変わってしまう。このようすを図3.27に示した。図3.27(a)と(b)では分割面の位置が異なっているが，これにより溶質の吸着量も異なる[*47]。

まず，いま考えている2成分系において(3.49)式は，

$$\mathrm{d}\gamma = -\Gamma_1 \mathrm{d}\mu_1 - \Gamma_2 \mathrm{d}\mu_2 \tag{3.51}$$

となる。ここで，溶媒の表面過剰量がゼロである面を表面にとる。もちろん，この表面は溶媒の Gibbs の分割面にほかならない。こうすれば，$\Gamma_1 = 0$ であるから(3.51)

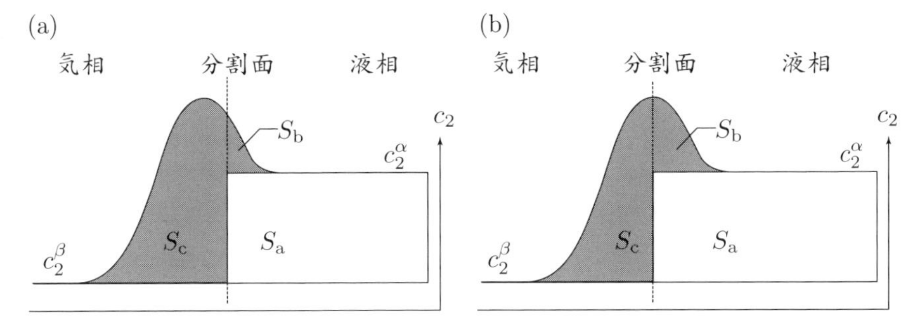

図3.27 溶質が表面に吸着した場合の溶質の分子密度概形：バルク相（溶液相）では溶質濃度 c_2^α は一定であるが，表面近傍で増大し，その後減少して c_2^β となる。網かけした面積が表面過剰量（吸着量）に比例する。(a)と(b)では分割面のとる位置が異なるため，吸着量が異なる。脚注*47を参照せよ。

[*47] 表面過剰量は(3.44)式で表された。これをいまの場合に当てはめると，溶質の総物質量 X は $S_\mathrm{a} + S_\mathrm{b} + S_\mathrm{c}$ で表され，これから，α 相と β 相に割り振られた溶質の物質量を差し引いたものが表面過剰量（吸着量）である。α 相では分割面まで溶質濃度は c_2^α で一定と考えるから，α 相に割り振られた溶質の総物質量は S_a で表される。一方，β 相では分割面から溶質濃度は c_2^β で一定と考え，ここでは簡単のため $c_2^\beta = 0$ とするから，β 相に割り振られた溶質の総物質量はゼロである。以上より，溶質の表面過剰量は $(S_\mathrm{a} + S_\mathrm{b} + S_\mathrm{c}) - (S_\mathrm{a} + 0) = S_\mathrm{b} + S_\mathrm{c}$，すなわち，図中でグレーで塗られた面積で表されることがわかる。

式の右辺第1項がゼロとなり，溶質の吸着量 $\Gamma_2^{(1)}$ は，

$$\Gamma_2^{(1)} = -\frac{\mathrm{d}\gamma}{\mathrm{d}\mu_2} \tag{3.52}$$

と書ける。ここで，成分 $i=1$ の Gibbs の分割面における吸着量という意味で，Γ に (1) を上付きで添えた*48。この式によれば，溶液の表面張力 γ の溶質の化学ポテンシャル μ_2 依存性より溶質の表面過剰量，すなわち吸着量が計算できる。実際に実験で吸着等温線を得ることを考えれば，溶質の化学ポテンシャルは扱いづらい量である。そこで，化学ポテンシャルをより扱いやすい量で書き換える。これには**活量**（かつりょう）を用いる。溶質の化学ポテンシャル μ_2 の活量 a_2 依存性より，

$$\mu_2 = \mu_2^{\ominus} + RT\ln a_2 \qquad \text{下注参照*49}$$

$$\frac{\mathrm{d}\mu_2}{\mathrm{d}\ln a_2} = RT \qquad \text{両辺を}\ln a_2\text{で微分した} \tag{3.53}$$

であるから，これを (3.52) 式に代入すれば次式を得る。

$$\Gamma_2^{(1)} = -\frac{1}{RT}\left(\frac{\mathrm{d}\gamma}{\mathrm{d}\ln a_2}\right) \tag{3.54}$$

すなわち，活量 a_2（低濃度であれば濃度 c_2 で近似できる）の異なる溶液の表面張力 γ を測定し，γ を $\ln a_2$ に対してプロットすると，その傾き $\mathrm{d}\gamma/\mathrm{d}\ln a_2$ より表面過剰量が計算できる。実験で吸着等温線を得ることを考えれば，(3.52) 式より (3.54) 式のほうが使いやすい。

3.8.3 正吸着と負吸着

一般に，純溶媒と（純溶媒に溶質を加えた）溶液とでは表面張力が大きく異なる。図 3.28 にエタノール水溶液と塩化ナトリウム水溶液の表面張力の濃度依存性を示した。エタノール水溶液は濃度が増すごとに表面張力が低下するのに対して，塩化ナトリウム水溶液は濃度の増加とともに表面張力が増大する。一般に，**脂肪酸**（しぼうさん）やアルコールの水溶液は濃度の増大とともに表面張力は低下し，無機電解質水溶液は濃度の増大とともに表面張力は増大する。すぐあとの 3.8.4 項で説明するが，液体にある物質を溶解したときに，液体の表面張力を低下させる物質を**界面活性物質**（かいめんかっせいぶっしつ），また表面張力を

*48 分割面を Gibbs の分割面にとらない場合，成分 $i=1$ にも過剰量 Γ_1 が存在する。この場合，成分 $i=2$ の過剰量 Γ_2 とバルク相におけるそれぞれの物質量比 n_2/n_1 を用いて，成分 $i=1$ の過剰量を基準にとった成分 $i=2$ の相対的な過剰量 $\Gamma_2^{\mathrm{ex},1}$ が，$\Gamma_2^{\mathrm{ex},1} = \Gamma_2 - (n_2/n_1)\Gamma_1$ で表される。これは分割面を選ばないから，(3.52) 式より一般的である。

*49 $\mu_2^{\ominus}$ は標準状態における化学ポテンシャルを表す（付録 F.4 節参照）。

わずかながら上昇させる物質を**界面不活性物質**（かいめんふかっせいぶっしつ）という。(3.54) 式によれば，図 3.28 のプロットの横軸を対数でとったものの傾き $\mathrm{d}\gamma/\mathrm{d}\ln c_2$ を $-RT$ で除したものが吸着量であるから，プロットの傾きが負であるエタノールは**正吸着**（せいきゅうちゃく），プロットの傾きが正である塩化ナトリウムは**負吸着**（ふきゅうちゃく）をしていることがわかる[*50]。

脂肪酸やアルコールなどの水溶液の表面張力 γ と濃度 c_2 の関係は，次に示す **Szyszkowski**（ジスコウスキー）[*51]の**実験式**（じっけんしき）によってよく表される。

$$\gamma_0 - \gamma = K \ln(1 + kc_2) \tag{3.55}$$

ここで，γ_0 は溶媒の表面張力を表す。また，K は**同族列**（どうぞくれつ）[*52]の脂肪酸やアルコールに対して一定の値を持つ定数であり，k は各脂肪酸，アルコールに特有の定数である。この関係式を (3.54) 式：Gibbs の吸着等温式に代入すると，

$$\Gamma_2^{\mathrm{ex},1} = \frac{K}{RT}\frac{kc_2}{1 + kc_2} \tag{3.56}$$

を得る。これは，(2.2) 式：Langmuir の吸着等温式と同じ形である。係数 K/RT は飽和吸着量を意味するから，同族列化合物では同じ飽和吸着量を示すことが予測される。

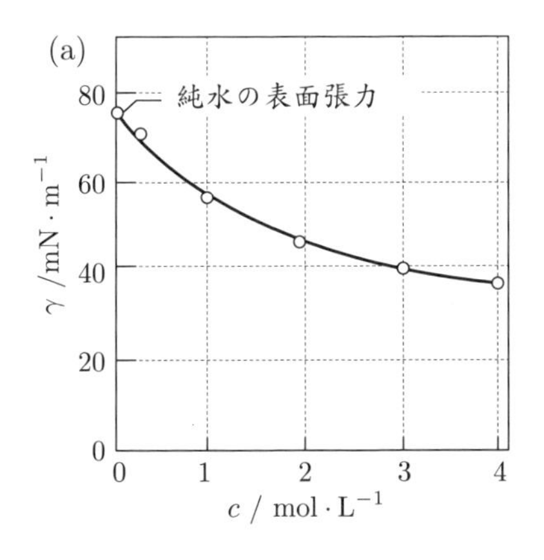

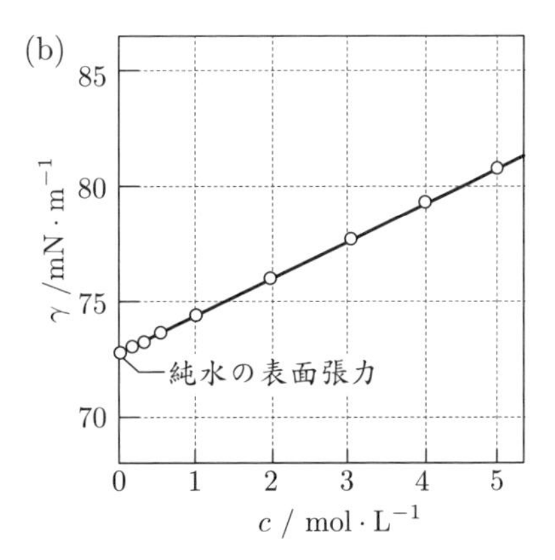

図 3.28 (a) 25 °C におけるエタノール水溶液と (b) 20 °C における塩化ナトリウム水溶液の表面張力の濃度依存性：文献 [6] をもとに作成した。

[*50] 塩化ナトリウムをはじめ多くの無機電解質は界面不活性物質であり，その水溶液では無機電解質は表面に負吸着する。すなわち，溶質である無機電解質は表面から遠ざかり，表面付近はほとんど溶媒である水分子のみになる。これに伴って，図 3.28 (b) に示したように表面張力は増大するが，その変化量はごくわずかである（図 3.28 (a)，(b) の縦軸スケールに注意せよ）。少量添加しただけで表面張力を著しく増大させる物質は見つかっていない。

[*51] Bohdan von Szyszkowski (1873–1931)

[*52] 分子式における CH_2 の数だけを異にする一群の有機化合物の系列を同族列という。

3.8.4 界面活性剤水溶液の表面張力

分子内にカルボキシ基—COOH や水酸基—OH のような**親水基**（しんすいき）と，炭化水素のような**疎水基**（そすいき）(親油基) の部分を持ち合わせる物質は，ごく低濃度で気液界面に吸着する。これを**界面活性**（かいめんかっせい）とよび，界面活性を示す物質を**界面活性剤**（かいめんかっせいざい）という[*53]。多くの場合，親水基をマル ○ で表し，疎水基の炭化水素基をギザギザ ∧∧∧∧ で表し，これらを組み合わせた ○∧∧∧∧ で界面活性剤を表す。もしくは，もっと簡単に ○—— で表すこともある[*54]。

界面活性剤が水溶液の表面に吸着するのは，界面活性剤が水中にいると不可避な疎水基 – 水相互作用を回避するためである。事実，界面活性剤は水溶液表面で自身の炭化水素基を水中から出し，空中に立ち上げて吸着することにより，疎水基と水との接触を断っている (図 3.29 (a) 参照)。界面活性剤濃度が上昇するにつれ，表面での吸着量が増加し (図 3.29 (b) 参照)，いずれ表面は界面活性剤で飽和する (図 3.29 (c) 参照)。すなわち，水溶液表面は**吸着単分子膜**（きゅうちゃくたんぶんしまく）で覆われる。すると，表面に吸着することによって回避していた炭化水素 – 水相互作用を別の方法で回避しなければならなくなる。そこで，界面活性剤は**自己会合**（じこかいごう）し，**ミセル**とよばれる構造体を作る[*55](図 3.29 (c),(d) 参照)。これは，炭化水素基を内側に隠し，外側に親水基だけを露出した球状の構造体である。外側は親水基で覆われているため，この構造体は安定に水溶液に分散する。ミセルが出来はじめる濃度を**臨界ミセル濃度**（りんかいミセルのうど）[*56]とよぶ。臨界ミセル濃度

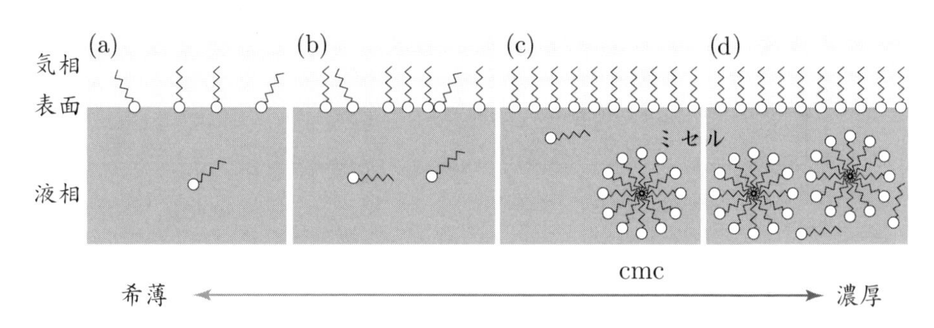

図 3.29 界面活性剤の水溶液構造：界面活性剤は表面に吸着しやすい。表面への吸着が飽和に達するとミセルを形成する。

---

*53 界面活性を示すか否かは，親水基と疎水基の強さのバランスが重要であり，—COOH，—OH 基を持てばすべて界面活性を示すわけではない。

*54 次章以降で扱うステアリン酸などのような高級脂肪酸も ○∧∧∧∧ や ○—— で表す。

*55 界面活性剤が水溶液中で自己会合するのは，疎水基どうしの疎水性相互作用による。

*56 臨界ミセル濃度については，7.9 節を参照せよ。なお，本文の説明で，臨界ミセル濃度と吸着単分子

は cmc(シーエムシー) ともよぶ*57。cmc 以上では，ミセルが増えたり，ミセルが球状から棒状へ転移したり，興味深い構造を形成する。

界面活性剤が水溶液の表面に吸着すると，水溶液の表面張力は低下する。図 3.29 で模式的に示したように，表面への吸着量は濃度に依存するから，界面活性剤水溶液の表面張力は界面活性剤の濃度に依存する。また，cmc 以上で界面への吸着量は変化しないので，表面張力は一定であろうと予想できる。

図 3.30 にドデシル硫酸(りゅうさん)ナトリウム **SDS**(エスディーエス) *58水溶液の表面張力 – 濃度曲線を示した。SDS の濃度が 10^{-5} mol/L 程度では純水とほとんど同じ表面張力を示し，10^{-4} mol/L を境に表面張力が急激に低下しはじめ，7×10^{-3} mol/L 程度から一定値を示した。これより，7×10^{-3} mol/L ぐらいが SDS の cmc と推定できる*59。また，このプロットの傾きは表面過剰量（吸着量）に比例するから，SDS は 10^{-4} mol/L 程度から吸着がはじまっていると考えられる*60。ところで，このプロットを図 3.28 (a) に示したエタノール水溶液の表面張力 – 濃度曲線と比較すると，ごく低濃度で表面張力が変化していることがわかる。これは，ごく低濃度での気液界面への吸着，すなわち界面活性を示している。

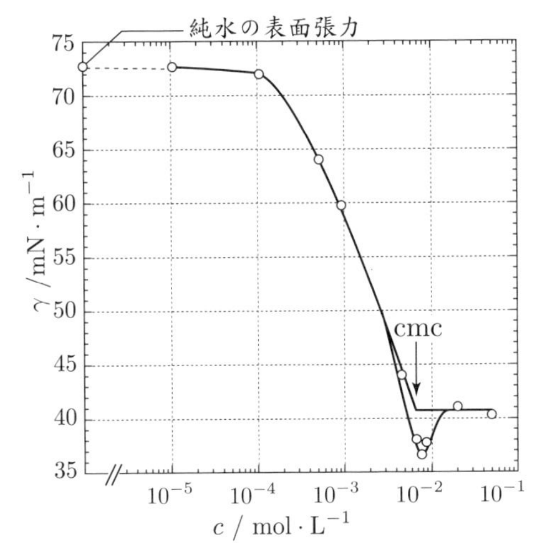

図 3.30 SDS の表面張力 – 濃度曲線

ここまでは界面活性剤の「水」溶液を考えたが，「油」溶性の界面活性剤も油中でミセルを形成する。ただし，その構造は図 3.29 に示したものの裏返しで，親水基を内側にし，疎水基を外側に向ける。これを**逆**(ぎゃく)ミセルという。また，ミセルはその大きさか

膜が完成する濃度がほぼ一致することがわかるだろう。

*57 critical micelle concentration の略である。

*58 sodium dodecyl sulfate の略である。ドデシル硫酸ナトリウムはラウリル硫酸ナトリウムともよばれ，その場合は SLS(sodium lauryl sulfate) と略す。化学式は $C_{12}H_{25}SO_4Na$ である。

*59 SDS の cmc の文献値は 8.1 mmol/L（25 °C）である。また，表面張力 – 濃度曲線において cmc 付近で見られる極小は不純物の影響である。たとえば，文献 [17] を参照せよ。

*60 cmc 以上の濃度では表面張力が一定となるため，Gibbs の吸着等温式を適用すれば吸着量がゼロになるはずである。しかし，実際には表面の吸着量は飽和のまま変化しないことが，トリチウムで標識された界面活性剤を用いた実験で明らかにされている。

らコロイドに分類され，**ミセルコロイド**もしくは**会合**（かいごう）**コロイド**とよばれることもある。コロイドについては，第 7 章で扱う。

水中水滴

界面活性剤水溶液をコップに入れ，ストローをさし込む。ストローの上端を指で押さえてストローを持ち上げれば，ストローの中に液体が入って持ち上がるだろう。そして，ある程度の高さまでストローを持ち上げたら，さっと指を離す。液体はコップの中に落ちていく。何度かこれを繰り返すと，あるとき図 3.31 に示したような**水中水滴**（すいちゅうすいてき）ができる。これは，よく観察すると空洞（3.3.1 項参照）ではないことがわかる。液滴とまわりの水溶液のあいだに空気の相が存在するが，これは界面活性剤にはさまれた空間に空気がとじ込められたことによる（図 3.32 参照）。

図 3.31　水中水滴

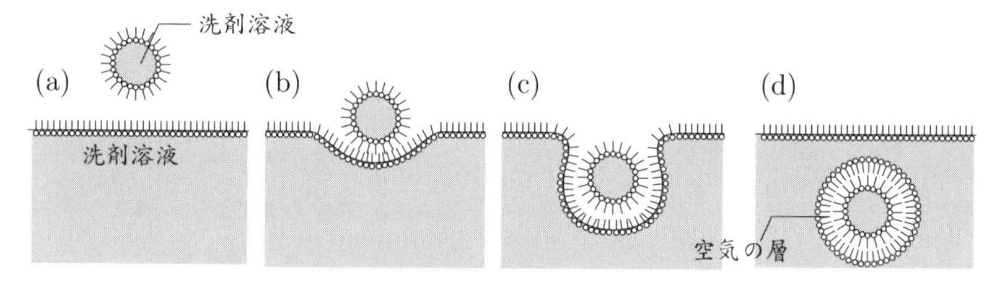

図 3.32　(a) ストローから落ちた液滴の表面には，液面と同様に吸着単分子膜が存在するため，(b) 疎水基どうしが向かい合い，(c) 液面上の吸着単分子膜が壊れることなく液面が沈み，(d) 液滴を包み込むように水中水滴が形成される。

✂ 自宅でできる課題実験 5

水中水滴を作成し，水中水滴ができやすい条件（界面活性剤濃度や液滴をたらす高さ，ストローの角度など）についてまとめよ。また，水中水滴の動きをよく観察せよ[*61]。

[*61] ストローから滴り落ちた水滴は，水面を通過すると水中水滴となり，ある程度の深さまで潜っていく。その後，浮力により勢いよく水面まで戻ってくる。すると，水中水滴は液面でバウンドしてもう一度沈んでいく。これは，よく見る気泡とはまったく異なる挙動であり，非常に興味深い。

第 4 章

液体―液体界面

4.1 純粋液体間の界面自由エネルギー

ここで純粋な液体 A の液柱を考えよう。ただし，簡単のため断面積を 1 m^2 とする。この液柱を，ある箇所で 2 つに分割する過程を考える。これを図 4.1 (a) に示した。純粋な液体 A が 2 つに分かれると，新たな表面を 2 つ生成するので，この過程における系の Gibbs の自由エネルギー変化 $\Delta_{\tilde{c}}\ddot{G}$ は，

$$\Delta_{\tilde{c}}\ddot{G} = 2\gamma_{\mathrm{A}} \tag{4.1}$$

で表される[*1]。ただし，G の上につけた $\ddot{}$ は単位表面積あたりの量であることを表す。また，表面自由エネルギー γ_{A} は常に正の値であることを考えれば，$\Delta_{\tilde{c}}\ddot{G} > 0$ であるから，この過程が自発的に起こることはない[*2]。

つぎに，液体 A がたがいに混じり合わない液体 B と接している場合を考える（液体 B は固体でも構わない）。ここでも液柱の断面積は

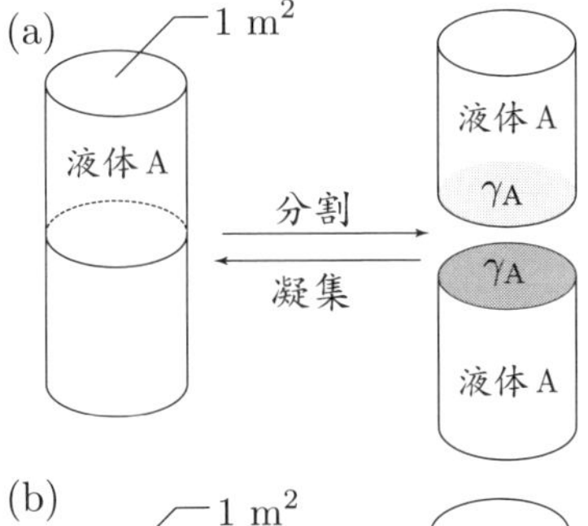

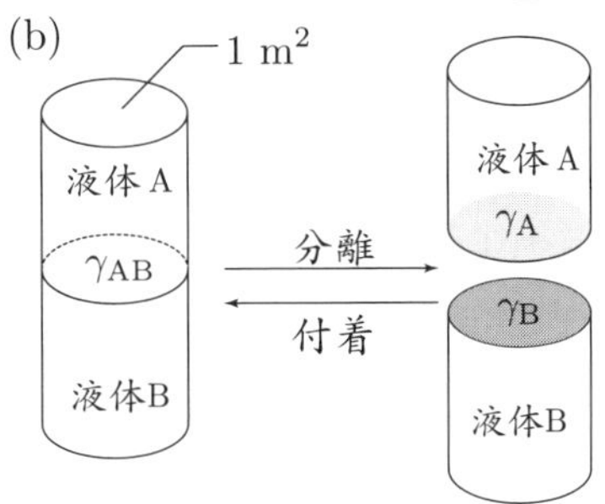

図 4.1 (a) 分割と凝集，(b) 分離と付着

[*1] Δ に下付きで付した $\tilde{c}$ は「c の逆過程」を表す。c はすぐあとで説明する。また，表面張力（すなわち表面自由エネルギー）は単位面積あたりの Helmholtz の自由エネルギーであるが（3.1 節参照），PV 仕事が生じない場合は Gibbs の自由エネルギーとしてもよい。

[*2] これは，（重力の影響など，外力が働かないかぎりにおいては）ある液滴が 2 つの液滴に分割するような現象を見たことがないという経験事実と符合する。

1 m^2 とする。この液柱を，液体 A と液体 B が接している界面で切り離す過程を考える。これを図 4.1(b) に示した。この過程における系の自由エネルギー変化 $\Delta_{\tilde{\mathrm{a}}}\ddot{G}$ は，

$$\Delta_{\tilde{\mathrm{a}}}\ddot{G} = \gamma_{\mathrm{A}} + \gamma_{\mathrm{B}} - \gamma_{\mathrm{AB}} \tag{4.2}$$

で表される。ここで，γ_{AB} は界面 AB の界面自由エネルギーである。すぐ前で述べたように，$\Delta_{\tilde{\mathrm{c}}}\ddot{G}$ は常に正の値をとるが，$\Delta_{\tilde{\mathrm{a}}}\ddot{G}$ は正になる可能性もあるし，負になる可能性もある。$\Delta_{\tilde{\mathrm{a}}}\ddot{G}$ が負の値をとる場合には，この過程が自発的に起こる。このときは $\gamma_{\mathrm{A}} + \gamma_{\mathrm{B}} < \gamma_{\mathrm{AB}}$ であり，液体 A と液体 B の接する界面の自由エネルギー γ_{AB} が非常に大きい，すなわちこの界面が非常に不安定であることを意味する。

つぎに，これまでと逆の過程を考えよう。つまり，断面積が 1 m^2 である液柱 A が 2 つ**凝集**（ぎょうしゅう）する過程と，断面積が 1 m^2 である液柱 A と液柱 B が**付着**（ふちゃく）する過程である。これらの過程における系の自由エネルギー変化を $\Delta_{\mathrm{c}}\ddot{G}$ と $\Delta_{\mathrm{a}}\ddot{G}$ とすると，

$$\begin{aligned}\Delta_{\mathrm{c}}\ddot{G} &= -\Delta_{\tilde{\mathrm{c}}}\ddot{G} \\ &= -2\gamma_{\mathrm{A}} \qquad \text{(4.1) 式より}\end{aligned} \tag{4.3}$$

$$\begin{aligned}\Delta_{\mathrm{a}}\ddot{G} &= -\Delta_{\tilde{\mathrm{a}}}\ddot{G} \\ &= -\gamma_{\mathrm{A}} - \gamma_{\mathrm{B}} + \gamma_{\mathrm{AB}} \qquad \text{(4.2) 式より}\end{aligned} \tag{4.4}$$

で表される。ここで，下付きの c と a は凝集 cohesion と付着 adhesion の頭文字である。先ほどと同じ理由で，常に $\Delta_{\mathrm{c}}\ddot{G} < 0$ であるから，凝集は自発的に起こる[*3]。そして，$\Delta_{\mathrm{c}}\ddot{G}$ の値が小さければ小さいほど（絶対値では大きければ大きいほど）凝集しやすいことになる。また，付着が自発的に起こる（$\Delta_{\mathrm{a}}\ddot{G} < 0$）のは，$\gamma_{\mathrm{A}} + \gamma_{\mathrm{B}} > \gamma_{\mathrm{AB}}$ のときにかぎる。

凝集過程と付着過程の自由エネルギー変化 $\Delta_{\mathrm{c}}\ddot{G}$ と $\Delta_{\mathrm{a}}\ddot{G}$ に負号をつけたものを**凝集仕事**（ぎょうしゅうしごと），**付着仕事**（ふちゃくしごと）と定義する。つまり，

$$\begin{aligned}\ddot{W}_{\mathrm{c}} &:= -\Delta_{\mathrm{c}}\ddot{G} \\ &= 2\gamma_{\mathrm{A}}\end{aligned} \tag{4.5}$$

$$\begin{aligned}\ddot{W}_{\mathrm{a}} &:= -\Delta_{\mathrm{a}}\ddot{G} \\ &= \gamma_{\mathrm{A}} + \gamma_{\mathrm{B}} - \gamma_{\mathrm{AB}}\end{aligned} \tag{4.6}$$

である。とくに，(4.6) 式を**Dupré**（デュプレ）[*4]**の式**（しき）という。付着は一方が固体でもよいから，付着仕事はぬれや接着を考える場合に重要になる。

[*3] 撥水処理を施した表面上を転がる 2 つの水滴が接すると，たちまち 1 つの大きな水滴になるのを見たことがあるだろう。これは，水滴の凝集の例である。

[*4] Louis Victoire Athanase Dupré (1808–1869)

表 4.1　20 °C における凝集仕事 $\ddot{W}_c$ と付着仕事 $\ddot{W}_a$：網かけした行は極性基を有する物質である：[5]

空気 – 液体界面	$\ddot{W}_c$〔mJ/m^2〕	液体 – 液体界面	$\ddot{W}_a$〔mJ/m^2〕
ヘキサデカン	54.9	ヘキサデカン – 水	47.1
ドデカン	50.7	ドデカン – 水	45.9
n–オクタン	43.2	n–オクタン – 水	43.3
n–オクタノール	55.0	n–オクタノール – 水	92.4
n–ヘプタン	40.3	n–ヘプタン – 水	42.3
n–ヘプタン酸	56.4	n–ヘプタン酸 – 水	94.5
ヘキサン	36.8	ヘキサン – 水	41.0
シクロヘキサン	50.5	シクロヘキサン – 水	48.0
シクロヘキサノール	66.8	シクロヘキサノール – 水	102.9

表 4.1 にいくつかの液体の凝集仕事 $\ddot{W}_c$ とそれらと水との付着仕事 $\ddot{W}_a$ の値を示した。ヘキサデカン $C_{16}H_{34}$，ドデカン $C_{12}H_{26}$，n–オクタン C_8H_{18}，n–ヘプタン C_7H_{16}，ヘキサン C_6H_{14}，シクロヘキサン C_6H_{12} などの非極性液体では $\ddot{W}_c$ と $\ddot{W}_a$ はほとんど変わらないが，n–オクタノール $C_8H_{17}OH$，n–ヘプタン酸 $C_6H_{13}COOH$，シクロヘキサノール $C_6H_{11}OH$ などの極性液体では $\ddot{W}_c$ と $\ddot{W}_a$ の値は大きく異なる。これは，それぞれの液体が空気と接したときの表面と，水と接したときの界面での分子配向の違いに起因する。すなわち，非極性液体では表面の状態と水と接したときの界面の状態で分子配向にほとんど変化がないのに対して，極性液体では水に接した場合，極性基を水に向けて配向するためである。

4.2　初期拡張係数

水面上に油がレンズを形成している場合（図 4.2 (a) 参照），水と油と空気の接している点において表面張力（界面張力）がバランスしている。すなわち，3 つの表面張力 $\gamma_A, \gamma_B, \gamma_{AB}$ の矢印は閉じた三角形を作る。この三角形を**Neumann**（ノイマン）[*5]の三角形（さんかくけい）と

[*5] Franz Ernst Neumann (1798–1895)

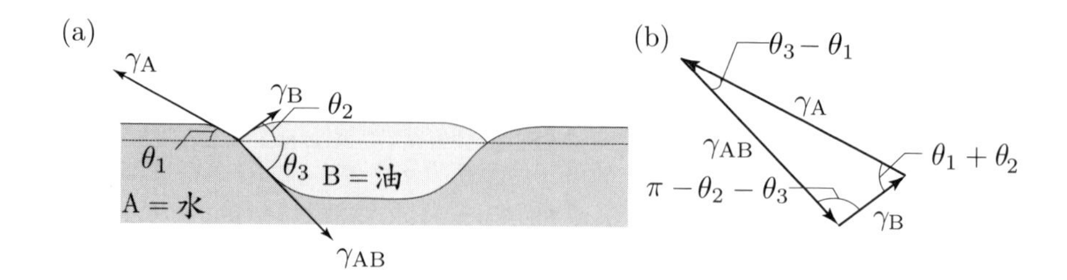

図 4.2 (a) 水面の上にレンズ状にたまった油と (b) Neumann の三角形

いう。これを図 4.2 (b) に描いた。ここで，正弦定理[*6]よりただちに，

$$\frac{\gamma_{\mathrm{A}}}{\sin(\pi-\theta_2-\theta_3)}=\frac{\gamma_{\mathrm{B}}}{\sin(\theta_3-\theta_1)}=\frac{\gamma_{\mathrm{AB}}}{\sin(\theta_1+\theta_2)} \tag{4.7}$$

を得る。すなわち，これが水面上に油がレンズを形成するための条件となる。

ここで，油の表面張力 γ_{B} が減少して接触角 θ_2 がゼロに近づいていくと，油はレンズを保てなくなる。3 つの表面張力の水平方向の成分に注目すれば，

$$\gamma_{\mathrm{A}} > \gamma_{\mathrm{B}} + \gamma_{\mathrm{AB}} \tag{4.8}$$

のとき，油は水面上に油膜となり広がることがわかる。すなわち，γ_{A} と $\gamma_{\mathrm{B}}+\gamma_{\mathrm{AB}}$ のバランスがレンズを保つか，油膜となり広がっていくか，の指標になる。そこで，**Harkins**（ハーキンス）[*7]は，

$$S_{\mathrm{AB}} := \gamma_{\mathrm{A}} - (\gamma_{\mathrm{B}} + \gamma_{\mathrm{AB}}) \tag{4.9}$$

で**初期拡張係数**（しょきかくちょうけいすう）を定義した。もちろん，$S_{\mathrm{AB}} > 0$ であれば水面上の油は広がり，$S_{\mathrm{AB}} < 0$ で油は安定なレンズを形成する。また，(4.9) 式に (4.5) 式と (4.6) 式を代入すると初期拡張係数と凝集仕事，付着仕事を関係づけることができる。

$$S_{\mathrm{AB}} = \ddot{W}_{\mathrm{a}}^{\mathrm{AB}} - \ddot{W}_{\mathrm{c}}^{\mathrm{B}} \tag{4.10}$$

ここで，$\ddot{W}_{\mathrm{a}}^{\mathrm{AB}}$ と $\ddot{W}_{\mathrm{c}}^{\mathrm{B}}$ はそれぞれ AB の付着仕事，B（油）の凝集仕事である。すなわち，油がそれ自身と凝集するよりも，より強く水に付着するときに拡張が起こる。自己凝集力が大きい油ほど，水面上では広がらないといってもよい。

[*6] 付録 G.8 節を参照せよ。
[*7] William Draper Harkins (1873–1951)

油が水面上を広がるか否かは油の分子構造によって決まる。有機化合物は一般に親水基と疎水基とからなり，親水基の水に対する親和力の程度によっては，水面上で展開し膜を形成する。これを**展開膜**（てんかいまく）という。種々の原子団の親水性の強さを比較すると，

疎水性	飽和炭化水素
↑	不飽和炭化水素
↑	ハロゲン・ニトロ基
↑	エステル・エーテル・ケトン
↓	アルデヒド基・アミノ基・水酸基
↓	カルボキシ基
↓	硫酸基
親水性	スルホ基

の順序で親水性が強い。したがって，

- 炭化水素，ハロゲン化物，ニトロ化物などは親水性が弱いため展開膜を作らない。
- エステル，エーテル，ケトンなどはやや親水性であり，炭化水素基の末端にこれらの基が存在すると展開膜を作るが，やや不安定である。
- アルデヒド基，アミノ基，水酸基，カルボキシ基などは親水性が強く，長い炭化水素基の一端にこれらの基を有する化合物は，もっとも安定な展開膜を作る。ただし，疎水基の長さがあまり短いと，分子は水に溶解してしまい展開膜を作らない（界面活性剤となる）。実際には炭素数が 16〜18 で最安定な膜を作る。
- 硫酸基やスルホ基は親水性がきわめて強く，これらを炭化水素の一端につけたものは，炭化水素基がかなり長い場合にも水に溶解し，展開膜は作らない。

また，電離基を有する化合物および多数の親水性基を有する化合物も水に溶解するため展開膜を作らない[*8]。

表 4.2 にいくつかの物質について水面上での挙動を示した。長鎖炭化水素である n–ヘキサデカン $C_{16}H_{34}$ は初期拡張係数が負（$S_{AB} = -7.8$）であり水面上ではまったく広がらないが，炭素数がこれよりも少ない n–オクタン C_8H_{18} は初期拡張係数が

[*8] たとえば，高級脂肪酸そのものは安定な展開膜を作るが，そのナトリウム塩（すなわち，セッケン）は電解質であるため展開膜にはならない。具体例を挙げれば，炭素数 8 の脂肪酸であるカプリル酸（オクタン酸）$C_7H_{15}COOH$ は水への溶解度が 0.068 mg/100 mL であり展開膜を形成するが，これのナトリウム塩 $C_7H_{15}COONa$ は 5 g/100 mL も水に溶解するため展開膜を作らない。

表 4.2　20 °C における水面（液体 A）上の液体 B の初期拡張係数 S_{AB}〔mN/m〕: [5]

液体 B	$S_{\mathrm{AB}} = \gamma_{\mathrm{A}} - (\gamma_{\mathrm{B}} + \gamma_{\mathrm{AB}})$	水面上での挙動
n–ヘキサデカン	$72.8 - (27.4 + 53.2) = -7.8$	水面上では広がらない
n–オクタン	$72.8 - (21.6 + 51.1) = 0.1$	純水面上でちょうど広がる
n–オクタノール	$72.8 - (27.5 + 7.9) = 37.4$	多少汚染があっても広がる

ほぼゼロ（$S_{\mathrm{AB}} = 0.1$）で水面が清浄*9である場合にかぎって広がる。この n–オクタンに水酸基のついた n–オクタノール $\mathrm{C_8H_{17}OH}$ は初期拡張係数が正（$S_{\mathrm{AB}} = 37.4$）であり，水面上が多少汚染されていても広がる。

初期拡張係数は，前節で使ったモデルでも簡単に考察できる。図 4.3 (a) に水面上に油が拡散していくようすを示した。この水面上の油の拡張を (b) のようにモデル化した場合，拡張による表面自由エネルギー変化は，

$$\begin{aligned} \Delta_{\mathrm{sp}}\ddot{G} &= 2\gamma_{\mathrm{B}} + 2\gamma_{\mathrm{AB}} - (\gamma_{\mathrm{A}} + \gamma_{\mathrm{B}} + \gamma_{\mathrm{AB}}) \\ &= -\gamma_{\mathrm{A}} + \gamma_{\mathrm{B}} + \gamma_{\mathrm{AB}} \end{aligned} \tag{4.11}$$

で表され，これが負である場合に拡張が自発的に起こる。下付きの sp は拡張 spreading の頭 2 文字である。(4.9) 式と見比べれば，$\Delta_{\mathrm{sp}}\ddot{G}$ は拡張係数 S_{AB} に負号がついただけであることがわかる。

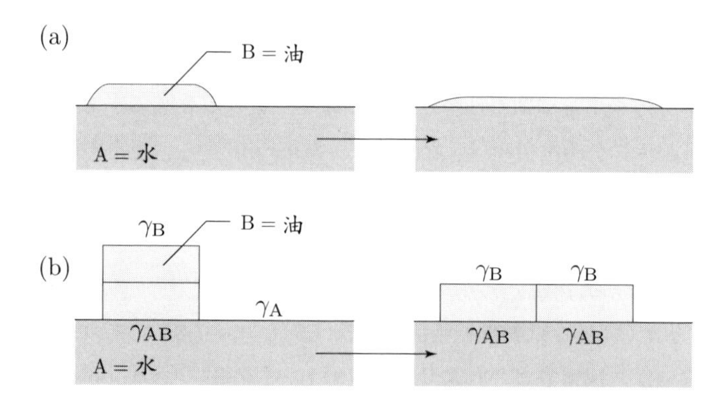

図 4.3　(a) 水面の上で油が拡張するようすと (b) そのモデル

*9 水面が有機物などで汚染されていると，(3.8.3 項で説明したように）水の表面張力が低下する。これによって，(4.9) 式の γ_{A} が小さくなるから初期拡張係数が小さくなる。すなわち，油状物質が水面上を広がるか否かは，水面の清浄さが重要となる。すぐあとの,「なぜ「初期」なのか」も参照せよ。

4.2.1　なぜ「初期」なのか

水面上に n–ヘキサノールを滴下することを考えると，初期拡張係数は $S_{\mathrm{AB}} = 72.8-(24.8+6.8) = 41.2$ と正の大きな値をとるから，n–ヘキサノールは水面上に容易に広がると考えられる。しかし，n–ヘキサノールと水は相互に溶解する[*10]。その結果，それぞれの表面張力が変化する（図 4.4 参照)。具体的には，n–ヘキサノールの表面張力は水が飽和まで溶解することによって $\gamma_{\mathrm{B}} = 24.8 \longrightarrow \gamma_{\mathrm{B}}' = 24.7$ とわずかにしか変化しないが，水の表面張力は n–ヘキサノールが飽和まで溶解することによって $\gamma_{\mathrm{A}} = 72.8 \longrightarrow \gamma_{\mathrm{A}}' = 28.5$ へと劇的に減少する。その結果，拡張係数は $S_{\mathrm{AB}}' = 28.5-(24.7+6.8) = -3.0 < 0$ と負の値へと転ずる。すなわち，n–ヘキサノールを水面上に滴下すると，はじめはすばやく広がるが，しだいに水と n–ヘキサノールの相互溶解が進み，やがて単分子膜の上にレンズ状の油滴が残る。水面上で配向した単分子膜上で同じ液体が広がれずにレンズ状になる現象を**自己疎水化**（じこそすいか）という。

水面上にベンゼンを滴下する場合も，初期拡張係数は $S_{\mathrm{AB}} = 72.8-(28.9+34.6) = 9.3 > 0$ となるからベンゼンは水面上を広がっていくが，少し時間が経って相互飽和すると，拡張係数は $S_{\mathrm{AB}}' = 62.2-(28.8+34.6) = -1.2 < 0$ と低下するから，水面上のベンゼンは薄膜をわずかに引き戻してレンズを作り，残りの部分はベンゼンの単分子層で覆われた状態となる。

これらの例からわかるように，$S_{\mathrm{AB}} = \gamma_{\mathrm{A}} - (\gamma_{\mathrm{B}} + \gamma_{\mathrm{AB}})$ は滴下した液体のごく初期の挙動のみを予測する。こういった理由から拡張係数には「初期」がつく。逆にいえば，ある程度の量の液体が液面上を拡張するか否かは，相互に飽和した状態での界面張力 γ' を用いて計算される拡張係数 $S_{\mathrm{AB}}' = \gamma_{\mathrm{A}}' - (\gamma_{\mathrm{B}}' + \gamma_{\mathrm{AB}})$ を用いなくてはいけない。

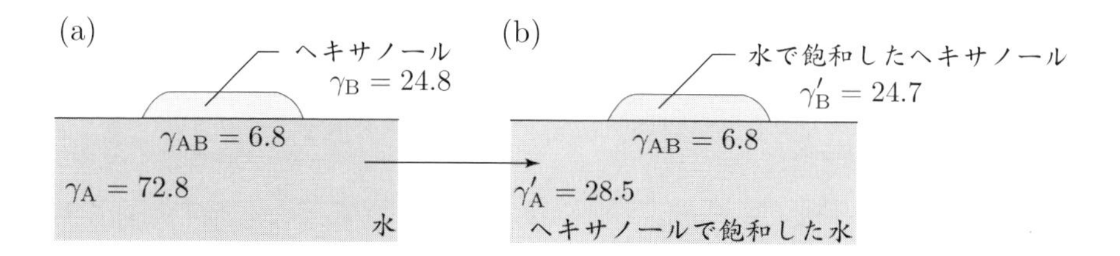

図 4.4　水面上へ n–ヘキサノールを滴下した瞬間 (a) と時間が経過したのち (b)：時間が経過すると，水と n–ヘキサノールの相互溶解が進み，γ_{A} と γ_{B} の値が変化する。

[*10] n–ヘキサノールの水への溶解度は，20 °C で 0.59 g/100 mL である。

第 5 章

不溶性単分子膜

5.1　単分子膜

単分子膜とは固体や液体表面に分子が 1 層ならび，2 次元的な広がりを有した状態をいう。たとえば，固体のステアリン酸（オクタデカン酸ともいう[*1]）$C_{17}H_{35}COOH$ をベンゼンに溶かし，その溶液を水面に静かに滴下すると，ベンゼンが水面上を速やかに広がり薄い層になる。ベンゼンは蒸気圧が高いからすぐに蒸発し，ステアリン酸だけが水面上に残る[*2]。この水面上のステアリン酸はカルボキシ基を水に浸し，炭化水素基を気相に配向した状態をとった単分子膜である。とくに，ステアリン酸は水に溶けないので**不溶性単分子膜**とよび，界面活性剤が表面に吸着して形成される吸着単分子膜（3.8.4 項参照）と区別する。また，このとき用いたベンゼンを**展開溶媒**という。展開溶媒を用いない場合，油状溶質が水面を広がる否かは，拡張係数の正負によって決まる（4.2 節参照）。拡張係数が正であれば油は水面上を広がって薄膜となり，水面の面積が十分大きいときには単分子膜となる[*3]。

[*1] 本章で出てくる高級脂肪酸の慣用名と IUPAC 組織名の対応は，付録 D にまとめた。

[*2] ステアリン酸をベンゼンに溶かし，それをタルク（ベビーパウダーのような粉状の物質；滑石ともいう）を撒いた水面上に滴下する。ベンゼン溶液を滴下した箇所はタルクがベンゼンを避けて容器の底が見える。その瞬間，ベンゼン溶液は速やかに広がり，あっという間に容器の底が丸見えになる。溶媒のベンゼンはすぐに蒸発するため，ベンゼン溶液が完全に広がったあと，ひと呼吸おいて，こんどは急激にタルクが収縮し，もののみごとに単分子膜が出来上がる。これは，見ていて非常に楽しいから，かつては定番の学生実験であった。しかし，ベンゼンの発ガン性が確認されてからは，ベンゼンを気軽に使えなくなった。ベンゼンに代わる溶媒としてはシクロヘキサンがもっとも有力な候補なのだが，実験をしてみると，単分子膜の形成までのダイナミックなようすや，出来上がる単分子膜の形などにおいて，ベンゼンには遥かに及ばない。

[*3] すなわち，ここでの話題である不溶性単分子膜を第 4 章で扱った液体—液体界面に含めて議論することも可能であるが，ここでは液体と膜との界面というよりは，もっぱら膜そのものに注目し，その性質や挙動を扱う。

図 5.1 に示したように，トラフ（水槽）とよばれる比較的平らな容器に水を満たし，水面上を仕切り板と浮き板で仕切り，この仕切られた水面に単分子膜を作成する。すると，単分子膜と純水にはさまれている浮き板は，単分子膜側に表面張力 γ で引かれ，純水側に表面張力 γ^* で引かれる。γ^* のほうが γ より大きいので浮き板は純水側に引かれるが，見かけ上，単分子膜に押されるような形になる。そこで，これを**表面圧**（ひょうめんあつ）とよぶ。図 5.1 の装置では，仕切板を浮き板のほうへ押していくことで単分子膜を圧縮できる。また，浮き板には捩り秤が取り付けられており，単分子膜を圧縮しながら表面圧 π を直接測定することができる。ところで，表面圧 π は単分子膜の表面張力 γ と水の表面張力 γ^* の差：

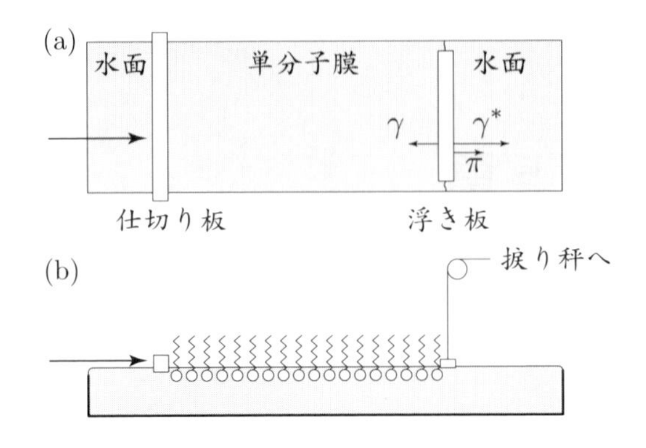

図 5.1　表面圧測定のための装置の (a) 上面図と (b) 断面図：仕切り板をずらすことによって単分子膜を圧縮し，表面圧は浮き板に及ぼす水平方向の力として捩り秤（ねじ）で直接測定する。

$$\pi = \gamma^* - \gamma \tag{5.1}$$

であるから，単分子膜の表面張力 γ を測定すれば，表面圧 π が求められる[*4]。

単分子膜の圧縮されやすさ，圧縮されにくさを定量的に知るためには，圧縮した状態で膜の面積を同時に測定するのがよい。滴下する溶液の濃度，容積から滴下した分子の物質量が計算できるから，この物質量で膜の面積を除せば，単分子膜中の 1 分子が占める面積，すなわち**分子占有面積**（ぶんしせんゆうめんせき） A が計算される[*5]。分子の占有面積を横軸に，表面圧を縦軸にとったものを**$\pi - A$ 曲線**（パイエーきょくせん）という。$\pi - A$ 曲線は物質の 3 次元における圧力 P とモル体積 $\overline{V}$ との関係を表す状態図に相当し，物質についての情報が詰まっている。

[*4] 図 5.1 に示した水平型の表面天秤を用いた装置は Langmuir らによって用いられ，Langmuir's trough とよばれる。一方，垂直型の表面天秤を用いて表面圧を測定することもある。具体的には，ガラスや白金などの薄板の下端を単分子膜が展開した水面に垂直に浸し，表面張力によって板が下方に引かれる力を捩り秤ではかり（これをWilhelmy法（ウィルヘルミーほう）という），(5.1) 式から表面圧を計算する。単分子膜の表面張力に関するもっとも初期の測定はPockels（ポッケルス）による。
Ludwig Ferdinand Wilhelmy (1812–1864), Agnes Pockels (1862–1935)

[*5] 第 3 章と第 4 章では，A は単に系の面積を表したが，本章では分子占有面積を表す。

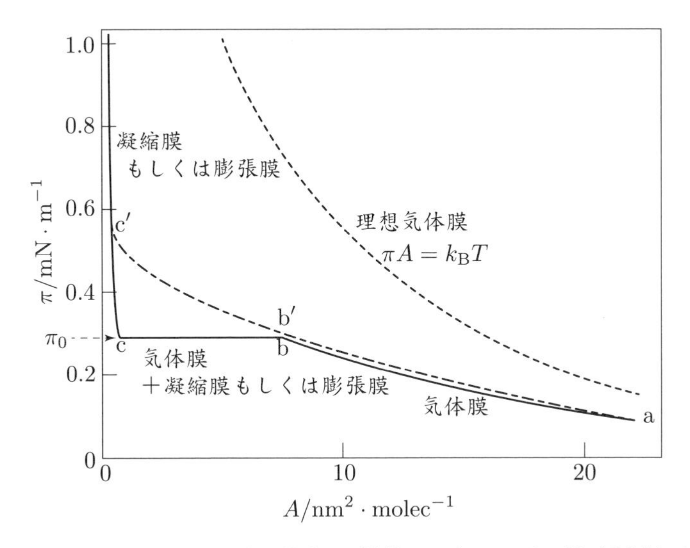

図 5.2 単分子膜の $\pi-A$ 曲線の模式図（数値は目安である）：低面積領域（$A<0.6\ \mathrm{nm}^2$）の拡大図は図 5.4 に示した。文献 [2] をもとに作成した。

5.1.1 A が大きい領域

図 5.2 において，分子の占有面積がおおよそ $10\ \mathrm{nm}^2/\mathrm{molec}$ 以上，すなわち曲線 a–b の部分は**気体膜**（きたいまく）の存在を示す。気体膜を形成している膜分子は十分に広い面積を占有し，水面上に横たわって，それぞれ独立に運動する。図 5.2 に**理想気体膜**（りそうきたいまく）の状態方程式と $\pi-A$ 曲線も示した。気体膜を圧縮していくと点 b で屈曲点を示し，さらに圧縮すると b–c 間で $\pi-A$ 曲線は水平になる。この部分では，気体膜と**液体凝縮膜**（えきたいぎょうしゅくまく）もしくは**液体膨張膜**（えきたいぼうちょうまく）が共存する平衡状態となる。液体凝縮膜と液体膨張膜は単に**凝縮膜**（ぎょうしゅくまく）もしくは**膨張膜**（ぼうちょうまく）という場合もある。凝縮膜とは，分子が密に充填し，表面に向かってほとんど垂直に配向している状態をいう。膨張膜も凝縮膜と同じ分子の凝集状態であるが，凝縮膜よりはずっと大きな面積を占める*6。気体膜とこれらが共存する状態での表面圧 π_0 は 2 次元の蒸気圧，すなわち**表面蒸気圧**（ひょうめんじょうきあつ）である。表 5.1 にいくつかの物質の表面蒸気圧を示した。表 5.1 からわかるように，同じ種類の物質（同族列）で表面蒸気圧を比較すると，炭素原子数が多くなるにつれて表面蒸気圧は小さくなる。また，一般に表面蒸気圧の値は温度が上昇するにつれて大きくなる。この表面蒸気圧に関する 2 つの挙動は，3 次元の蒸気圧と同じである。

*6 分子密度の小さい順に並べると，気体膜 < 液体膨張膜 < 液体凝縮膜 < 固体膜（固体凝縮膜）となる。

表 5.1　表面蒸気圧：[2]

物質		表面蒸気圧〔mN/m〕
トリデカン酸	$C_{12}H_{25}COOH$	0.31
ミリスチン酸	$C_{13}H_{27}COOH$	0.19
ペンタデカン酸	$C_{14}H_{29}COOH$	0.11
パルミチン酸	$C_{15}H_{31}COOH$	0.04
ミリストニトリル	$C_{13}H_{27}CN$	0.39
パルミトニトリル	$C_{15}H_{31}CN$	0.15
マルガロニトリル	$C_{16}H_{33}CN$	0.10
ステアロニトリル	$C_{17}H_{35}CN$	0.04
テトラデシルアルコール	$C_{14}H_{29}OH$	0.11
ヘキサデシルアルコール	$C_{16}H_{33}OH$	0.02
マルガリン酸エチル	$C_{16}H_{33}COOC_2H_5$	0.10
ステアリン酸エチル	$C_{17}H_{35}COOC_2H_5$	0.03

ところで，点 b は気体膜であるから，分子は図 5.3 (a) の a に示したように水面上に横たわっている。これを圧縮した b–c 間では図 5.3 (a) の b のように気体膜と凝縮膜（もしくは膨張膜）が共存し，これをさらに圧縮すると図 5.3 (a) の c のようにすべてが凝縮膜になる。高級脂肪酸の単分子膜を考えると，トリデカン酸 $C_{12}H_{25}COOH$ よりも炭素数が多い場合はこのような相変化を示すが，これより短いラウリン酸（ドデカン酸ともいう）$C_{11}H_{23}COOH$ になると $\pi - A$ 曲線は図 5.2 の a–b′–c′ のようになる。これは，図 5.3 (b) の a→b′→c′ で示したように水面上の分子が協奏的に立ち上がることによる。

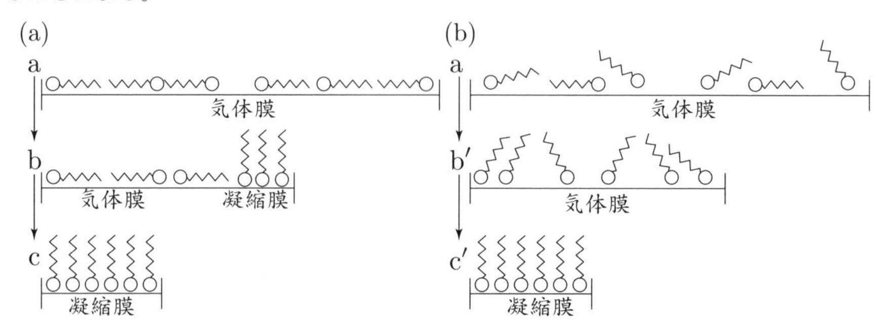

図 5.3　気体膜から凝縮膜への相変化は，(a) 気体膜と凝縮膜が共存する状態を経る場合と (b) 高級脂肪酸が協奏的に立ち上がる場合がある。

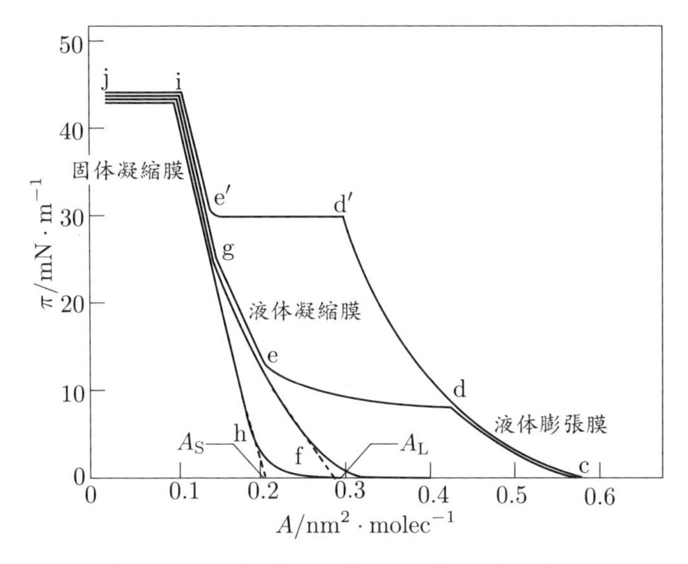

図 5.4 単分子膜の $\pi-A$ 曲線の模式図（低面積領域，数値は目安である）：文献 [2] をもとに作成した。

5.1.2 A が小さい領域

単分子膜において 1 分子の占める面積が 1 nm^2 以下までに圧縮されると，単分子膜は凝縮膜，もしくは膨張膜[*7] となる。図 5.4 の c–d と c–d′ は液体膨張膜，e–g と f–g は液体凝縮膜，h–i と g–i は**固体凝縮膜**（こたいぎょうしゅくまく）の存在を示す。液体膨張膜：c–d，c–d′ は $\pi-A$ 曲線が緩やかなカーブを描くのに対し，液体凝縮膜：e–g，f–g では $\pi-A$ 曲線が直線的である。また，固体凝縮膜：g–i，h–i の $\pi-A$ 曲線はより縦軸に平行に近くなる。これは，非常に圧縮しにくい膜であることを示す。なお，固体凝縮膜は単に**固体膜**（こたいまく）ということもある。また，d–e は液体膨張膜と液体凝縮膜の共存領域であり，d′–e′ は液体膨張膜と固体凝縮膜の共存領域である。なお，同一の物質であっても，温度やその他の条件によって，低圧では液体凝縮膜 f–g，高圧になってから固体凝縮膜 g–i になる場合と，低圧から固体凝縮膜 h–i になる場合がある。

[*7] Langmuir は，液体膨張膜では炭化水素基はたがいに絡み合って液体の薄膜のような状態であり，親水基は独立に運動して気体膜のような状態にあると考えた。これを duplex film モデルとよぶ。

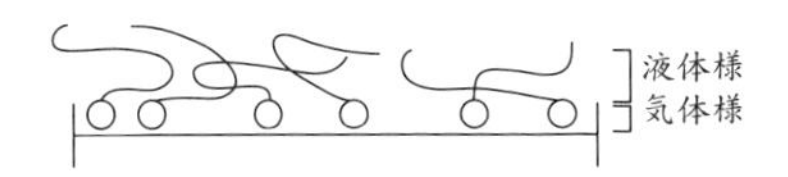

液体凝縮膜の直線的な $\pi - A$ 曲線を $\pi \to 0$ へ外挿し，A 軸と交わった A_L を**極限面積**とよぶ。飽和炭化水素鎖の一端に極性基を有する化合物の極限面積 A_L は極性基によって異なる。これは，単分子膜を作っている分子が炭化水素鎖を気相に向けて水面に垂直に立ち，極性基が同一平面上に配列してたがいに接触した「頭接触」の状態を考えれば理解できる（図 5.5 (a) 参照）。すなわち，A_L は極性基の断面積に等しいと考えられる。いくつかの分子の A_L を表 5.2 に挙げた。一方，固体凝縮膜の直線的な $\pi - A$ 曲線の外挿から得られる極限面積 A_S は極性基の種類，炭化水素の長さに無関係に $A_S = 0.205\ \mathrm{nm}^2$ である[*8]。これは，極性基を水中に深く沈み込ませることによってできる「鎖接触」の状態と考えられる（図 5.5 (b) 参照）。すなわち，炭化水素鎖の断面積は $0.205\ \mathrm{nm}^2$ である。凝縮膜をさらに圧縮すると，単分子膜は崩れて「しわ」がより，3 次元的な液滴（または結晶）と 2 次元的な単分子膜との共存状態：i–j になる。

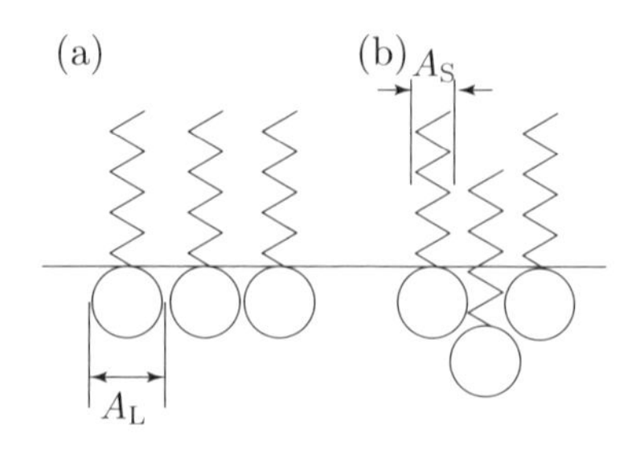

図 5.5 (a) 液体凝縮膜と (b) 固体凝縮膜の構造

表 5.2 極限面積 A_L：[2]

化合物	末端基	A_L〔nm^2〕
アルコール	$-CH_2OH$	0.216
酸	$-COOH$	0.251
アセトアミド	$-NHCOCH_3$	0.242
イソオレイン酸	$-CH=CHCOOH$	0.287
$\alpha-$ モノグリセリド	$-COOCH_2CH(OH)CH_2OH$	0.263
ニトリル	$-C\equiv N$	0.277
パラ置換ベンゼン	$-C_6H_4-OH$ $-C_6H_4-OCH_3$ $-C_6H_4-NH_2$	0.24
コレステロール	（図 9.5 参照）	0.408

*8 たとえば，$R-COOH$，$R-CH_2NH_2$，$R-CONH_2$，$R-COCH_3$，$R-COOCH_3$，$R-NHCONH_2$，$R-NHCOCH_3$ など。

5.1.3 分子の柔軟性

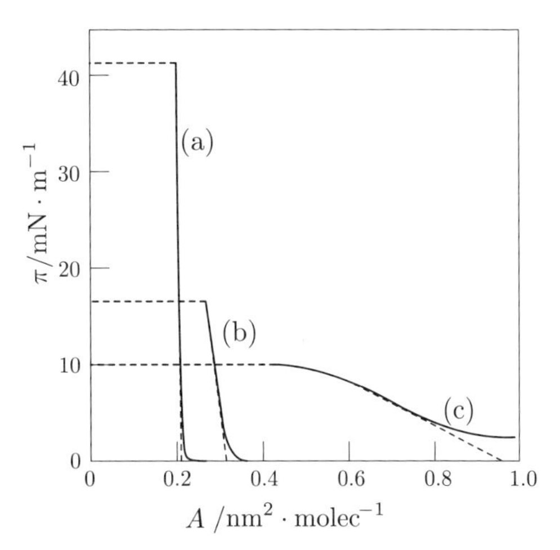

図 5.6　$\pi - A$ 曲線（崩壊圧を水平な点線で示した）：(a) ステアリン酸，(b) イソステアリン酸，(c) リン酸トリパラクレシル：文献 [20] をもとに作成した。

図 5.6 にステアリン酸，イソステアリン酸，リン酸トリパラクレシルの $\pi - A$ 曲線を示した。直鎖炭化水素基を持つステアリン酸の極限面積は 0.20 nm^2 よりわずかに大きい値（$A_S = 0.205$ nm^2）であるのに対し，メチル基を側鎖に持つイソステアリン酸は，これよりも大きな極限面積を持つ。一方，リン酸トリパラクレシルの極限面積はこれらよりもずっと大きく，1.0 nm^2 程度である。また，リン酸トリパラクレシルの $\pi - A$ 曲線は他の 2 つの曲線よりもずっと勾配が緩やかである。これはリン酸トリパラクレシルが圧縮されやすいことを示している。この圧縮されやすさは，分子の構造が他の 2 つの物質と大きく異なることと合致する（図 5.7 参照）。固体膜が崩壊し，単分子膜と液滴が共存するようになる圧力を**崩壊圧**（ほうかいあつ）とよぶ。この崩壊圧を比較すると，ステアリン酸のような直鎖炭化水素は，側鎖のあるものに比べて 2 倍以上も大きい。

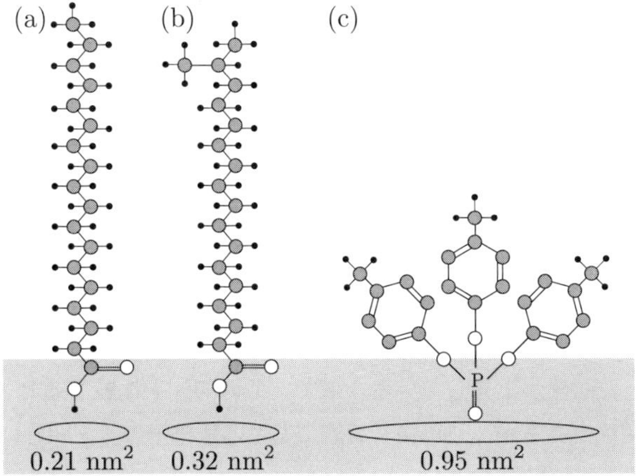

図 5.7　水面上にある (a) ステアリン酸，(b) イソステアリン酸 (c) リン酸トリパラクレシルの分子占有面積

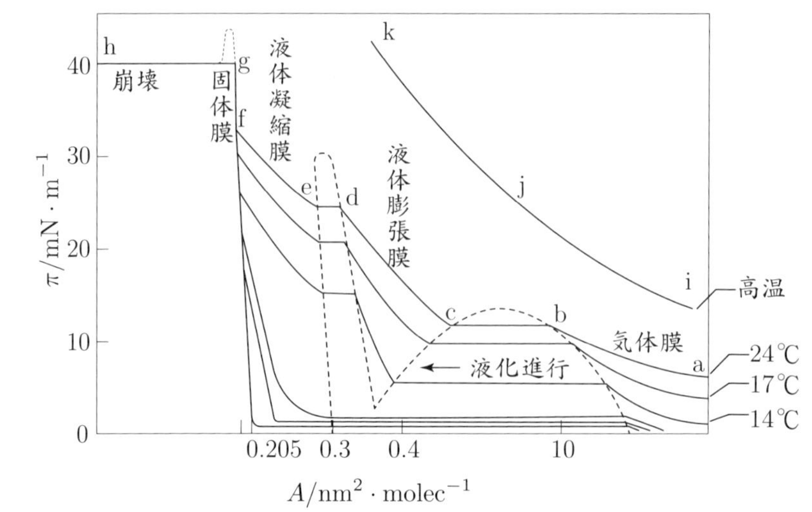

図 5.8　ミリスチン酸の $\pi - A$ 曲線 ：文献 [18] をもとに作成した。

5.1.4　ミリスチン酸の $\pi - A$ 曲線

図 5.8 にミリスチン酸 $CH_3(CH_2)_{12}COOH$ のいくつかの温度における $\pi - A$ 曲線を示した。ここでは，24 °C における圧縮過程での $\pi - A$ 曲線の変化のようすをみる。もっとも分子占有面積の大きい領域 a–b は気体膜である。膜を圧縮すると，水平領域 b–c が現れ，ここでは気体膜と液体膨張膜が共存し，膜の液化が進む。さらに圧縮が進み，c 点に達すると c–d のように表面圧は増大する。この領域では液体膨張膜の状態を示す。さらに，液体状態でも内部構造が変化する過程が d–e で現れ，これに次ぐ e–f 領域では液体凝縮膜の状態を示す。十分圧縮すると，f–g 領域できわめて急激な表面圧の増大がみられる。この領域では固体膜の状態を示す。これ以上圧縮すると，g–h 領域で水平領域を示すが，これは単分子膜が崩壊するためである。以上は 24 °C における $\pi - A$ 曲線の概形であるが，より低温での挙動をみると水平部分のみ現れて，急激な上昇で g 点に至る。また，高温においては気体膜の領域しか現れない。すなわち，同じ物質の単分子膜であっても温度によってすべての状態を経るとはかぎらない。また，表面圧が上昇している領域で，その勾配を比較すると a–b < c–d < e–f < f–g の関係があるが，これは各状態における圧縮率の差を明確に表している。

5.2 多分子膜：Langmuir–Blodgett 膜

ステアリン酸などの単分子膜を適当な方法で圧縮しながら，ガラス板や金属板などを垂直に水中におろし，そのあと徐々に引き上げると，単分子膜を板の上に移し取ることができる[*9]。このように，水面上の単分子膜を固体表面上に移し取り，任意の枚数だけ重ねたものを**多分子膜**あるいは**Langmuir – Blodgett**[*10]**膜**，もしくは，略

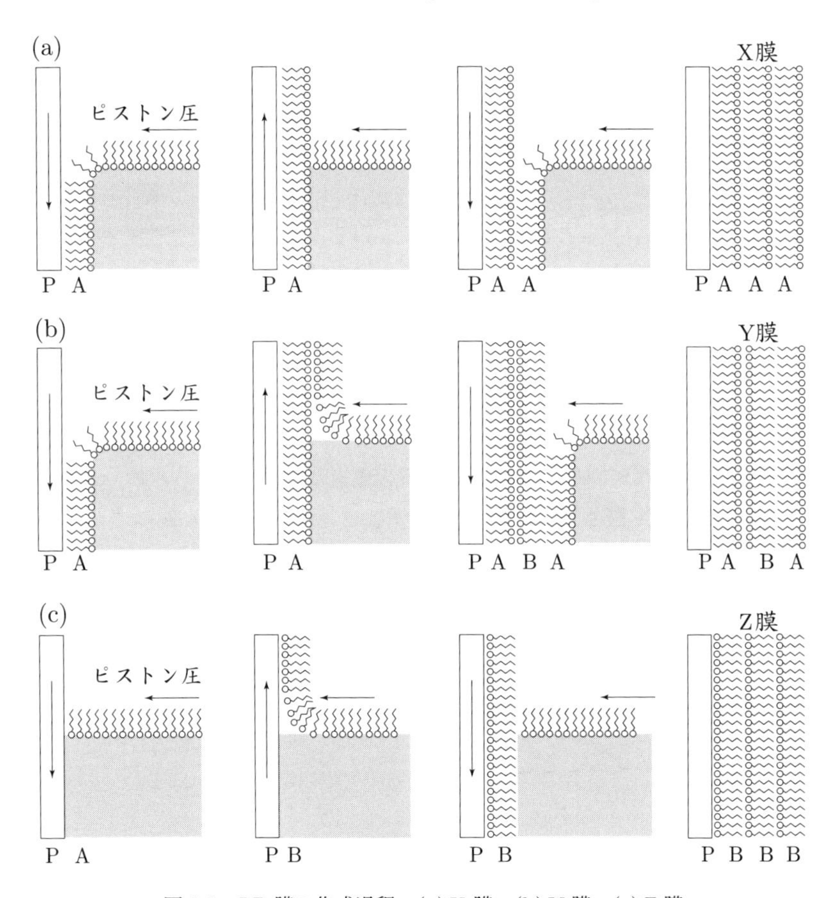

図 5.9 LB 膜の作成過程：(a) X 膜，(b) Y 膜，(c) Z 膜

*9 実際には，水面上の単分子膜が凝縮膜となるよう，20〜30 mN/m 程度の表面圧で圧縮し，基板は 1 cm/min 程度の速度で上下させる。

*10 Katharine Burr Blodgett (1898–1979)

して **LB 膜**（エルビーまく）という[*11]。

図 5.9 に LB 膜の累積の仕方を模式的に示した。LB 膜は累積の仕方で 3 つの型に分けられる。ここで，基板を P とし，板をおろすときにつく単分子膜を A 層，板を上げるときにつく単分子膜を B 層とよぶ。第 1 の型は，図 5.9 (a) に描かれているように，P−AAA⋯ と，板をおろすときだけ単分子膜が移し取られる場合に得られる膜で，この膜を **X 膜**（エックスまく）とよぶ。X 膜では，分子は基板側に炭化水素基を向けている。第 2 の型は，図 5.9 (b) に描かれているように，板をおろすときも上げるときも単分子膜が移し取られる場合で，P−ABAB⋯ と，交互に親水基どうし，疎水基どうしが向かい合った構造となり，これを **Y 膜**（ワイまく）とよぶ。第 3 の型は，図 5.9 (c) に描かれているように，板を上げるときにだけ単分子が移し取られる場合で，P−BBB⋯ の構造をとり，これを **Z 膜**（ゼットまく）とよぶ。ただし，Z 膜はまれにしかできない。

LB 膜が X 型，Y 型，Z 型のいずれの構造をとるのかは，膜物質の極性基の化学構造に大きく依存している[*12]。これは，極性基間，疎水基間，および極性基と水と基板のあいだに働く相互作用の強さのバランスによって累積の仕方が決まるからである。たとえば，親水基の極性が強く，層間における極性基どうしの引力が優勢な化合物では Y 膜になりやすい[*13]。一方，極性基の親水性がそれほど大きくなく，極性基間の相互作用があまり強くない場合は X 膜になる傾向がある。さらに，極性基の親水性が弱いか，疎水基末端に芳香環のような若干の親水基を含む場合，すなわち膜分子の両末端の親水性と疎水性の差が少ない場合には Z 膜の形成に有利になる。なお，X 線回折による研究によると，X 膜と Y 膜の構造に差異は見いだされず，X 膜は速やかに Y 膜に転移するとの報告もある[*14]。

LB 膜を作っている分子の炭化水素鎖は基板に対して垂直に配向するとはかぎらない。たとえば，ステアリン酸などの脂肪酸の分子軸は基板に垂直方向から 25〜35° 傾いている。しかし，これを脂肪酸塩にすると分子軸は基板に垂直方向から 8±5° となり，ほとんど垂直に配向するようになる。

[*11] これに対し，水面上の単分子膜を L 膜（エルまく）とよぶことがある。

[*12] これ以外にも，水相の pH や含有塩類の種類や濃度，累積時の表面圧や温度，固体基板の上下速度，固体基板の表面状態など，多くの実験条件に依存することが知られている。

[*13] 炭素数が 16 から 22 の長鎖脂肪酸は典型的な Y 型累積膜を示す。これは，カルボキシ基間の水素結合に原因がある。

[*14] X 膜にかぎらず LB 膜は分子配向を人為的に決めた膜であるから，作成したときの分子配向が経時的に変化することはあり得る。そのため，長時間にわたって LB 膜の状態を保持するためには，膜を作っている分子間を架橋するなど工夫が必要である。

5.3　二分子膜

長鎖の炭化水素基を持つ両親媒性物質は極性基と極性基，疎水基と疎水基がたがいに向き合った層状の結晶をとる（図 5.10 (a) 参照）。これを水に入れて温度を調節すると，水が浸透して極性基が**水和**（すいわ）する。この状態を**液晶**（えきしょう）という*15（図 5.10 (b) 参照）。

液晶中に見られるような，分子が向かい合った二分子層の状態を**二分子膜**（にぶんしまく）といい，これが単位となって構造が形成される場合がある。たとえば，二分子膜がいく層にも重なった状態をとることがあり，これを**多重二分子膜**（たじゅうにぶんしまく）という。これに対し，二分子層が単一で存在する状態を**単一二分子膜**（たんいつにぶんしまく）という。

二分子膜は平面構造だけではなく，図 5.11 のような球形の小胞体を作るものがある。この小胞体を**ベシクル**という*16。リン脂質*17によって作られるベシクルをとくに**リポソーム**という*18。単一の二分子膜から作られるベシクルを**単一ベシクル**（たんいつ），いく層にも重なった二分子膜から作られるベシクルを**多重層ベシクル**（たじゅうそう）という。

ベシクルの二分子膜は，疎水基どうしが向き合い，ベシクルの内側も外側も親水基で覆われている。ベシクル（おもにリポソーム）は，二分子膜内や内水相中にさまざまな

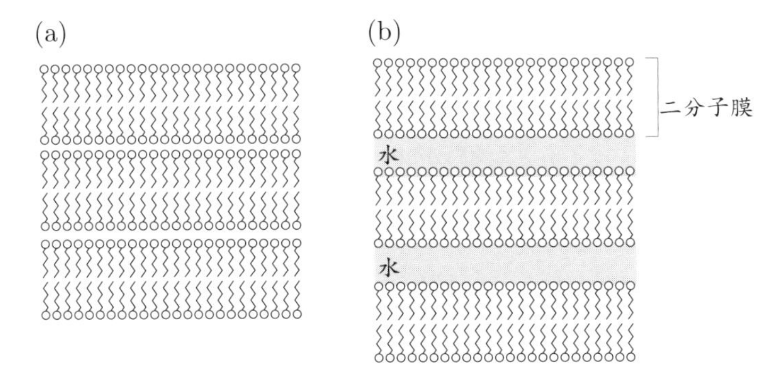

図 5.10　(a) 結晶と (b) 液晶

*15 これをラメラ液晶相，もしくはニート液晶相という。

*16 水中でベシクルを形成するためには，分子は親水基と疎水基を持たなくてはならないが，水への溶解度が高すぎるとベシクルではなく普通のミセルを形成してしまう。ベシクルを作るためには親水基と疎水基のバランスが重要であり，油溶性の界面活性剤がベシクルを作るのによく用いられる。

*17 5.3.1 項を参照せよ。

*18 liposome（リポソーム）は，脂肪（リピド）の意味の「lipo」と細胞体の意味の「soma」の合成語である。なお，ベシクルとリポソームは区別せず，同義に用いることも多い。

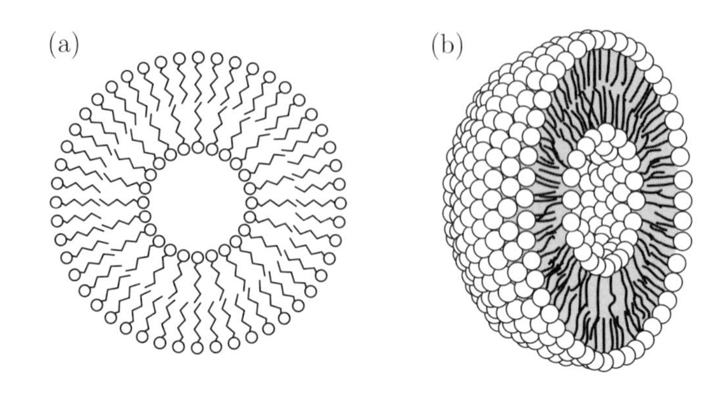

図 5.11　(a) 単一ベシクルと (b) リポソーム

薬物を含有することが可能であり，薬物を目的の場所へ目的量だけ送達する**薬物送達**（やくぶつそうたつ）**システム DDS**（ディーディーエス）[*19]としての応用研究が盛んである。

ベシクルの構造はミセルの構造と似ている。とくに，水中で形成するベシクルの表面は親水基で覆われているので（水溶性の）界面活性剤ミセルと類似しているが，ベシクルでは内部も親水基で覆われ水相となっている点がミセルと決定的に異なる。また，ベシクルは不溶性の両親媒性物質の会合体であるが，ミセルは可溶性の両親媒性物質（界面活性剤）の会合体である。さらに，ベシクルは直径が 10〜100 nm であるのに対し，ミセルはずっと小さく直径が 4〜10 nm 程度である。また，ミセルは熱力学的に安定であるのに対し，ベシクルは熱力学的に不安定であり，時間が経過すると凝集し，合一する。

界面活性剤の会合体でベシクルとは逆（裏返し）の構造を持つものとして**シャボン玉**（だま）がある。シャボン玉は図 5.12 に示したように，親水基どうしが向かい合った二分子膜で，親水基のあいだにセッケン水溶液が残存している。このセッケン水溶液を含めた膜厚がちょうど可視光の波長程度になっているため干渉色を示し，その結果として，シャボン玉は美しい虹彩色を示す。重力によってセッケン水溶液が流下し，薄化した膜は干渉色を失い，**黒膜**（くろまく）となる。

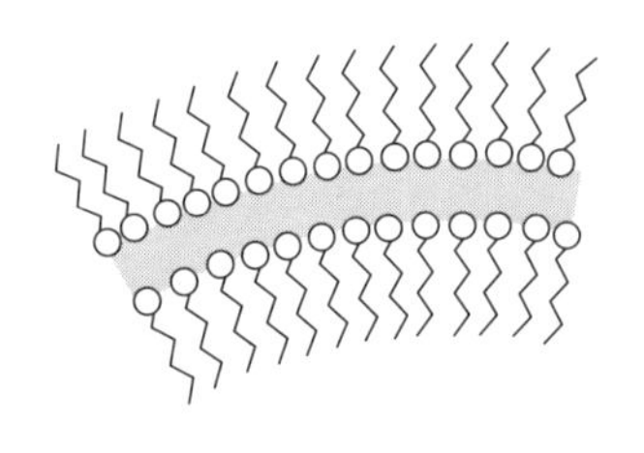

図 5.12　シャボン玉の膜構造

[*19] drug delivery system の略である。

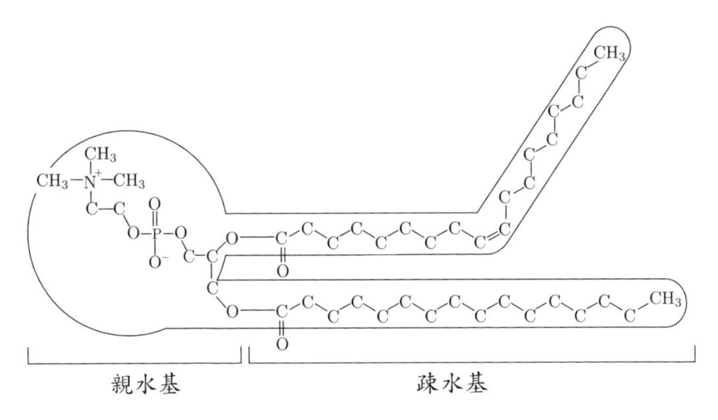

図 5.13　ホスファチジルコリンの一種

5.3.1　リン脂質

リン脂質は**リン酸エステル**部位を持つ脂質の総称であり，両親媒性を有する。親水基を表す丸い頭に脚が 2 本生えたもの で表すことが多い。これは，リン脂質が 2 つの脂肪酸を持つことを表している。例として，リン脂質の一種であるホスファチジルコリンの構造式を図 5.13 に示した[*20]。 の片足が曲がっているのは，一方の脂肪酸に二重結合があること，すなわち**不飽和脂肪酸**であることを表している。

5.3.2　リポソームの調製

リポソームの調製法として，**Bangham**[*21] **法**が実験室では多く用いられる。Bangham 法では，まずクロロホルムまたは クロロホルム/メタノール混合溶媒中にリン脂質を溶解し，これをナスフラスコに入れる。つぎに，エバポレーターを用いてこの溶液から溶媒を留去して脂質薄膜を作成し，緩衝溶液を加えたあと，リン脂質膜の相転移温度以上に加温した上でボルテックスミキサーで水和，分散させる。これによって多重層のリポソームが調製され，さらに超音波照射して粒径の小さな単一層のリポソームを得ることができる。これ以外の方法では，まずベシクル形成物質を良溶媒に溶かした溶液を調製し，これを少量ずつ，かき混ぜながら貧溶媒に滴下する。たとえば，リン脂質のクロロホルム溶液を撹拌しながら水中に滴下するとベシクルが形成する。いずれの方法で調製しても，ベシクルの大きさには分布があるので，粒子径が均一なベシクルを要する場合には**ゲル濾過**による分離が有効である。

[*20] 疎水基を形成する脂肪酸の組み合わせにより，さまざまなホスファチジルコリンが存在する。

[*21] Alec Douglas Bangham (1921–2010)

5.3.3 細胞膜モデル

動物の細胞膜(さいぼうまく)は 10 nm 程度の厚さを持ち，その構造は複雑であるが，主要な点は図 5.14 に描いたとおりである。すなわち，リン脂質（レシチン）の二分子膜を基本骨格とし，タンパク質が膜に貫入したり，付着したりしている。細胞膜に埋め込まれたタンパク質を**膜(まく)タンパク質(しつ)**とよぶ。また，膜の外側には糖鎖が出ていて，細胞の認識機能を担っている。レシチン分子の二分子膜構造という細胞膜モデルは**Singer**(シンガー)[*22]と**Nicolson**(ニコルソン)[*23]によって提唱され，**流動(りゅうどう)モザイクモデル**とよばれる。流動モザイクモデルでは，生体膜は脂質二重層の中にタンパク質がモザイク状に入り混じっており，タンパク質はその中を浮遊して拡散によって移動している。二重層の両外側は親水性なので膜全体は細胞内外の環境になじむ。一方，二重層の内側には疎水基があるので，細胞の内外をしっかり遮断することができる。この脂質二重層は電気的に中性できわめて小さな分子（たとえば酸素分子や二酸化炭素分子）は通す。しかし，極性を持つ水分子は通りにくく，大きな分子やイオンは通ることができない[*24]。

細胞膜がレシチン分子の二分子膜構造を持つことは，次のような実験からわかった。まず，一定量の赤血球から有機溶媒でレシチンを抽出し，水面上に単分子膜として広げる。これを圧縮して展開膜の面積を求める。一方，同量の赤血球の総表面積を別法で求めたところ，展開膜の面積の半分であった。この結果は，赤血球膜がレシチンの二分子層からなることを示している。

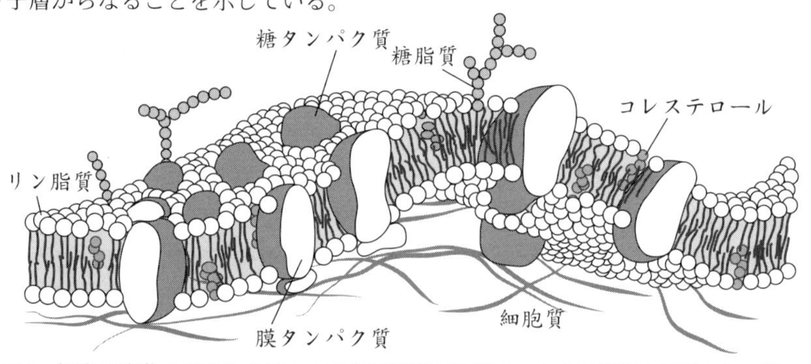

図 5.14 細胞の流動モザイクモデル：下方が細胞の内側で，上方が細胞の外側として描いた。

[*22] Seymour Jonathan Singer (1924–2017)

[*23] Garth L. Nicholson (1943–)

[*24] 赤血球や腎臓の上皮細胞では水の浸透性は高い。たとえば，赤血球を浸透圧の異なる溶液に浸けると，細胞は膨張したり，縮小したりする。これは浸透の結果である（7.6 節参照）。細胞膜は「脂質」でできているから，この膜の内側は疎水性で，水分子が通りやすいはずがない。にもかかわらず，赤血球や腎臓の上皮細胞では水の浸透性が高いのは，水分子を選択的に通すタンパク質であるアクアポリンが膜タンパク質として存在するためである。アクアは水，ポアは孔である。

第6章

固体―液体界面

6.1　ぬ　れ

固体の表面にある原子や分子は，原子価や分子間力が飽和しない。このことが原因で，表面の原子や分子は内部の原子や分子に比べて余分なエネルギーを持つ。これは3.1節で説明した液体表面と本質的に同じである。この固体表面に液体が接触すると，表面のエネルギーを少しでも小さくするような現象が起こる。普通の場合には固体の表面は空気にさらされているので，固体表面には気体が吸着している。この固体表面に液体が接触すると，吸着していた気体を押し退けてから固体と液体の直接の接触が起こる。この現象を**ぬれ**という。すなわち，ぬれは固気界面が固液界面で置き換わる現象と定義でき，この置き換わりやすさを**ぬれ性**（せい）とよぶ。ぬれ性には，固体表面のぬれに関する性質と液体のぬれに関する性質の両方が重要である。前者は6.1.3項で扱い，後者は6.6節で扱う。

6.1.1　接触角

液体を固体表面上に滴下すると，液体は自らの持つ表面張力で丸くなる。もちろん，固体と液体の組み合わせによっては液体が丸くならずに，固体表面上に液体が広がる場合もある。これは水面上の油滴の場合（4.2節参照）と同じである。固体表面上の液体と気体が接する箇所で，固体表面と液体の端のなす角 θ を**接触角**（せっしょくかく）という[*1]。接触角はぬれを表す指標として非常に直観的でわかりやすい物理量である。図6.1 (a) に示したように，ぬれやすい場合には接触角が小さく，液滴は丸くならずに，広がっていく。逆にぬれにくい場合には図6.1 (b) に示したように，接触角は大きくなり液滴は丸くな

[*1] 固液界面を考える場合，接触角が重要であることを最初に指摘したのは Young である。

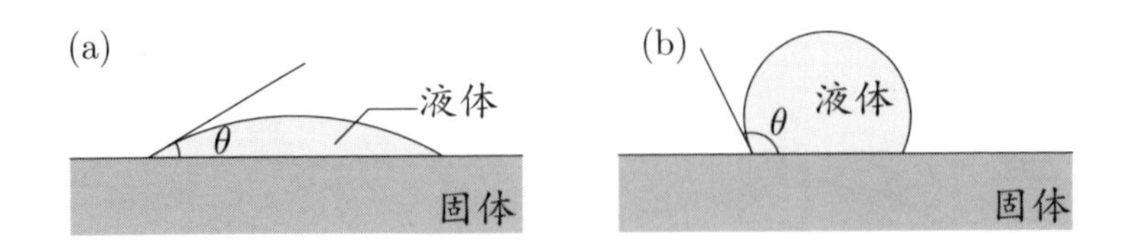

図 6.1　接触角：(a) ぬれやすい場合，(b) ぬれにくい場合

る[*2]。水にはぬれにくいが，油にはぬれやすい表面もあるから，ぬれやすさは，ぬらす液体とぬらされる（ぬれる）固体の組み合わせが重要である。ここであらためて，「固体表面に液滴をたらしたとき，接触角が 90° 未満である場合，固体表面は用いた液体にぬれやすい，接触角が 90° 以上のとき，ぬれにくい」と定義する。なお，高度な撥水性によって固体表面に対して 150° を超える接触角で水滴が接する現象を**超撥水**（ちょうはっすい）といい，逆に接触角が 0° に近い場合を**超親水**（ちょうしんすい）という[*3]。

Young の式（熱力学的導出）

固体表面上に液滴があり，気相はこの液体の蒸気で満たされていることを考える。この系が平衡にあるとき，接触角 θ は「系の全表面自由エネルギーが極小になる」という条件で決まる[*4]。これを図 6.2 を用いて説明する。

まずは，この系の全表面自由エネルギー G を考える。これには，表面張力が単位面積あたりの表面自由エネルギーであることを思い出せばよい。すなわち，系の全表面

[*2] フッ素樹脂でコーティングした新しいフライパンに水をたらしたことがあるだろう。フッ素樹脂と水との組み合わせはぬれにくい典型的な組み合わせで，接触角は 110° もあるから水は玉のようになり，転がっていくようすが観察できる。

[*3] 表面の化学的な性質を変化させるだけで，150° を超える接触角を得ることは難しい。しかし，接触角は表面の化学的な性質以外にも，表面に凹凸があることによる表面積の増大に強く影響される（6.1.3 項参照）。とくに表面を（自己相似性で特徴づけられる）フラクタル構造とすると表面積の増大が著しく，接触角は飛躍的に大きくなることが知られており 170° を超える接触角も実現されている [16]。

[*4] ここでは，Young の式を熱力学的に導出するが，これは非常に簡略化した導出である。また，Young の式そのものも，線張力（線過剰エネルギー）τ とよばれる量を含んだより厳密なものも提案されている。しかし，$\gamma \simeq 10^{-1}$ J/m^2 であるのに対し，$\tau \simeq 10^{-10}$ J/m と大変小さく，その導出はここに示したものより遥かに面倒である。これらについては，本書の範囲を超えるので，興味があればより専門的な文献を参照せよ。

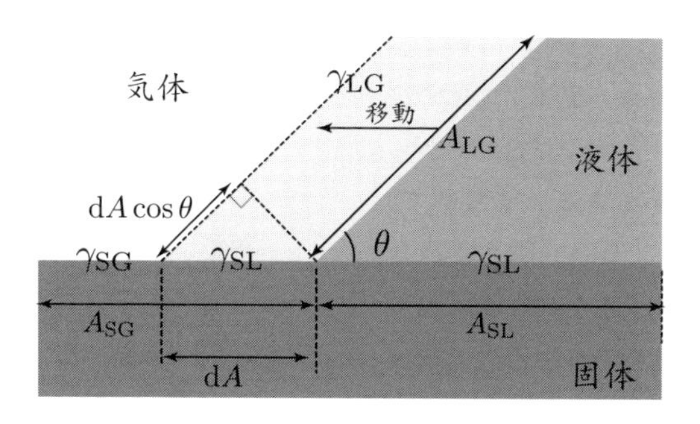

図 6.2　固体表面上の液滴の示す接触角：液体が左側に移動し，固気界面の一部 $\mathrm{d}A$ が固液界面になり，気液界面が $\mathrm{d}A\cos\theta$ だけ増えた。

自由エネルギー G は，

$$G = \gamma_{SL}A_{SL} + \gamma_{LG}A_{LG} + \gamma_{SG}A_{SG} \tag{6.1}$$

で表される。ここで，接触角 θ である液滴が（接触角を θ に保ったままで）さらに微小面積 $\mathrm{d}A$ だけ広がって，さらに固体表面を覆うとしよう。すると，この変化による系の自由エネルギー変化は，

$$\mathrm{d}G = \gamma_{SL}\mathrm{d}A + \gamma_{LG}\mathrm{d}A\cos\theta - \gamma_{SG}\mathrm{d}A \tag{6.2}$$

で表される。系が平衡にあるという条件から $\mathrm{d}G = 0$ とすると，

$$\gamma_{SL} + \gamma_{LG}\cos\theta - \gamma_{SG} = 0 \tag{6.3}$$

が得られる。これは**Young**（ヤング）**の式**（しき）とよばれる。ここで，γ_{SG} は液滴の蒸気と平衡にある固体の表面張力であり，自分自身の蒸気と平衡にある固体の表面張力を γ_S と書けば，γ_S と γ_{SG} の差を**拡張圧**（かくちょうあつ） π_{SG} という。すなわち，

$$\gamma_S - \gamma_{SG} = \pi_{SG} \tag{6.4}$$

と書ける。これを，

$$\gamma_{SG} = \gamma_S - \pi_{SG} \tag{6.5}$$

と書けば，拡張圧 π_{SG} は蒸気が吸着したことによる固体表面の表面張力の減少であることがわかる。

Young の式（力学的導出）

Young の式は，液体，気体，固体の接する点 ∘ における「力のつり合い」からも容易に得ることができる。すなわち，図 6.3 で液体，気体，固体の接する点には γ_{SG}，γ_{LG}，γ_{SL} の 3 つの表面張力が働いているが，これらの水平方向の成分について考えると，接点に対し左側に向かって働く力は γ_{SG} であり，逆に右側に働く力は γ_{SL} と $\gamma_{\mathrm{LG}}\cos\theta$ である。三相の接点が動かないのはこれらがつり合っているからであり，この条件よりただちに，

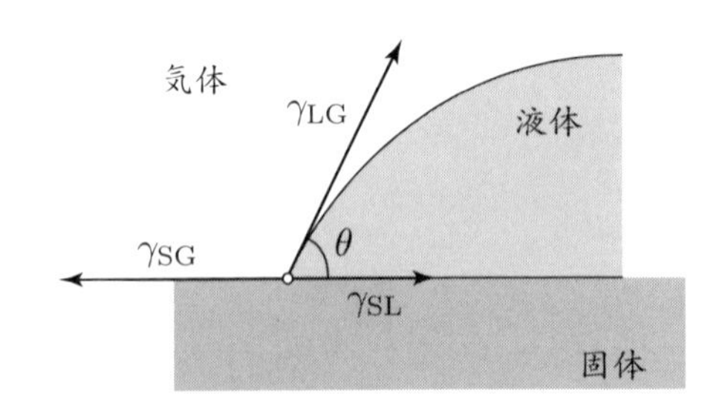

図 6.3　固体，液体，気体の接点付近に働く力のつり合い

$$\gamma_{\mathrm{SG}} = \gamma_{\mathrm{LG}}\cos\theta + \gamma_{\mathrm{SL}} \tag{6.6}$$

を得る。垂直方向の力のつり合いは，固体表面によって支えらているので考える必要はない[*5]。

6.1.2　前進接触角と後退接触角

図 6.4 に示したような傾斜した固体表面上を，液滴がゆっくりと移動していく状況を考える。すると，**前進接触角**（ぜんしんせっしょくかく）θ_{a} と**後退接触角**（こうたいせっしょくかく）θ_{r} は一致せず，普通は前進接触角が後退接触角よりも大きい[*6]。すなわち次の関係が成り立つ。

$$\theta_{\mathrm{a}} > \theta_{\mathrm{r}} \tag{6.7}$$

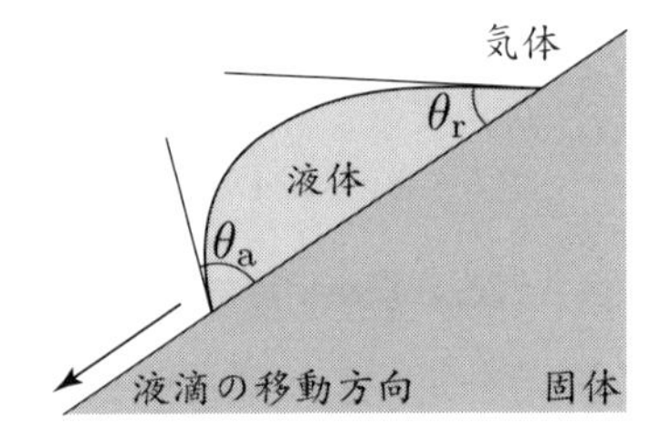

図 6.4　前進接触角と後退接触角

前進接触角と後退接触角は動的な接触角であり静的な接触角とは区別しなければならない。固体表面が粗い場合はとくに前身接触角と後退接触角の差が大きい。これを**接触角履歴**（せっしょくかくりれき）という。雨滴が汚れた窓ガラスを伝って落ちるときに見られる特徴的な形は接触角履歴のためである。また，図 6.4 に示した斜面の角度を変えることで，液滴の滑り出す角度を簡単に測定できるが，これより液滴と固体表面の付着性を評価することができる。

---

*5 液体の表面張力の縦成分は固体表面を上方に引っ張り上げるが，固体はその弾性力によって変形することはない。この点が液体—液体界面で考えた Neumann の三角形（4.2 節参照）と異なる。

*6 下付きの a と r は advancing（前進）と receding（後退）の頭文字である。

6.1.3　見かけの接触角

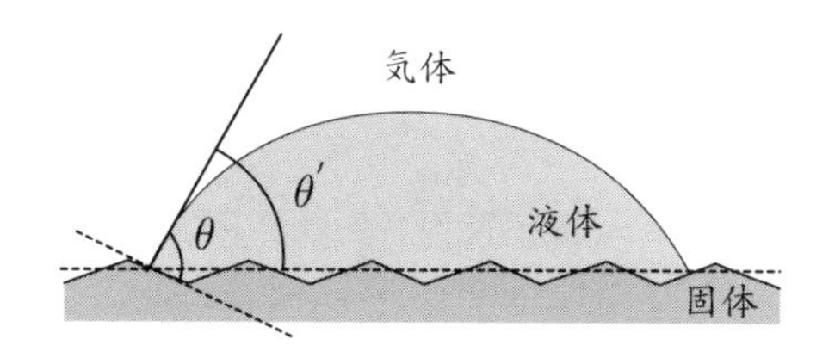

図 6.5　表面が平滑でない固体表面における液滴の示す接触角：θ が真の接触角であるが，測定には見かけの接触角 θ' がかかる。

接触角を決める要因には，表面の組成のほかに表面の平滑度が挙げられる。実在の表面は平滑でない場合が多く，そのような面での接触角は平滑面での（ある意味理想的な）接触角とは異なる。図 6.5 に示したような，表面が幾何学的に不均一で，粗さのある場合を考えよう。粗さのある表面は，見かけの表面積よりも大きな表面積を持ち，ぬれが強調される。その結果，**見かけの接触角** θ' と真の接触角 θ には次式が成り立つことが知られている[*7]。

$$\cos\theta' = r\cos\theta \tag{6.8}$$

これを **Wenzel**[*8]**の式**という。ここで，r は**表面粗さ係数**を表し，

$$r = \frac{\text{実際の表面積}}{\text{見かけの表面積}} \geq 1 \tag{6.9}$$

で定義される。定義より明らかであるが，表面粗さ係数は 1 より大きい値をとる。(6.8) 式と (6.9) 式を合わせると，

$$r = \frac{\cos\theta'}{\cos\theta} \geq 1 \tag{6.10}$$

を得る。図 6.6 より明らかなように，θ と θ' の大小関係は，接触角が $\pi/2$ を境にして逆転する。すなわち，

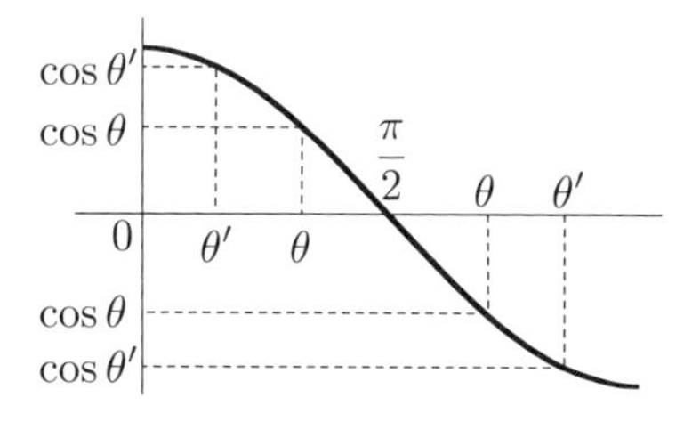

図 6.6　接触角が $\pi/2$ を境に表面粗さの効果は逆転する。

$$r = \frac{\cos\theta'}{\cos\theta} > 1 \xrightarrow{\text{これを満足するのは}} \begin{cases} \theta' < \theta & (\theta, \theta' < \pi/2) \\ \theta' > \theta & (\theta, \theta' > \pi/2) \end{cases} \tag{6.11}$$

となる。ここで，同じ物質でできた完全に滑らかな表面と凹凸のある表面の両方で接触角を測定した場合を考えると，完全に滑らかな表面では真の接触角 θ，凹凸のある表面では見かけの接触角 θ' を得る（図 6.7 参照）。滑らかな表面での接触角が $\pi/2$ より

---

*7 見かけの接触角を Wenzel の接触角ともいう。

*8 Robert N. Wenzel (1894–1979)

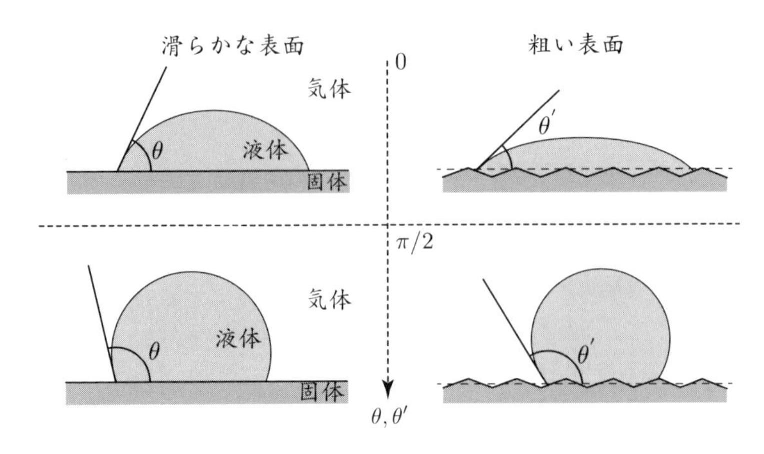

図 6.7　滑らかな表面を粗くすることにより，ぬれやすい表面はよりぬれやすく，ぬれにくい表面はよりぬれにくくなる。

小さい場合（図 6.7 上段），すなわち「ぬれやすい」場合，凹凸のある表面での見かけの接触角 θ' は真の接触角 θ より小さいから，「よりぬれやすい」状態になる。逆に，滑らかな表面での接触角が $\pi/2$ より大きい場合（図 6.7 下段），すなわち「ぬれにくい」場合，凹凸のある表面での見かけの接触角 θ' は真の接触角 θ より大きいから，「よりぬれにくい」状態になる。これは，「滑らかな表面を粗面にすると，ぬれやすい表面はよりぬれやすく，ぬれにくい表面はよりぬれにくくなる」とまとめられる[*9]。

Wenzel の取り扱いでは，表面上の凹凸は比較的小さく，液体は真の表面に十分に接触していることを仮定した。つぎに，表面の粗さが非常に大きく，表面に深い穴があいている状態を考えよう。このような穴が撥水性であれば，もはや液体は浸透していかず，表面に液滴をたらしたあとでさえ空気が残っているだろう。たとえば，固体表面上に針状の突起物がびっしりと並んでいる状態や，布地のような繊維と気体からなるような複合面を考えればよい。このような場合，固体と気体（突起物と空隙，繊維と空気）の割合を Q_1 と Q_2，固体の平滑表面に対する液体の接触角を θ で表せば，見

[*9] 脚注*2 で述べたように，フッ素樹脂でコーティングしたフライパン上の水滴は丸く，コロコロと転がる。ところで，フライパンのコーティング面はピカピカ光っていない。これは，フッ素樹脂によるコーティング面にわざと凹凸を作ることによって，撥水性をより高めている結果である。すなわち，「凹凸面を持つフッ素樹脂コーティング」は Wenzel 効果を利用したものである。なお，「フッ素樹脂」に関しては，脚注*24 を参照せよ。

かけの接触角 θ' は次式で表される[*10]。

$$\cos\theta' = Q_1 \cos\theta - Q_2$$
$$\text{ただし，} Q_1 + Q_2 = 1 \quad \xrightarrow{\text{これらから}} \quad Q_1 = \frac{1+\cos\theta'}{1+\cos\theta} \tag{6.12}$$

これを**Cassie**（キャシー）[*11]– **Baxter**（バクスター）[*12]**の式**（しき）という[*13]。すなわち，固体と空気からなる複合表面はいっそうぬれにくくなる[*14]。図 6.8 にセーターにたらした水滴の写真を示した。セーターに水滴をたらすと，セーターの表面を水滴がコロコロと転がり落ちる。これは，毛糸と空気からなる複合表面であるセーターが水でぬれにくいためである。

ここまでは固体表面の組成は均一であることを仮定してきたが，ここで固体表面が 2 成分からなり，それが不均一に表面上に分布している状況を考えよう。すなわち，成分 1 と成分 2 が表面上で Q_1 と Q_2 の割合で露出していて，成分 1 と成分 2 の平滑表面に対する接触角を θ_1 と θ_2 とすると，このような不均一表面の見かけの接触角 θ' は，

$$\cos\theta' = Q_1 \cos\theta_1 + Q_2 \cos\theta_2$$
$$\text{ただし，} Q_1 + Q_2 = 1 \tag{6.13}$$

で表される。これを**Cassie**（キャシー）**の式**（しき）という

図 6.8　セーターにたらした水滴

*10 この見かけの接触角を Cassie の接触角ともいう。

*11 A. B. D. Cassie

*12 S. Baxter

*13 すぐ下の Cassie の式の第 2 成分を空気と考え，空気と液体の接触角を $\theta = \pi$ とすれば，この式を得る。

*14 Wenzel モデルでは，ぬれやすい表面はよりぬれやすく，ぬれにくい表面はよりぬれにくくなったが，Cassie–Baxter モデルでは，ぬれやすい表面もぬれにくい表面も空気との複合表面にすることでいっそうぬれにくくなる。

6.1.4 自然界に見られる超撥水

アメンボ

アメンボ[*15]（図6.9参照）が水面を自由に移動できるのは，約40 mgという軽い体と特殊な足があるからである。アメンボの足は疎水性のワックスを分泌する。さらにナノメートルサイズの溝を有した微小な毛が生えている。この相乗効果でアメンボの足は強く水をはじく。その結果，アメンボは水面上に浮いていられる。実験結果によると一本の脚で自分の体重の15倍の重量に耐えるほどの撥水性を示す[*16]。

図6.9 アメンボ：福原達人博士（福岡教育大学教育学部 ）より写真を提供いただいた。

蓮の葉

蓮（はす）の葉（は）（図6.10参照）は，自然界における超撥水表面の代表例である。蓮の葉から丸い水滴が転がり落ちるようすを見たことのある読者も多いだろう。蓮の葉の上の水滴の接触角は160° 以上を示す。蓮の葉にはナノメートルオーダーの枝分かれ構造を持つマイクロメートルオーダーの突起構造があり，これが超撥水を示す原因となっている（Cassie–Baxter効果)。この蓮の葉の示す超撥水性を真似て，人工的な凹凸構造により表面に超撥水効果を付与することも行われてい

図6.10 蓮の葉は水をはじく：写真は埼玉県東松山市立図書館駐車場に設置した池にある「古代蓮」の葉である。

[*15] カメムシ目アメンボ科：飴のようなにおいがし，体つきも棒のようであることから「飴棒(アメンボ)」という名がある。アメンボはカタカナで書くのが普通であるが，「水黽」，「水馬」，「飴坊」，「飴棒」と漢字で書く場合もある。

[*16] あまりきれいでない水たまりでは，水の表面張力が低下しておりアメンボは水上にとどまることができなくなる。そのため，アメンボは水のきれいなところでしか生きていけないといわれている。

る。たとえば，**ヨーグルト容器**（ようき）**のフタ**の内側をヨーグルトになじまない化学組成で作成し，さらに凹凸構造をつけることによってヨーグルトがまったく付着しないように加工したものがある。この例のように，人工的な凹凸構造による超撥水性能は**蓮**（はす）**の葉効果**（はこうか）とよぶこともある[*17]。

6.1.5 ぬれのピン止め効果

図 6.11 に示したように，液滴が屈曲のある表面にさしかかると，液滴は接触角が $\theta+\alpha$ になるまで前進しなくなる。というのも，そのまま前進してしまうと接触角が θ よりも小さい値をとってしまうからである（図 6.11 (b)$'$ で接触角は $\theta-\alpha$ となっている）。接触角が平衡接触角 θ よりも小さい値をとると，接触角を θ に戻すために液滴の先端は屈曲点まで戻る（すなわち，この屈曲点では接触角が $\theta \sim \theta+\alpha$ の任意の角度をとる）。結局，この屈曲点で接触角が $\theta+\alpha$ になるまで前進しないことになる。これを**ぬれのピン止**（と）**め効果**（こうか）という。また，図 6.11 (e)→(f)→(g) をみれば，凹凸を乗り越えられない液滴は通常より大きい接触角を持つことがわかる。すなわち，表面上の凹凸が大きい場合にぬれが妨げられ，接触角が大きくなること（Cassie と Baxter による取り扱い）もぬれのピン止め効果と理解できる。

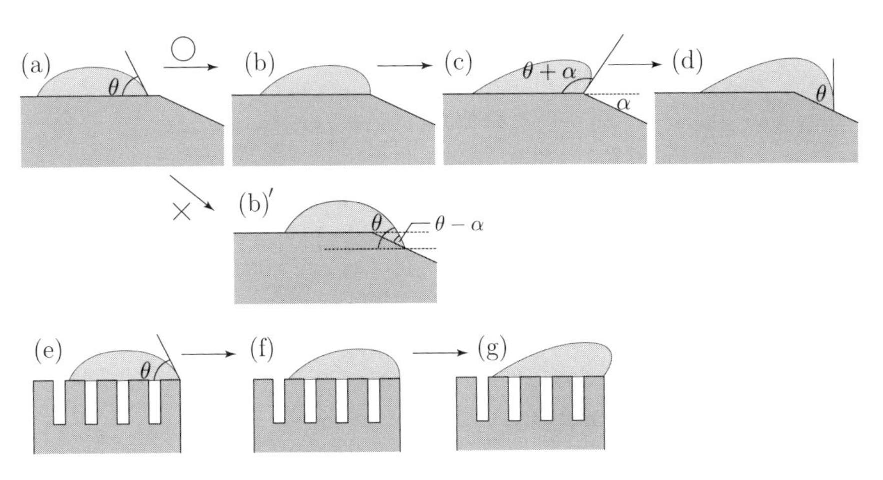

図 6.11 ぬれのピン止め効果：液滴が角度 α の下り坂にさしかかると，(a)→ (b)→ (c)→(d) と接触角が変化し，(a)→(b)$'$ の経過をたどることはない。(e)〜(g)：表面の凹凸を乗り越えられない液滴の接触角は大きい。

[*17] 単に英語で言い換えているだけであるが，ロータス効果ということもある。

6.1.6　接触角の測定法

接触角の測定には，液滴の写真を撮り，それを解析するのがもっとも手っ取り早い。たとえば，液滴をデジタルカメラで撮影し，液滴の輪郭をカーブフィッティングしたあと，端点での微係数を求めれば，容易に接触角を得る。このような方法ができない場合には，もっとも簡便な方法として $\theta/2$（にぶんのシータほう）法とよばれる方法がある。この方法では，液滴が球の一部であると仮定する（図6.12参照）。すなわち，液滴の幅 $2R$ と高さ h だけを測定し，θ_1 を求める。この液滴が球の一部である場合には，簡単な幾何より，

$$\theta = 2\theta_1 \tag{6.14}$$

であることが示されるので，これにより接触角を得る。この方法では重力により液滴がつぶれると精度が落ちるので，重力の影響が十分に無視できる液量で実験する必要がある。

✐ 演習問題8　図6.12で $\theta = 2\theta_1$ であることを示しなさい。

解答8　△OBDは二等辺三角形だから，$\gamma = (\pi - \alpha)/2 = \theta_1 + \delta$（デルタ）が成り立つ。△OABで考えれば，$\pi - \alpha = \beta + \theta + \delta$ だから，これを前の式に代入して $2\theta_1 + \delta = \theta + \beta$ を得る。一方，△OBC∼△OAB だから $\beta = \delta$ である。これにより $2\theta_1 = \theta$ を得る。

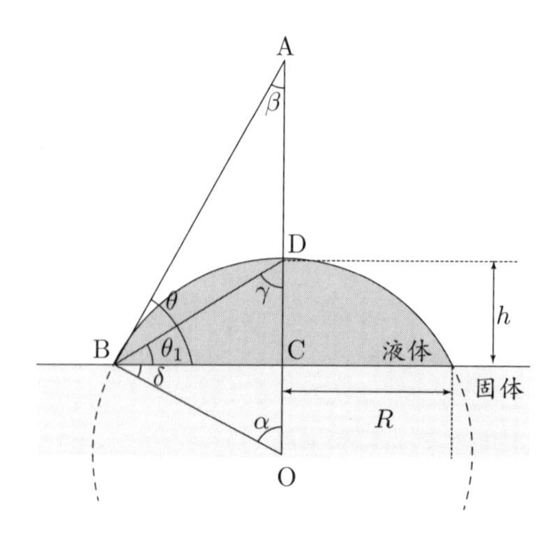

図6.12　$\theta/2$ 法：液滴を球の一部と仮定する。

6.1.7 ぬれの種類

「ぬれ」は平衡状態にある「付着ぬれ」と「浸漬ぬれ」，平衡状態にはない「拡張ぬれ」と「浸透ぬれ」の 4 種類に分類され，それぞれのぬれにおいて，単位面積あたりの自由エネルギー変化量 $\Delta\ddot{G}$ は，それぞれに関与する界面張力を用いて次のように表される[*18]（図 6.13 参照）。

平衡状態にあるぬれ

(a) 付着（ふちゃく）ぬれ[*19]

$$\Delta_a\ddot{G} = \gamma_{SL} - (\gamma_{SG} + \gamma_{LG}) \tag{6.15}$$

(b) 浸漬（しんせき）ぬれ

$$\Delta_i\ddot{G} = \gamma_{SL} - \gamma_{SG} \tag{6.16}$$

非平衡状態にあるぬれ

(d) 拡張（かくちょう）ぬれ

$$\Delta_{sp}\ddot{G} = (\gamma_{SL} + \gamma_{LG}) - \gamma_{SG} \tag{6.17}$$

(d) 浸透（しんとう）ぬれ

$$\Delta_p\ddot{G} = \gamma_{SL} - \gamma_{SG} \tag{6.18}$$

(a) 液体 γ_{LG} γ_{SG} 固体 → γ_{SL}

(b) 固体 γ_{SG} 液体 → γ_{SL}

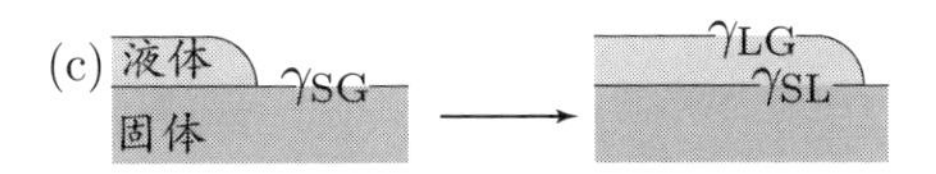

図 6.13　ぬれの分類：(a) 付着ぬれ，(b) 浸漬ぬれ，(c) 拡張ぬれ，(d) 浸透ぬれ：(a) と (b) は平衡状態にあり，(c) と (d) は平衡状態にない。

平衡状態においては Young の式：(6.3) 式が成り立つので，$\gamma_{SL} + \gamma_{LG}\cos\theta - \gamma_{SG} = 0$ を (6.15) 式と (6.16) 式に代入すれば，次の式を得る。

$$\Delta_a\ddot{G} = -\gamma_{LG}(1 + \cos\theta) \tag{6.19}$$

$$\Delta_i\ddot{G} = -\gamma_{LG}\cos\theta \tag{6.20}$$

拡張ぬれと浸透ぬれは平衡状態になっていないので，Young の式は適用できない。

[*18] 下付きの a，i，sp，p は adhesion（付着），immersion（浸漬），spreading（拡張），penetrating（浸透）の頭文字（もしくは，頭 2 文字）である。

[*19] 付着ぬれは，「接着ぬれ」という場合もある。

6.2 固体の臨界表面張力

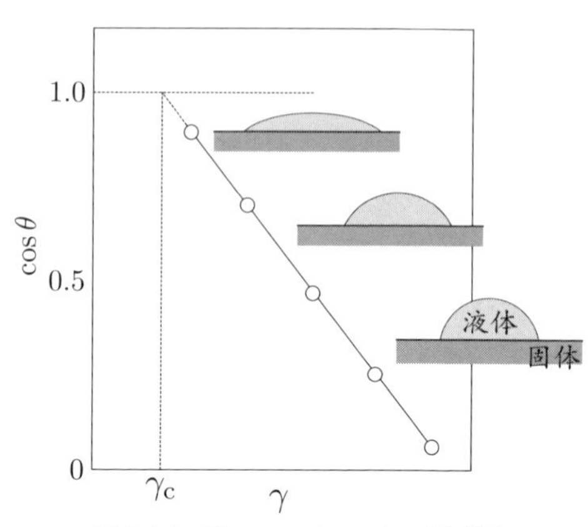

図 6.14 Zisman プロットの模式図

この章の最初に述べたように，接触角はぬれやすさ，ぬれにくさの指標として直観的な量である。ここで，炭化水素や合成高分子の表面を考える。炭化水素や合成高分子の表面は表面自由エネルギーが小さく，**低エネルギー表面**とよばれる[20]。この滑らかな表面に純粋な液体を滴下して接触角を測定すると，液体の表面張力と接触角の余弦がよい相関を持つことがある。具体的には，表面張力の異なる液体で接触角を測定し，横軸に液体の表面張力をとり，縦軸に接触角の余弦をとってプロットする[21]。これを**Zisman**[22]**プロット**という（図 6.14 参照）。この直線の外挿線と $\cos\theta = 1$（すなわち，接触角 $\theta = 0$）の交点の表面張力を**臨界表面張力**といい，γ_c で表す[23]。これは，表面張力が γ_c よりも小さい液体はその表面をぬらすが，これより大きい表面張力を持つ液体はその表面上では広がらないことを意味する。すなわち，臨界表面張力の小さな固体表面は，液体によってぬれにくいことを意味する。表 6.1 に示したようにポリテトラフルオロエチレンやポリトリフルオロエチレンのようなフルオロアルキル系[24]は臨界表面張力が小さい値をとる。すなわち，フルオロアルキル系の表面は非常にぬれにくい表面ということになる。たとえば，$\gamma_c = 18$ mN/m のポリテトラフルオロエチレンは，水の接触角が 114° もある。

---

*20 表面自由エネルギー（すなわち，表面張力）は，バルク相における分子間相互作用と表面における分子間相互作用の差に起因するから，そもそも分子間相互作用の弱い物質は表面自由エネルギーが小さい（ただし，ここでの議論は，簡単のためエントロピーの寄与を考えていない。詳しくは，3.1 節を参照せよ）。すなわち，炭化水素や合成高分子の表面が低エネルギーであることは，これらの物質の分極率が小さく，分子間凝集力が小さいことに原因がある。

*21 $n-$ アルカン類ではヘプタン（19.5），デカン（23.8），テトラデカン（25.8），ヘプタデカン（27.4）やアルコール類ではエタノール（22.0），1− オクタノール（27.5），シクロヘキサノール（32.9），エチレングリコール（48.0）などが用いられる（括弧内の数値は表面張力〔mN/m〕）。

*22 Albert Zisman (1905−1986)

*23 下付きの c は critical（臨界）の頭文字である。

*24 フッ素樹脂，テフロンともいう。テフロンはデュポン社の商品名（登録商標）で，フッ素樹脂の代名詞となっている。

表 6.1　20 °C における固体表面の臨界表面張力：[1,2]

固体表面を構成する物質	γ_c〔mN/m〕
末端の CF_3 基が最密充填された凝縮単分子層	6
ポリテトラフルオロエチレン	18
ポリトリフルオロエチレン	22
ポリエチレン	31
ポリエチレンテレフタラート	43
ポリ塩化ビニル	40
ナイロン 66	46

臨界表面張力が γ_c である固体表面に，表面張力が γ_c の液滴をたらすことを考える。すると，この液体は固体表面を完全にぬらし，接触角がゼロになるので，Young の式：(6.3) 式は，

$$\gamma_{SL} + \gamma_c - \gamma_{SG} = 0 \tag{6.21}$$

となる。固体表面と液体分子の組成や構造が類似していた場合，近似的に $\gamma_{SL} = 0$ とみなすことができるから，(6.21) 式は次のように簡単になる。

$$\gamma_c = \gamma_{SG} \tag{6.22}$$

すなわち，臨界表面張力は近似的に固体の表面張力に等しいことがわかる。固体の表面張力は測定が非常に困難であるため，この知見は重要である。

つぎに，**高**(こう)**エネルギー表面**(ひょうめん)について考える。この場合，低エネルギー表面の場合とは逆に表面は液体にぬれやすいことが予想される。しかし，ある種の金属や金属酸化物の表面に高級アルコールを滴下しても広がらない場合がある。これは，高級アルコールが固体表面に吸着して低エネルギー界面を作り，新たに形成された吸着膜の臨界表面張力 γ_c が液体の表面張力 γ_{LG} よりも小さくなっているためと考えられる。すなわち，吸着膜の形成によって固体表面が改質されているのである。このような液体を**自己疎液性液体**(じこそえきせいえきたい)という*25。

*25 液体表面上における液体の広がりでも本質的に同じことが起こる。4.2.1 項の「自己疎水化」を参照せよ。

表 6.2　固体の表面張力：(　) の数字は，劈開面を作る方法で測定したときの面を示す：[12]

物質	γ_S〔mN/m〕	物質	γ_S〔mN/m〕	物質	γ_S〔mN/m〕
LiF(100)	340	Si(111)	1240	Cu	1670
MgO(100)	1200	Zn(1010)	105	Mo	1960
CaF_2(111)	450	Ag	1140	Pt	2340
BaF_2(111)	280	Au	1410	Zn	830
$CaCO_3$(1010)	230	Be	810		

6.3　固体の表面張力

臨界表面張力が（測定条件によっては）固体の表面張力に近似的に等しいことを述べたので，ここでは固体の表面張力 γ_S について説明する。3.1 節で述べたように，表面張力は新たに単位面積だけ増加させるのに必要な仕事として定義される。したがって，固体の表面張力を考えた場合，結晶の**劈開面**（へきかいめん）を作るのに必要な仕事が，この仕事に近いと考えられる。すなわち，結晶を劈開するときの仕事を測定することにより，固体の表面張力を直接求めることができる*26。また，固体表面の曲率の変化に伴って生じる化学ポテンシャルの勾配と，それに伴う原子の移動が表面張力 γ_S に関係するので，これを利用して表面張力を測定する方法などがある。このような，さまざまな方法により直接的に測定された固体の表面張力を表 6.2 に示した。固体表面の表面張力の測定は，液体での測定に比べ非常に困難が多く，誤差が相当含まれていると考えるのがよい。ただし，表 6.2 でわかるように，固体の表面張力が液体の表面張力に比べて大きいことは確実である。

6.3.1　接触角測定による固体の表面張力の評価

ここでは，Young の式 $\gamma_{SG} = \gamma_{SL} + \gamma_{LG}\cos\theta$ を利用して固体の表面張力 γ_{SG} を評価する方法について説明する。まずは，表面張力 γ_{LG} が既知である液体を固体の表面上に滴下して接触角 θ を測定する。これを Young の式に代入して γ_{SG} を評価したいのだが，Young の式には未知の γ_{SL} が含まれるので，γ_{SG} がただちに求まるというわけではない。すなわち，固体の表面張力 γ_{SG} を評価するのには γ_{SL} を知る必要がある（図 6.15 参照）。

そこで，固体と液体が接触して自発的に固液界面が形成されることを考える（付着

*26 劈開した結晶が可逆的に戻ることはないから，この測定法には本質的に問題を含む可能性がある。

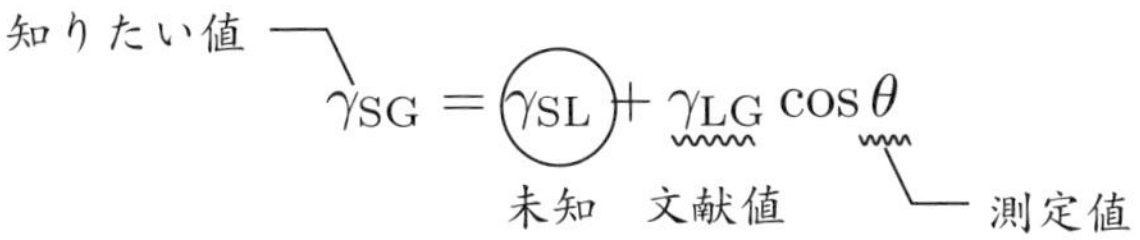

知りたい値

$$\gamma_{\mathrm{SG}} = \gamma_{\mathrm{SL}} + \gamma_{\mathrm{LG}} \cos\theta$$

未知 文献値 測定値

図 6.15 固体の表面張力を求めるのに必要な値：測定値と文献値と未知の値

ぬれ：6.1.7 項参照)。これが自発的に起こるのだから，$\Delta_{\mathrm{a}}\ddot{G} < 0$ より，

$$\gamma_{\mathrm{SL}} < (\gamma_{\mathrm{SG}} + \gamma_{\mathrm{LG}}) \tag{6.23}$$

の関係を得る。すなわち固液界面の界面張力は，固体と液体の表面張力の和よりも小さい。これは，固液界面では，固体と液体の分子間に引力が働き，この引力に相当する分だけ固液界面における過剰エネルギーが解消されるからである。すなわち，この差分は，（単位面積あたりの）液体と固体の分子間凝集エネルギーにほかならない。液体と固体の分子間凝集エネルギーを σ_{SL} と書けば，(6.23) 式の不等式は，次のような等式に置き換えることができる。

$$\gamma_{\mathrm{SL}} + 2\sigma_{\mathrm{SL}} = \gamma_{\mathrm{SG}} + \gamma_{\mathrm{LG}} \tag{6.24}$$

係数 2 は固体側と液体側の両方からの寄与を表している。ここで σ_{SL} を分散相互作用の成分 $\sigma_{\mathrm{SL}}^{\mathrm{d}}$ と極性相互作用の成分 $\sigma_{\mathrm{SL}}^{\mathrm{p}}$ に分けて考える*27。

$$\sigma_{\mathrm{SL}} = \sigma_{\mathrm{SL}}^{\mathrm{d}} + \sigma_{\mathrm{SL}}^{\mathrm{p}} \tag{6.25}$$

これと同じように，固体の表面張力と液体の表面張力も分散相互作用成分と極性相互作用成分に分けて書くと，

$$\gamma_{\mathrm{SG}} = \gamma_{\mathrm{SG}}^{\mathrm{d}} + \gamma_{\mathrm{SG}}^{\mathrm{p}}, \qquad \gamma_{\mathrm{LG}} = \gamma_{\mathrm{LG}}^{\mathrm{d}} + \gamma_{\mathrm{LG}}^{\mathrm{p}} \tag{6.26}$$

となる。ここで，固液界面での分子間凝集エネルギーの分散相互作用の成分 $\sigma_{\mathrm{SL}}^{\mathrm{d}}$ は固体と液体のそれぞれの表面張力の分散相互作用の成分 $\gamma_{\mathrm{SG}}^{\mathrm{d}}$ と $\gamma_{\mathrm{LG}}^{\mathrm{d}}$ の**幾何平均**（きかへいきん）で表されると仮定する。固液界面での分子間凝集エネルギーの極性相互作用の成分 $\sigma_{\mathrm{SL}}^{\mathrm{p}}$ も同様に考えると，

$$\sigma_{\mathrm{SL}}^{\mathrm{d}} = \sqrt{\gamma_{\mathrm{SG}}^{\mathrm{d}}\gamma_{\mathrm{LG}}^{\mathrm{d}}}, \qquad \sigma_{\mathrm{SL}}^{\mathrm{p}} = \sqrt{\gamma_{\mathrm{SG}}^{\mathrm{p}}\gamma_{\mathrm{LG}}^{\mathrm{p}}} \tag{6.27}$$

---

*27 上付きの d と p は dispersion（分散）と polar（極性）の頭文字である。これに加えて水素結合成分 $\sigma_{\mathrm{SL}}^{\mathrm{h}}$ を考慮する場合もある。上付きの h は hydrogen bond（水素結合）の頭文字である。脚注 *28 を参照せよ。

表 6.3 固体の表面張力：[32]

固体表面を構成する物質	γ_{SG}^{d}〔mN/m〕	γ_{SG}^{h}〔mN/m〕	γ_{SG}〔mN/m〕
ポリテトラフルオロエチレン	12.5	1.5	14.0
ポリエチレンテレフタラート	37.8	3.5	41.3
ナイロン 66	42.0	4.5	46.5

とまとめられる。(6.27) 式を (6.24) 式に代入すれば次式を得る。

$$\gamma_{SL} = \gamma_{SG} + \gamma_{LG} - 2\left(\sqrt{\gamma_{SG}^{d}\gamma_{LG}^{d}} + \sqrt{\gamma_{SG}^{p}\gamma_{LG}^{p}}\right) \tag{6.28}$$

懸案の γ_{SL} が求まったから，これを Young の式：(6.3) 式に代入すれば次式を得る。

$$\gamma_{LG}(1+\cos\theta) = 2\left(\sqrt{\gamma_{SG}^{d}\gamma_{LG}^{d}} + \sqrt{\gamma_{SG}^{p}\gamma_{LG}^{p}}\right) \tag{6.29}$$

すなわち，固体の表面張力は以下の手順で決定できる。

1. 表面張力の分散相互作用成分 γ_{LG}^{d} と極性相互作用成分 γ_{LG}^{p} とがわかっている 2 種類の液体 A，B（もちろん γ_{LG} も既知）を準備する（下付き L を A と B で書き換えて，それぞれを $\gamma_{AG} = \gamma_{AG}^{d} + \gamma_{AG}^{p}$，$\gamma_{BG} = \gamma_{BG}^{d} + \gamma_{BG}^{p}$ とする)。
2. この 2 種類で接触角 θ を測定する（θ_A，θ_B とする)。
3. 接触角 θ と，既知の γ_{LG}，γ_{LG}^{d}，γ_{LG}^{p} を (6.29) 式に代入し，γ_{SG}^{d} と γ_{SG}^{p} が未知数の連立方程式を得る（下の連立方程式で，既知もしくは測定値には下線をひいた)。

$$\text{液体 A}\quad \underline{\gamma_{AG}}(1+\underline{\cos\theta_A}) = 2\left(\sqrt{\gamma_{SG}^{d}\underline{\gamma_{AG}^{d}}} + \sqrt{\gamma_{SG}^{p}\underline{\gamma_{AG}^{p}}}\right) \tag{6.30}$$

$$\text{液体 B}\quad \underline{\gamma_{BG}}(1+\underline{\cos\theta_B}) = 2\left(\sqrt{\gamma_{SG}^{d}\underline{\gamma_{BG}^{d}}} + \sqrt{\gamma_{SG}^{p}\underline{\gamma_{BG}^{p}}}\right) \tag{6.31}$$

4. 連立方程式を解いて γ_{SG}^{d} と γ_{SG}^{p} を得る。
5. $\gamma_{SG} = \gamma_{SG}^{d} + \gamma_{SG}^{p}$ より固体の表面張力 γ_{SG} を決定する。

この方法によって評価した固体の表面張力を表 6.3 に記した*28。表 6.1 に記した臨界表面張力 γ_c とよく一致していることがわかる。

*28 文献 [32] では，表面張力の分散相互作用成分 γ^{d} 以外を極性相互作用成分 γ^{p} ではなく水素結合成分 γ^{h} として解析しているので，表 6.3 では γ_{SG}^{h} とした。表面張力にどのような成分を考えるかについては，$\gamma = \gamma^{d} + \gamma^{p}$，$\gamma = \gamma^{d} + \gamma^{h}$，$\gamma = \gamma^{d} + \gamma^{p} + \gamma^{h}$ の組み合わせがあり，平均のとり方の違い（幾何平均ではなく，調和平均を用いる場合もある。平均の定義については付録 G.9 節を参照せよ）も含めさまざまな報告がある。また，$\gamma = \gamma^{d} + \gamma^{p} + \gamma^{h}$ のように，表面張力に 3 つの成分を考える場合，γ_{SG} を求めるためには，3 種類の液体を用いる必要がある。

6.4 浸漬熱

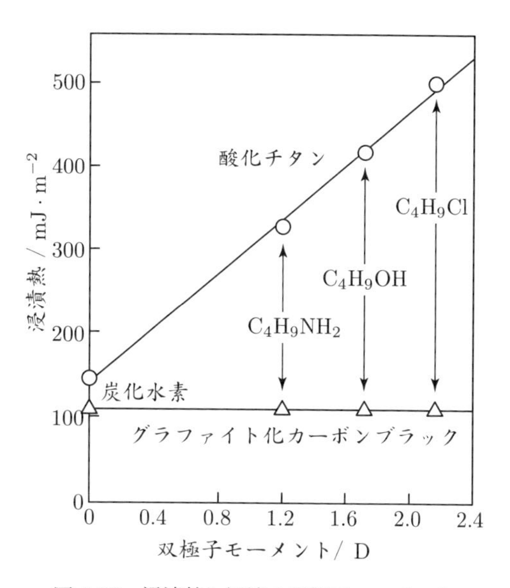

図 6.16 浸漬熱と浸液の双極子モーメントの相関：固体試料として，○：酸化チタンと △：グラファイト化カーボンブラックを用い，浸液としては炭化水素，ブチルアミン，ブタノール，クロロブタンを用いた。文献 [4] をもとに作成した。

固体試料を液体の中に浸漬すると熱を発生する。固体試料の単位表面積あたりの発熱量 $\Delta_{\mathrm{i}}\ddot{H}$ は，浸漬ぬれによる（単位表面積あたりの）自由エネルギー変化 $\Delta_{\mathrm{i}}\ddot{G}$ と，

$$\Delta_{\mathrm{i}}\ddot{H} = \Delta_{\mathrm{i}}\ddot{G} - T\left(\frac{\partial \Delta_{\mathrm{i}}\ddot{G}}{\partial T}\right)_P \tag{6.32}$$

の関係がある。この $\Delta_{\mathrm{i}}\ddot{H}$ を浸漬熱（しんせきねつ）もしくは湿潤熱（しつじゅんねつ）という。これは，液体分子と固体表面の相互作用の結果生じるため，浸漬熱の測定により固体表面の状態を推定できる。

図 6.16 にグラファイト化カーボンブラックと酸化チタンの浸漬熱と用いた浸液の双極子モーメントの相関を示した*29。これらは非常によい直線的な相関を示す。浸液の双極子モーメントは固体表面の電場と相互作用するから，直線の傾きは固体表面の静電場の強さを表すと考えられる。したがって，酸化チタンの表面の電場は強く，グラファイト化カーボンブラックの表面は無極性であると考えられる。

図 6.17 に浸漬過程を「蒸発」「吸着と凝縮」「液体膜表面の消失」の 3 つの過程に分解できることを示した。これにより，浸漬熱を **Hess**（ヘス）*30の法則（ほうそく）に基づいて別ルートで評価することが可能になる。これらの過程に伴う熱のうち，蒸発熱，凝縮熱，液体の表面エンタルピーは比較的普通の熱力学的データだから，文献値を探すことは容易で

---

*29 双極子モーメントの単位 D（デバイ） は SI 単位系では使用を認められていないが，便利であるためよく用いられる。SI 単位系では正確に $(1/299792458) \times 10^{-21}$ C · m であり，約 3.33564×10^{-30} C · m である。単位名は Peter Debye にちなむ。
Peter Joseph William Debye (1884–1966)

*30 Germain Henri Hess (1802–1850)

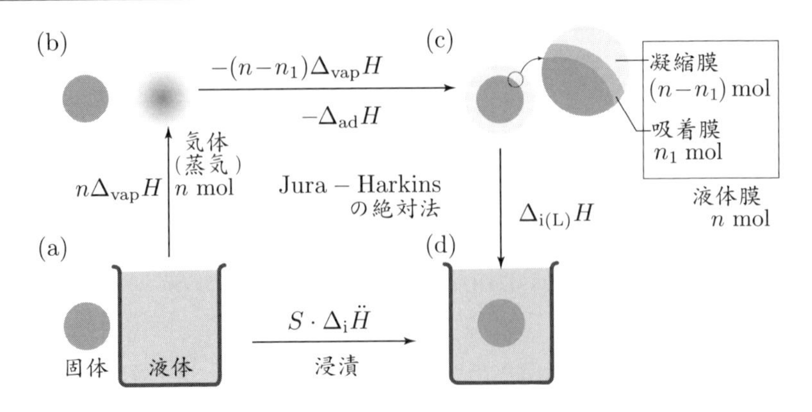

図 6.17 (a)→(d) の浸漬過程で発生する浸漬熱は，Hess の法則を用いて別ルート (a)→(b)→(c)→(d) で評価できる。(a) → (b) 蒸発過程：n mol の液体が蒸発して気体になる（蒸発熱 $n\Delta_{\mathrm{vap}}H$ を吸収：吸熱過程）。(b) → (c) 吸着過程：n_1 mol の気体が固体表面上で吸着膜を形成する（吸着熱 $\Delta_{\mathrm{ad}}H$ を放出：発熱過程）と凝縮過程：$n-n_1$ mol の気体が吸着膜上に凝縮して液体になる（蒸発熱 $(n-n_1)\Delta_{\mathrm{vap}}H$ を放出：発熱過程）。(c) → (d) 液体膜表面の消失過程：吸着膜と凝縮膜を持った固体が液体中に浸漬する（浸漬熱 $\Delta_{\mathrm{i(L)}}H$ が発生）。以上より，浸漬熱は $\Delta_{\mathrm{i}}\ddot{H}=(n\Delta_{\mathrm{vap}}H-\Delta_{\mathrm{ad}}H-(n-n_1)\Delta_{\mathrm{vap}}H+\Delta_{\mathrm{i(L)}}H)/S$ のように分解できる。ここで，$\Delta_{\mathrm{i}}\ddot{H}$〔J/m^2〕，$\Delta_{\mathrm{vap}}H$〔J/mol〕，$\Delta_{\mathrm{ad}}H$〔J〕，$\Delta_{\mathrm{i(L)}}H$〔J〕，$S$〔m^2〕のように単位をとった。

あるが，吸着熱（きゅうちゃくねつ）は文献値を探すことは困難であることが多い。そこで，逆に，吸着熱を（粗く）評価するために浸漬熱を測定することもある。

6.4.1 Jura–Harkins の絶対法

浸漬熱は浸漬過程で発生する「単位表面積あたりの熱量」であるから，これが既知であるならば，全発熱量より固体試料の表面積を知ることができる。たとえば，図 6.16 より酸化チタンの n– ブタノール C_4H_9OH への浸漬熱はおおよそ 400 mJ/m^2 であることがわかるから，表面積が未知の酸化チタン 0.5 g を n– ブタノールへ浸漬して 120 J の熱を観測したとすると，この酸化チタンの比表面積は，$S=120/(400\times10^{-3})/0.5=600$ m^2/g と計算される。しかし，あらゆる固体試料について浸漬熱が既知であるわけではない。そのような場合は次に述べる方法で固体の表面積を求めることができる。

まず，固体を浸漬する液体の飽和蒸気雰囲気下におくと，固体表面には飽和蒸気と平衡にある液体膜（図 6.17 参照：図 6.17 では内側を吸着膜，外側を凝縮膜とした）ができる（図 6.17 (b)→(c) 参照）。この液体膜で覆われた固体試料を液体に浸漬すれば，液体膜の表面の消失に伴う発熱 $\Delta_{\mathrm{i(L)}}H$ がある。ここで，固体試料はすでに液体膜により覆われているから，この過程で発生する熱 $\Delta_{\mathrm{i(L)}}H$ には固体表面の化学的性質は影響しない。すなわち，$\Delta_{\mathrm{i(L)}}H$ は，表面積が S である「液体の表面」が浸漬によって消失したことにより生じた熱である。そこで，液体の単位表面積あたりの表面エンタルピーを h_{L} と書けば，$\Delta_{\mathrm{i(L)}}H$ は，$\Delta_{\mathrm{i(L)}}H = h_{\mathrm{L}}S$ で与えられる。ここで S は凝縮層で覆われた固体の表面積を表すが，これは固体の表面積と同じと考えてよい[*31]。すなわち，凝縮層で覆われた固体の浸漬熱測定により表面積が求められる。この方法を **Jura**(ジュラ)[*32]– **Harkins**(ハーキンス)[*33]の**絶対法**(ぜったいほう)という。

6.5 溶液から固体表面への吸着

固体表面に接触する液体が溶液の場合には，溶液内部から固体表面に溶質の吸着が起こる。このとき溶媒の吸着も同時に起こるので，気相における吸着に比べ複雑である。しかし，実験するのに特別な装置が必要ないので，**液相吸着**(えきそうきゅうちゃく)はいろいろな目的に使用される。

6.5.1 Freundlich 吸着等温線

液相吸着の等温線を比較的よくフィッティングする等温式として **Freundlich**(フロイントリッヒ)[*34]の**吸着等温式**(きゅうちゃくとうおんしき)がある。

$$N = K_{\mathrm{F}}C^{1/n} \tag{6.33}$$

ここで，N と C はそれぞれ，吸着量と溶液の濃度を表し，K_{F} と n はフィッティングパラメータである。両辺の対数をとるとわかるように，$\ln N$ と $\ln C$ に直線関係があるので，実験データをこの形でプロットすることにより K_{F} と n を得ることができる。

$$\ln N = \ln K_{\mathrm{F}} + \frac{1}{n}\ln C \tag{6.34}$$

Freundlich により多くの溶液吸着に適用されたため，Freundlich の名前が付されているが，実際にはそれより以前から使われていた式である。また，もともとは純然たる実験式であったが，不均一表面上に吸着が起こるというモデルで理論的に導出することも可能である。

[*31] この仮定は，あらかじめ固体を覆う凝縮層があまり厚くないという仮定のもとで成り立つ。
[*32] George Jura (1911–1997)
[*33] William Draper Harkins (1873–1951)
[*34] Herbert Max Finlay Freundlich (1880–1941)

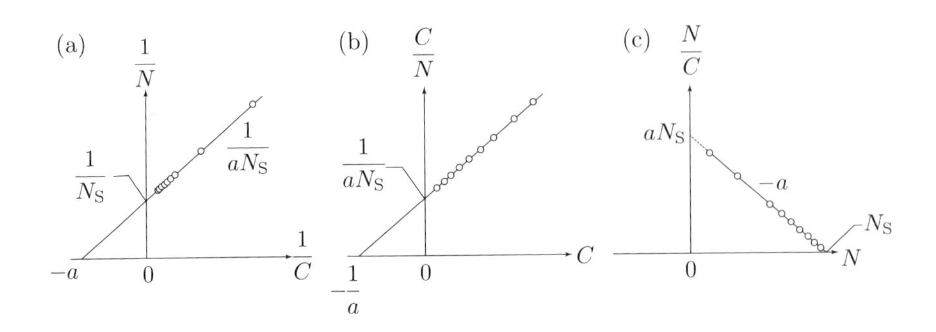

図 6.18 液相吸着等温線が Langmuir 型であるか否かの判定をするプロット：(a) 液相吸着でもっともよく用いられるプロット，(b) 気相吸着でもっともよく用いられる，いわゆる Langmuir プロット（「Langmuir プロット」(15 頁) 参照），(c) Scatchard プロット

6.5.2 Langmuir 吸着等温線

ここでは，溶媒の吸着が無視できる場合を考えよう。仮に固体表面の吸着サイトに吸着質分子が 1 対 1 の吸着をして，さらに，単分子層を形成した時点で吸着が停止するならば，液相においても Langmuir 型の吸着等温線が得られる。気相吸着における Langmuir 吸着等温式の圧力 p を溶液の濃度 C に変えれば，液相吸着の Langmuir 吸着等温式を得る。

$$\frac{N}{N_S} = \frac{aC}{1+aC} \tag{6.35}$$

図 6.18 に液相吸着で得られた吸着等温線が Langmuir 型であるかどうかの判定をするために用いられるプロットを 3 種類示した。(a) が液相吸着でもっともよく用いられるプロットである。このプロットは低濃度領域を拡大してプロットするのが特徴で，低濃度領域での測定が精度よく行われていない場合にはプロットの右側に行くにつれて点が暴れる。(b) は気相吸着で多く用いられるいわゆる Langmuir プロットである。(c) は**Scatchard**（スカッチャード）[*35]プロットとよばれる少し特殊なプロットで，水溶性タンパク質への低分子の結合等温線などに適用される[*36]。

[*35] George Scatchard (1892–1973)

[*36] タンパク質へ低分子が吸着（これを「結合」とよぶ）することを考える。この場合，N はタンパク質 1 分子に結合している分子数，N_S はタンパク質 1 分子あたりの結合部位数を表し，a を結合定数とよぶ。結合部位が 1 種類しかない場合は，図 6.18 (c) に示したように，右肩下がりの直線となるが，

6.5.3　高分子の吸着

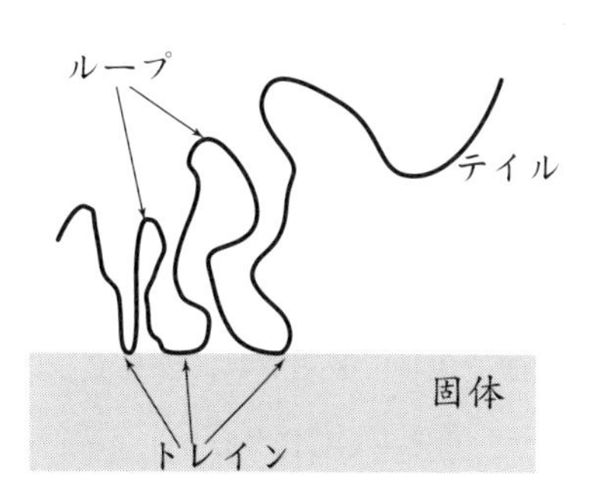

図 6.19　吸着高分子鎖のループ・トレイン・テイルモデル

高分子は界面に対する親和性が高い場合が多く，吸着等温線は低濃度で急激に立ち上がり，高濃度で飽和することが多い[*37]。すなわち，吸着等温線は見かけ上 Langmuir 型である場合が多いが，吸着メカニズムは気相吸着における Langmuir 機構ほど単純ではない。たとえば，高分子の吸着では，溶質である高分子が溶液中から固体表面へと移動するときに，その形を大きく変えることがある[*38]。しかも，1 つの分子で複数の吸着サイトを占めるため，1 度固体表面に吸着した高分子は 2 度と脱着しない[*39]。図 6.19 に高分子吸着の**ループ・トレイン・テイルモデル**を示した。固体表面に接している部分を**トレイン**，固体表面から離れ，輪を作っている箇所を**ループ**，末端を**テイル**とよび，高分子吸着でもっとも多くの系で支持されているモデルである。このモデルでは，トレイン 1 点あたりの吸着力が弱くても吸着が起こることを説明できる。これに対し，高分子の末端 1 箇所で吸着している**末端吸着**（まったんきゅうちゃく）**モデル**，高分子全体が固体表面に接している**平伏吸着**（へいふくきゅうちゃく）**モデル**，比較的剛直な高分子鎖の**垂直吸着**（すいちょくきゅうちゃく）**モデル**や**横臥吸着**（おうがきゅうちゃく）**モデル**など，種々のモデルが提案されている。

タンパク質の高分子表面への吸着挙動を理解することは，化粧品，食品，洗浄や医療など，さまざまな分野で重要である。とくに，人工臓器などの抗血栓性医用材料の開発において本質的に重要となる。一般に，タンパク質の吸着には，pH，イオン強度，温度などが重要な因子となる。それは，タンパク質の構造が pH やイオン強度によって大きく変化する場合が多いからである。また，pH によってタンパク質の表面電荷が変わる場合は，さらに複雑な挙動を示す。

結合定数 a の大きく異なる結合部位が 2 つある場合には，2 直線領域が明瞭に表れた曲線を示し，それぞれの傾きより結合定数 a_1 と a_2 が求められる。スキャッチャードプロットと読むこともある。

[*37] 高分子の吸着等温線が低濃度で急激に立ち上がるのは，1 つのセグメントが吸着すると，隣り合ったセグメントの吸着確率が急増することと関連がある。

[*38] 柔らかい高分子鎖は溶液中ではランダムコイルの形態をとるが，これはエントロピーが極大となる状態である。ここに固体表面が存在すると，高分子のランダムコイルの形態に制限を加えることになり，エントロピーを減少させる作用をする。これは，高分子と固体表面との相互作用（すなわち吸着）を考える上で重要である。

[*39] 図 6.19 に示したように高分子が複数の点で吸着している場合，高分子が脱着するためにはすべての吸着点が脱着する瞬間がなくてはならない。この確率はきわめて小さいため，事実上 2 度と脱着しないと考えてよい。

6.6　洗浄機構

洗浄とは，界面化学的な手法によって固体表面から汚れを取り除くことを意味する。**セッケン**は洗浄剤として数百年間使用されてきた。セッケンは種々の長鎖脂肪酸のナトリウム塩あるいはカリウム塩からなり，**グリセリド油脂**を NaOH または KOH で**ケン化**して製造され，**グリセリン**を副産物として生ずる。

$$
\begin{array}{lclcl}
\mathrm{CH_2COOR} & & \mathrm{CH_2OH} & & \mathrm{RCOONa} \\
\mathrm{CH_2COOR'} + 3\mathrm{NaOH} & \longrightarrow & \mathrm{CH_2OH} & + & \mathrm{R'COONa} \\
\mathrm{CH_2COOR''} & & \mathrm{CH_2OH} & & \mathrm{R''COONa} \\
\text{油脂} & & \text{グリセリン} & & \text{セッケン}
\end{array}
\tag{6.36}
$$

同じ油脂を用いて製造される**ナトリウムセッケン**と**カリウムセッケン**を比較すると，カリウムセッケンのほうが柔らかく，より水に溶ける傾向がある。また，不飽和脂肪酸から作られるセッケンは飽和脂肪酸から作られるセッケンより柔らかい。

セッケンは優秀な洗剤ではあるが，① 酸性溶液中では不溶性の脂肪酸を生成するために，十分な働きをしない，② 硬水中で Ca^{+} イオンや Mg^{2+} イオンと不溶性の沈澱（「浮きかす」とよばれる）を生ずる，という欠点を持つ[*40]。これらの欠点は**合成洗剤**ではある程度克服されている。

6.6.1　汚れの除去

固体の汚れの除去には表面自由エネルギーの変化が伴う。汚れの除去は，基本的には付着ぬれ（6.1.7 項参照）の逆過程であるから，これに伴う単位面積あたりの自由エネルギー変化量 $\Delta_d \ddot{G}$ は，

$$\Delta_d \ddot{G} = (\gamma_{DL} + \gamma_{SL}) - \gamma_{SD} \tag{6.37}$$

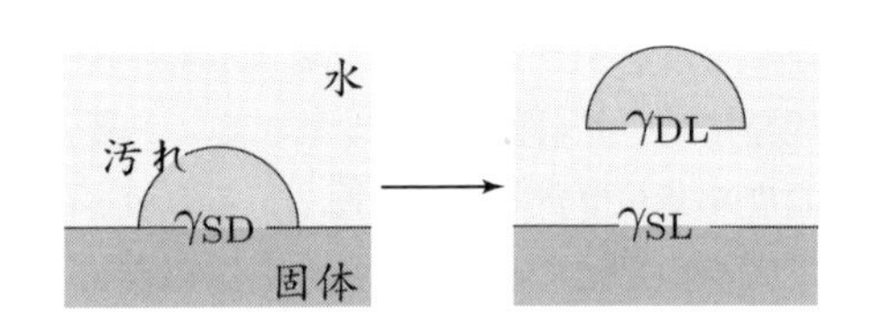

図 6.20　汚れの除去と表面張力：汚れの除去は付着と逆の過程と考えられる。

で表される[*41]（図 6.20 参照）。洗浄剤の作用は γ_{DL} と γ_{SL} を低下させることにある。これにより，$\Delta_d \ddot{G}$ を減らし，機械的な撹拌による汚れの分離を可能とする。

[*40] 炭酸ナトリウムやリン酸ナトリウムを添加することにより，これらの欠点をある程度補うことができる。

[*41] Δ の下付き d は detergency（洗浄）の頭文字であり，γ の下付き D は dirt（汚れ）の頭文字である。

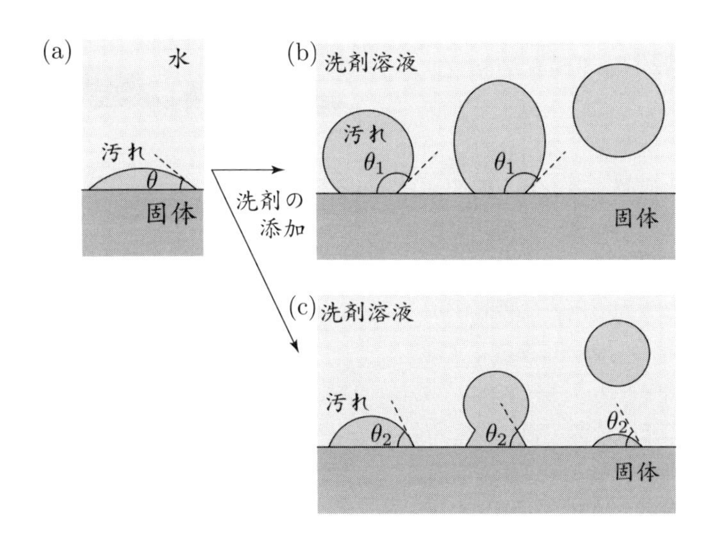

図 6.21　汚れの除去と接触角：(a) 水中では接触角が小さい場合でも，洗浄剤を添加すると接触角は大きくなるが，(b) 接触角が鈍角の場合と (c) 鋭角の場合では汚れの落ちが異なる。

汚れが液体（油またはグリース）であるならば，その除去は接触角が深くかかわる現象となる（図 6.21 参照)。洗浄剤を添加すると，固体—油—水の界面における接触角は大きくなる。もし，洗浄剤を添加したことにより接触角が $\theta = 180°$ になれば，油は固体表面から自然に離れるであろう。接触角が $90° < \theta < 180°$ であれば，油はすべて撹拌などの機械的手段によって除去できる（図 6.21 (b) 参照)。しかし，接触角が $0° < \theta < 90°$ であれば，油の一部分だけが機械的手段によって離され，いくらかは固体表面に残る（図 6.21 (c) 参照)。残りの油を除去するには別の機構が要求される。たとえば，水温を 45 °C 程度まで上昇させると（たいていの脂肪はこのぐらいの温度で融ける）洗浄効率に対して著しい影響を及ぼす。

図 6.22 に洗浄を模式的に表した。ここでは，油性の汚れの粒子で覆われた表面を考える[*42]。油性の汚れで覆われた表面を水に浸しても，水の表面張力は大きいため，汚れで覆われた表面を十分にぬらすことはできない。そこで，水に洗剤を添加して洗剤水溶液とすると，表面張力が低下して汚れで覆われた表面をよくぬらすようになる。

[*42] これは，油—水の界面を考えることと同じである。

さらに，洗剤分子の親水基が水を向き，疎水基が汚れを向いて付着し，水と汚れのあいだに洗剤分子が割り込む。また，洗剤分子は汚れだけでなく表面にも吸着するため，撹拌などの機械的な作用によって汚れが表面から取りはずされる。洗剤分子は汚れと清浄な表面の両方に吸着するので, 汚れは清浄な表面に再付着することなく，水中にサスペンション[*43]として保たれる。汚れの再付着を防止することは洗浄にとって重要であり，この目的のためにカルボキシメチルセルロースナトリウムなどの物質を洗浄剤に添加する場合もある。カルボキシメチルセルロースナトリウムは洗浄された繊維上に保護的な水和された吸着層を形成し，汚れの再付着を防ぐ。また，洗浄剤にはつや出し材として蛍光染料が混入されており，これが繊維に付着すると紫外線を吸収して青い光を発する。これは，黄ばんだ繊維を白っぽく見せる効果がある。

以上をまとめると，洗浄剤は，(a) 洗浄する表面とより密接に接触するために,「ぬれ」に優れていなければならず，(b) 汚れを液体の内部に取り去る能力を持たなければならない。また，(c) 取り除かれた汚れを可溶化（かようか）したり，分散させる能力を持たなければならない。

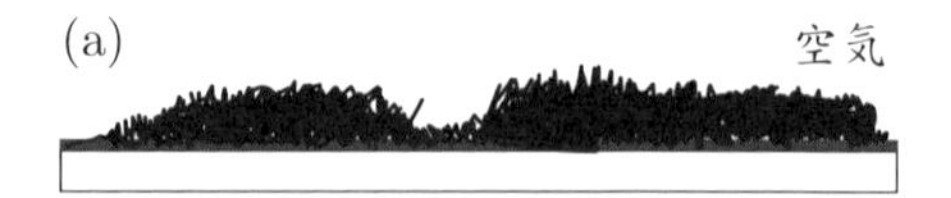

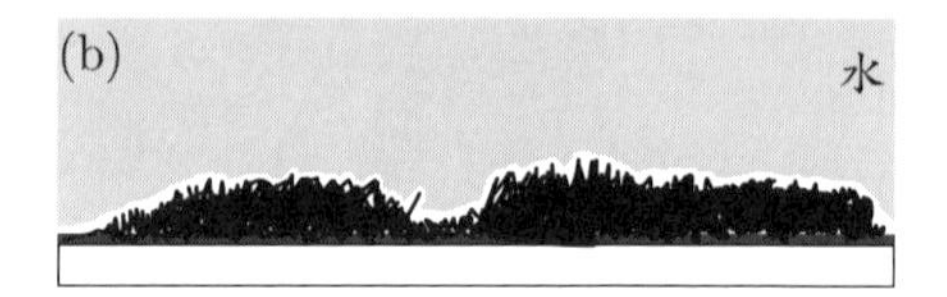

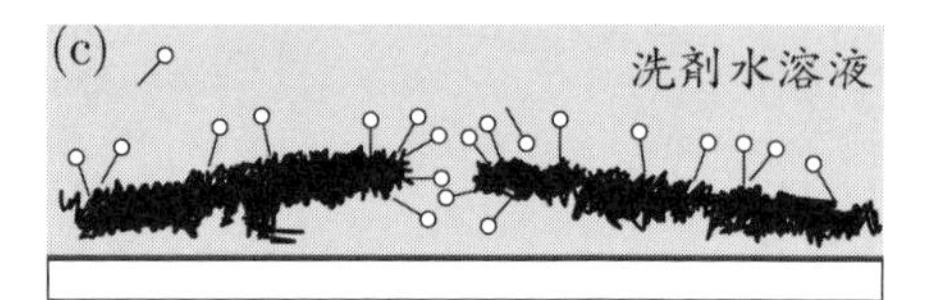

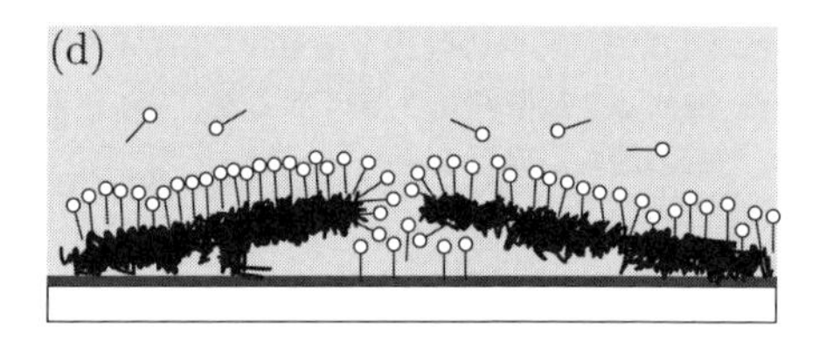

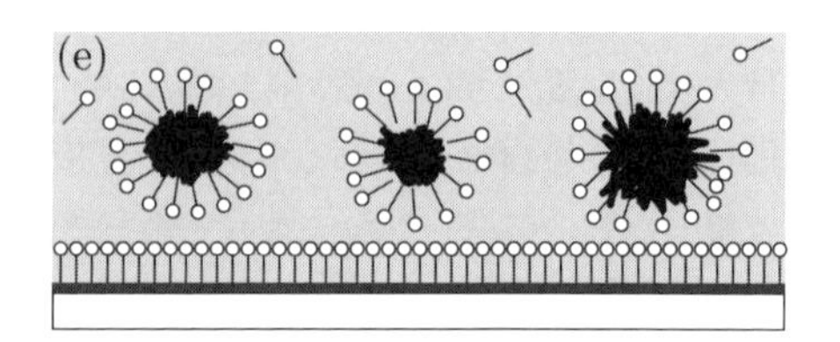

図 6.22　(a) 油性の汚れの粒子で覆われた表面。(b) 水を加えても，ぬれが不十分で汚れを取りはずすことはできない。(c) 洗浄剤を加えると，洗剤分子は水と汚れのあいだの表面に付着する。(d) 洗剤分子の疎水性基は，汚れと表面の両方に並ぶ。汚れは機械的作用により取りはずされる。(e) 汚れは水中にサスペンションとして保たれる。

[*43] サスペンションについては 7.1 節を参照せよ。

第 7 章

コロイド次元

7.1 コロイド粒子の大きさ

直径がおおよそ 1 nm〜1 μm の粒子を**コロイド粒子**(りゅうし)といい[*1]，コロイド粒子と媒質からなる系を**コロイド系**(けい)，もしくはもっと簡単に**コロイド**という。媒質が液体の場合は**コロイド溶液**(ようえき)ともいう。また，コロイド粒子程度の大きさを**コロイド次元**(じげん)という。

一般的な溶液では，溶けている物質を溶質，溶かしている物質を溶媒というのに対し，コロイドは媒質に溶解しているわけではなく，単に分散しているだけなので，コロイド粒子を**分散質**(ぶんさんしつ)，媒質を**分散媒**(ぶんさんばい)という。コロイド粒子は固体，液体，気体のいずれの状態をとってもよく，これを特徴づけるのは単にその大きさだけである。図 7.1

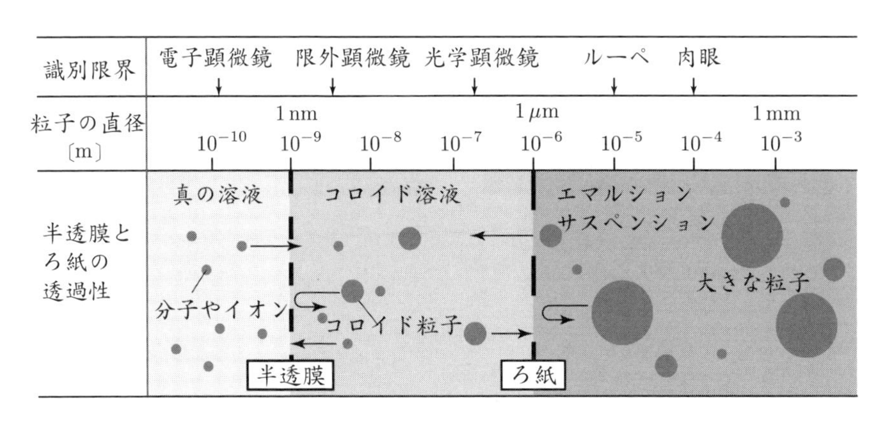

図 7.1 コロイド粒子の大きさ：分散質の大きさと，それが分散した系の呼称

---

*1 「1 nm〜1 μm」というのは定義ではないが，おおよそこの程度の大きさの粒子をコロイドとよぶのが普通である。

に示したように，コロイド粒子は肉眼ではもちろん，普通の光学顕微鏡でも見えない。しかし，光散乱や浸透圧の測定によってコロイド粒子を検出できる。もっとも簡単な検出法は Tyndall 現象によるものだろう（7.1.1 項参照）。**エマルション**（液体中に液体が分散した系）や**サスペンション**（液体中に固体が分散した系）で分散している粒子はコロイド粒子よりもわずかに大きく，これらは光学顕微鏡で粒子を確認できる[*2]。また，コロイド溶液をろ過しようと思っても，コロイド粒子はほとんどのろ紙を通過するので，ろ過によってコロイド粒子と分散媒を分離するのは困難である。そこで，コロイド溶液のろ過には半透膜を用いる[*3]。

7.1.1　Tyndall 現象

図 7.2 (a) に示したように，コロイド分散系に光をあてると，光がコロイド粒子によって散乱され，斜めや横からでも光の行路が光って見える。この現象を**Tyndall**[*4] **現象**という。可視光線は 400〜800 nm 程度の波長を有するが，これはコロイド粒子とほぼ同じ大きさである[*5]。光がその波長と同程度かそれ以上の大きさの粒子に散乱される現象を**Mie**[*6] **散乱**という。Mie 散乱の強さは光の波長に依存しない。つまり，太陽光

(a)

(b)

図 7.2　Tyndall 現象：(a) ビーカーに入ったコロイド溶液（水で薄めたワックス）が示す Tyndall 現象と (b) 小川の滝で見た景色

[*2] エマルションを乳濁液（第 9 章で扱う），サスペンションを懸濁液という場合もある。

[*3] 半透膜については 7.5 節を参照せよ。

[*4] John Tyndall (1820–1893)

[*5] Tyndall 現象の理論的取り扱いは複雑で，コロイド粒子の大きさが光の波長に比べて十分小さい場合と同程度の場合では扱いが異なり，粒子と分散媒の屈折率の差が大きい場合と小さい場合でも扱いが異なる。ここでは，コロイド粒子の大きさが光の波長と同程度で，コロイド粒子と分散媒の屈折率が著しく異なる場合を考える。

[*6] Gustav Adolf Feodor Wilhelm Mie (1869–1957)

が Mie 散乱されるとどの波長域でもほぼ同程度に散乱され，散乱光は白色光となる。これは，雲(くも)が白く見える一因である。雨が上がって急激に天気が回復するときに，靄(もや)[*7]で太陽光が散乱されて光の筋が見えるのも Tyndall 現象である。図 7.2 (b) に小川の小さな滝で見えた景色を示す。空気中に水滴が舞い上がり，これがちょうどコロイド粒子程度の大きさであるために，Tyndall 現象により太陽光の経路が鮮やかに見える。

7.2 コロイドの分類

コロイド分散系は「粒子の構造」や「分散質と分散媒の相性」に注目することによって分類することができる。

7.2.1 コロイド粒子の構造による分類

粒子コロイド

分散媒中に他の物質が微粒子となって分散しているものを粒子コロイドという[*8]。分散質，分散媒の状態の組み合わせによって，さらに表 7.1 に示したように分類することができる。とくに，分散媒が気体のコロイドを**エアロゾル**といい，分散媒が固体のコロイドを**固体(こたい)コロイド**あるいは**ゲル**という。分散媒が液体の場合には，分散質が気体，液体，固体の場合で名称が異なり，それぞれを泡，エマルション，サスペンションという。

表 7.1 コロイドの分散媒と分散質の組み合わせによる分類：[7]

名称	分散媒	分散質	例
エアロゾル	気体	液体	靄，霧，雲，湯気
		固体	煙，塵
泡	液体	気体	シェービングクリーム
エマルション		液体	牛乳，乳液，クリーム，マヨネーズ
サスペンション		固体	泥，墨汁，ペンキ，水中の金原子クラスター
固体コロイド もしくは ゲル	固体	気体	スポンジ，海綿
		液体	豆腐，寒天，ゼラチン
		固体	ルビーガラス（色ガラス），鋼

*7 靄は空気中に水滴が分散したコロイドである。表 7.1 を参照せよ。

*8 すぐあとで説明する分子コロイド，会合コロイド「以外」を文献 [6] に倣って粒子コロイドとよぶ。粒子コロイドには分子コロイドや会合コロイドのような構造的特徴はない。

また，単に**ゾル**といった場合，コロイド粒子が分散し，流動性を示す状態をいい，具体的にはエマルションとサスペンションを指すことが多い。また，**ゲル**とはコロイド粒子が接触し合って流動性を失ってしまった状態をいう。ゲルを乾燥させたものを**キセロゲル**という[*9]。

分子コロイド

ゼラチンや膠(にかわ)は分子量が大きく，分子1個でもコロイド粒子となる。これらの分散系を**分子**(ぶんし)**コロイド**とよぶ。この溶液は真の溶液であるにもかかわらずコロイドの特徴を示す。また，これらは冷やすと流動性を失い，ゲルとなる。

会合コロイド

界面活性剤はcmc以上の濃度で数十分子から数百分子集まって，ミセルとよばれる会合体を形成する（3.8.4項参照)。ミセルはコロイド次元の大きさになるため，ミセルの分散系を**ミセルコロイド**，もしくは**会合**(かいごう)**コロイド**とよぶことがある。一般にコロイド分散系は熱力学的には不安定な系であるが，会合コロイド（ミセル）だけは例外で，熱力学的に平衡状態にある[*10]。

7.2.2 分散質と分散媒の相性による分類

分散質と分散媒の相互作用が強いか，弱いかによってコロイド分散系を分類することができる。相互作用が強い場合を「親密」，相互作用が弱い場合を「親密でない（もしくは疎(うと)い)」と表現し，親密であるコロイドを**親液**(しんえき)**コロイド**，そうでないものを**疎液**(そえき)**コロイド**という。分散媒が水である場合，それぞれを**親水**(しんすい)**コロイド**，**疎水**(そすい)**コロイド**とよぶ。また，親液コロイドを疎液コロイドに加えると，疎液コロイド粒子を親液コロイド粒子が取り囲んで安定化する。これを**保護作用**(ほごさよう)といい，保護作用の目的で加えられる親液コロイドを**保護**(ほご)**コロイド**という。表7.2にいくつかの保護コロイドを載せた[*11]。

表7.2 保護コロイド

疎液コロイド	牛乳	墨汁	インキ	アイスクリーム	マヨネーズ
保護コロイド	カゼイン	膠	アラビアゴム	ゼラチン	卵黄

*9 水ガラスに塩酸を加えるとケイ酸ゲル $SiOH \cdot nH_2O$ を生じ，これを乾燥させると多孔質のシリカゲルとなる（2.6節参照)。

*10 5.3節でベシクルの構造とミセルの構造は似ているが，ベシクルは熱力学的に不安定な系であることを述べた。この理由から，ベシクルは会合コロイドに分類せず，粒子コロイドに分類される。

*11 牛乳やマヨネーズなどはコロイドではなくサスペンションに分類される場合もあるが，その場合は保護コロイドを乳化剤とよぶ（9.1節参照)。

コロイドの安定性

デンプンやタンパク質のように，親水基を多く持つコロイド粒子は，水和されて水中で安定に分散している（図 7.3 (a) 参照）。親水コロイドに比べて疎水コロイドは水中で不安定であるが，コロイド粒子表面に電荷が存在する場合は，帯電した粒子間の斥力によって，疎水コロイドが安定に保たれることがある（図 7.3 (b) 参照）。しかし，コロイド粒子の帯びている電荷と反対電荷のイオンを加えると，コロイド粒子表面の電荷が中和されて系は不安定になり，粒子どうしの合一が起こり，沈澱が生じる。これを**凝析**（ぎょうせき）という。たとえば，水酸化鉄 (Ⅲ) のコロイド溶液[*12]に電解質を少量加えると沈澱が生じる。一方，親水コロイドであっても多量の電解質を加えるとコロイド粒子は沈澱する。これを**塩析**（えんせき）という。

親液性であるか疎液性であるかにかかわらず，コロイド分散系は熱力学的には不安定な系である（ただし，会合コロイドを除く）。これは，コロイド分散系の有する非常に大きな界面過剰エネルギーが原因である。しかし，コロイド分散系が長時間存在しつづけるというのも事実である。このコロイド分散系の安定性は次の 4 つの因子が大きく影響を与えていると考えられている。

- 粒子表面に界面電荷が生じて，たがいの凝集を妨げている。
- 保護コロイドにより安定化している（図 7.3 (c) 参照）。
- 界面活性剤や溶解した高分子が粒子表面に吸着し，たがいの凝集を妨げている。
- 分散媒の粘性が高く，コロイド粒子の運動性が極端に制限され，粒子どうしの衝突が少ないため凝集し難い。

これらのうち，粒子表面の電荷による安定化に関する DLVO 理論は 8.4 節で扱う。

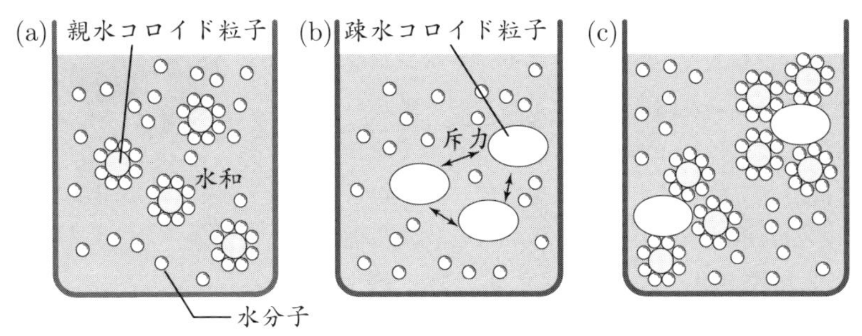

図 7.3 (a) 親水コロイド，(b) 疎水コロイド，(c) 保護コロイドによって安定化された疎水コロイド

[*12] 水酸化鉄 (Ⅲ) のコロイド溶液については，7.5 節を参照せよ。

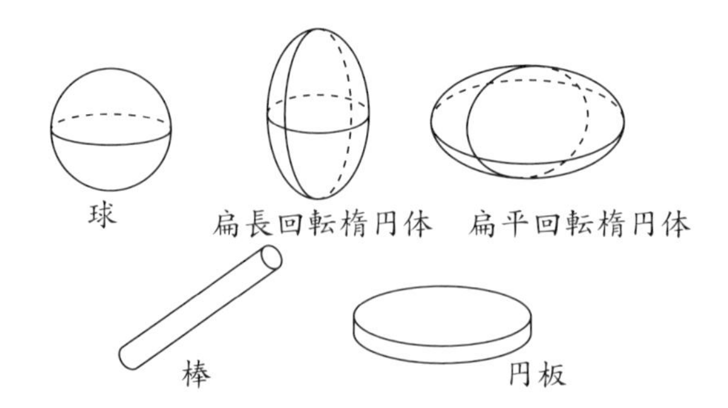

図 7.4 コロイド粒子の形に対するモデル：扁長回転楕円体はラグビーボール，扁平回転楕円体は陸上競技に用いる円盤のような形を思い出せばよい。文献 [1] をもとに作成した。

7.3 粒子の形

コロイド粒子の形状は，コロイド分散系全体の性質に対して大きな影響を及ぼす。たとえば，コロイド粒子が球に近い形をしている場合と，円板のような形である場合では，明らかに粒子の運動のようすは異なる。また，コロイド粒子の正確な形は複雑であるし，すべての粒子がまったく同じ形であることは期待できない。そうであっても，コロイド分散系を理論的に取り扱う場合は，第一次近似として粒子を比較的簡単な形にモデル化する必要がある。図 7.4 には，コロイド粒子の形のモデルとしてよく用いられるものを列挙した。

理論的取り扱いがもっとも容易となるのは球形粒子である。実際に多くのコロイド系は球形粒子からなる。エマルションや**ラテックス***13，液体エアロゾル，ミセルは球形粒子からなるし，近似的に球とみなしてよいタンパク質粒子もある。図 7.5 には**球状タンパク質**（きゅうじょうタンパクしつ）である**ヘモグロビン**の四次構造を示した。ヘモグロビンは直径がおおよそ 10 nm 程度の球形と近似でき，いくらか水に溶けてコロイド分散系をなす。球形からずれた粒子は回転楕円体として取り扱われる。ある種のミセルは球形から棒状へと**球棒転移**（きゅうぼうてんい）する。また，酸化鉄や**粘土**（ねんど）*14のサスペンションは板状の粒子を含む。

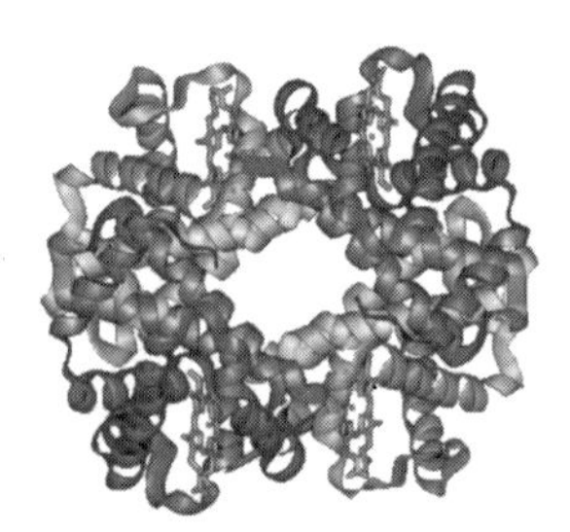

図 7.5 球状タンパク質であるヘモグロビン：[33]

*13 粒径のそろった球形粒子であるラテックスは，モデル物質として用いられることが多い。ラテックスの合成法については，9.5.2 項を参照せよ。

*14 岩石中の鉱物が分解，破壊されてできた微細粒子の集合体を粘土という。

7.4　多分散系の平均モル質量

コロイド粒子は1つの分子ではないが[*15]，粒子を構成している分子（もしくは原子）の分子量の和をもって，「コロイド粒子の分子量」もしくは「コロイド粒子のモル質量」という場合がある。また，コロイド分散系が**単分散**(たんぶんさん)であることはほとんどなく，多くの場合**多分散**(たぶんさん)である。すなわち，コロイド分散系は大きさ，すなわちモル質量の異なった粒子を含むことが多い。この粒子の大きさやモル質量の分布を正確に測定することは難しい場合が多く，実際には**平均モル質量**(へいきんモルしつりょう)が求まるにとどまる。しかも，どのような平均なのかは，それを測定する実験方法に依存する。

ここで，モル質量 M_i〔g/mol〕の粒子が N_i 個存在し，粒子の総質量が m_i〔g〕であるような多分散系を考える。系の総粒子数 N は，$\sum_i N_i = N$ とする。また，

$$n_i〔\mathrm{mol}〕 = \frac{m_i〔\mathrm{g}〕}{M_i〔\mathrm{g/mol}〕} = \frac{N_i}{N_\mathrm{A}} \xrightarrow{\text{ただちに}} m_i = \frac{N_i M_i}{N_\mathrm{A}} \tag{7.1}$$

が成り立つ。ただし，N_A は Avogadro 数である。この系で**数平均モル質量**(すうへいきんモルしつりょう)と**質量平均モル質量**(しつりょうへいきんモルしつりょう)が以下のように定義される。

数平均モル質量

$$\langle M \rangle_N = \frac{1}{N}\sum_i N_i M_i \qquad \text{定義}$$

$$= \frac{\sum N_i M_i}{\sum N_i} \qquad N = \sum N_i\text{を代入した} \tag{7.2}$$

質量平均モル質量

$$\langle M \rangle_M = \frac{1}{m}\sum_i m_i M_i \qquad \text{定義}$$

$$= \frac{\sum (N_i M_i / N_\mathrm{A}) M_i}{\sum (N_i M_i / N_\mathrm{A})} \qquad m_i = \frac{N_i M_i}{N_\mathrm{A}}\text{を代入した}$$

$$= \frac{\sum N_i M_i^2}{\sum_i N_i M_i} \qquad \text{整理した} \tag{7.3}$$

浸透圧は粒子数に単純に依存するから[*16]，浸透圧の測定では数平均モル質量が得られる。一方，光散乱実験からは質量平均モル質量が得られる。一般に，α 次の平均

[*15] 分子コロイドは1つの分子が1つの粒子となっているから，これだけは別である。
[*16] このような性質を束一性という。

は $\langle M\rangle = \sum_i(N_iM_i^{\alpha})/\sum_i(N_iM_i^{\alpha-1})$ で定義される。すなわち，数平均モル質量は $\alpha = 1$，質量平均モル質量は $\alpha = 2$ に相当する。$\alpha = 3$ に相当する平均モル質量は，沈降平衡の測定より得られるので，これを**Z平均モル質量**（ゼットへいきんしつりょう）という[*17]。

$$\boxed{Z\text{平均モル質量}} \quad \langle M\rangle_Z = \frac{\sum N_iM_i^3}{\sum N_iM_i^2} \tag{7.4}$$

多分散系では必ず質量平均モル質量のほうが数平均モル質量より大きく，単分散系でのみこれらが一致する。すなわち，これらの比 $\langle M\rangle_M/\langle M\rangle_N$ は多分散性の尺度となる。

✐ 演習問題9　次に示したモル質量分布を考える。

表7.3　モル質量分布

M_i	20	30	40	50	60	70	80	90
N_i	2	4	6	5	4	3	2	1

1. モル質量分布をプロットしなさい。
2. 数平均モル質量，質量平均モル質量，Z 平均モル質量を計算し，プロットに書き入れなさい。

解答9　プロットは図7.6に示した。プロット中の平均モル質量は，定義どおりに計算して次の結果を得た。

$\langle M\rangle_N = 50$，$\langle M\rangle_M = 57$，$\langle M\rangle_Z = 62$

なお，多分散性の尺度である $\langle M\rangle_M/\langle M\rangle_N$ を計算すると，$\langle M\rangle_M/\langle M\rangle_N = 57/50 = 1.14$ を得る。これと比較するために，モル質量の分布が $M_i = 30, 40, 50$ だけである場合（図中の網かけ部分）を考えると，分布が狭くなったこと（多分散性が低下したこと）に対応して，$\langle M\rangle_M/\langle M\rangle_N = 42/41 = 1.02$ と小さな値を示す。

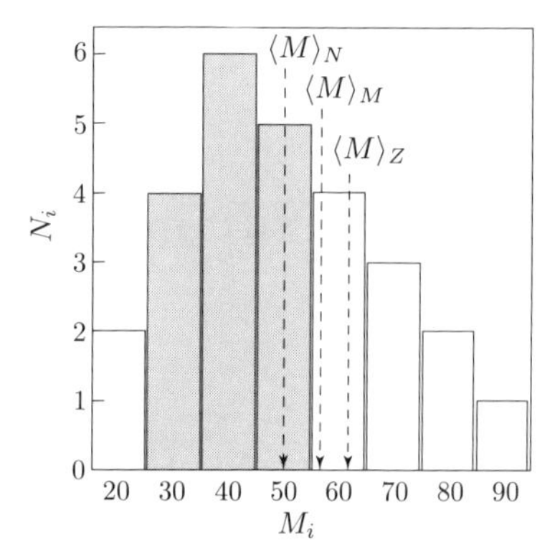

図7.6　多分散系のモル質量分布と平均値：網かけ部分は本文を参照せよ。

[*17] 重力による粒子の沈降は鉛直方向下向きである。この鉛直方向を z 軸にとることが多いため，沈降平衡実験より求められるモル質量を Z 平均モル質量という。

7.5 透 析

コロイド粒子は直径がおおよそ 1 nm〜1 μm の範囲にあるので，普通のろ紙を自由に通過する[*18]。すなわち，コロイド粒子と，それよりも小さい分子やイオンを分離するのにろ紙を使うことはできず，これよりもずっと目の細かい分離膜が必要になる。このために利用されるのが，**セロファン**や**硫酸紙**（りゅうさんし）[*19]，**動物膜**（どうぶつまく）である。コロイド粒子はこれらの膜にある穴より大きいため膜を通過することができないが，分子やイオンはこれらの膜の穴よりも小さいため自由に通過できる。これによりコロイド粒子と分子，イオンを分離する方法を**透析**（とうせき）という。また，セロファンや硫酸紙や動物膜は物質を選択的に透過させることから**半透膜**（はんとうまく）とよばれる。

オレンジ色を呈する塩化鉄 (Ⅲ) の水溶液を水中に加えてもオレンジ色が薄くなるだけであるが，沸騰した水に加えると赤褐色の水酸化鉄 (Ⅲ) のコロイド溶液が生じる[*20]。これは，

$$FeCl_3 + \underbrace{3H_2O}_{\text{熱水}} \longrightarrow Fe(OH)_3 + 3HCl \tag{7.5}$$

で示される塩化鉄 (Ⅲ) の加水分解であり，水酸化鉄 (Ⅲ) のコロイドは粒子の表面に正電荷を有する[*21]。また，コロイドの生成とともに塩酸を生じる。この水酸化鉄 (Ⅲ) のコロイド溶液を図 7.7 に示したようにセロファンバッグに入れて水中に沈めて放置すると，セロファンバッグの外側の水中に H^+ イオンや Cl^- イオンを認めるようになる。これは，コロイド粒子である $Fe(OH)_3$ は通過することのできないセロファン膜を H^+ イオンと Cl^- イオンが通過したことを示しており，透析にほかならない。

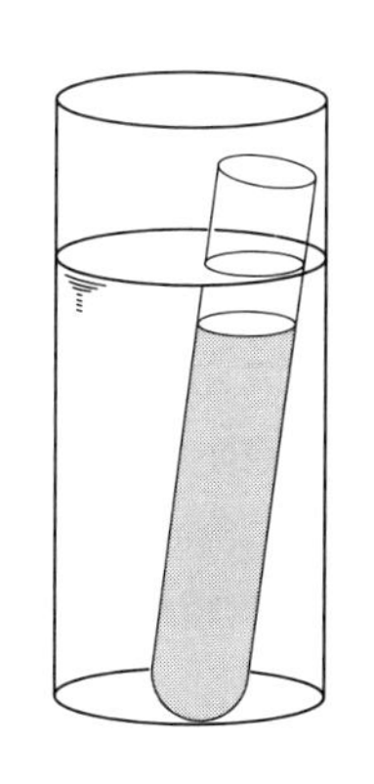

図 7.7 水酸化鉄コロイド溶液（図中でグレーで示した）をセロファンバッグに入れて水中に沈めて放置する。

*18 ろ紙の目の細かさは「保留粒子径」で表される。これは，硫酸バリウムなど（ほかに，水酸化鉄，硫酸鉛などが用いられる）の沈澱を自然ろ過し，原液とろ液の沈澱粒子数により効率を算出し，約 99 % 以上分離している粒子径を指す。一般的なろ紙の保留粒子径は数 μm である。

*19 紙は一般的にはセルロースの繊維からなるが，セルロース繊維の表面を硫酸でゲル化，膨潤させて隙間を減らすことにより目を細かくしたものを硫酸紙という。

*20 沸騰した水を用いると，加水分解反応が急激に進むため，生成した $Fe(OH)_3$ の小さな結晶核が大きな粒子まで成長できず，コロイド粒子のサイズで成長が停止する。

*21 水酸化鉄 (Ⅲ) コロイドの表面には，溶液中の水素イオン H^+ や鉄 (Ⅲ) イオン Fe^{3+} が吸着しており，正に帯電した疎水コロイドである。

透析をより効率的にするためには，半透膜の外側の水をたえず交換するのがよい。また，コロイド溶液と水の両方をかき混ぜると透析は速められる。また，3室が半透膜で区切られている装置で，中央の室にコロイド溶液を入れ，両翼の室には水を入れる。そして，両翼の室の半透膜のそばに白金金網でできた電極をおき，これに電位を与えるとコロイド溶液中の陰イオン，陽イオンはそれぞれ陽極，陰極に引かれるため速やかに透析することができる。これを**電気透析法**（でんきとうせきほう）という。

7.6　浸透圧

コロイド溶液と溶媒を半透膜で仕切ると，膜を通過できるものと通過できないものがあることから，膜の両面で圧力差が生じる。この圧力差を**浸透圧**（しんとうあつ）という。図7.8に示したように，ロートを逆さまにしたようなガラス管の底に半透膜をはり，この中にコロイド溶液を入れ，溶媒で満たしたビーカーへ沈めると，溶媒分子は半透膜を通過してコロイド溶液中に入り，コロイド溶液の液面が押し上げられるのを確認できる。ガラス管の中の溶液がコロイド溶液ではなく普通の溶液であれば，溶媒は溶液のほうへ，溶液中の溶質は溶媒のほうへ**拡散**（かくさん）し，最終的にはガラス管の中も外も同じ濃度になる。しかし，コロイド粒子は半透膜を通過できないため，膜を通過して移動できるのは溶媒分子にかぎられているから，コロイド溶液の液面は上昇する。溶媒分子だけが膜を通過する現象はまさに浸透であり，この浸透を防ぐためには浸透圧と同じ圧力を溶液側に加えなければならない。図7.8のような実験では，溶媒より上に押し上げられた液柱の重さによる圧力が浸透圧に等しくなると液面の上昇は止まるので，この高さを測ることにより浸透圧を測定することが可能となる。

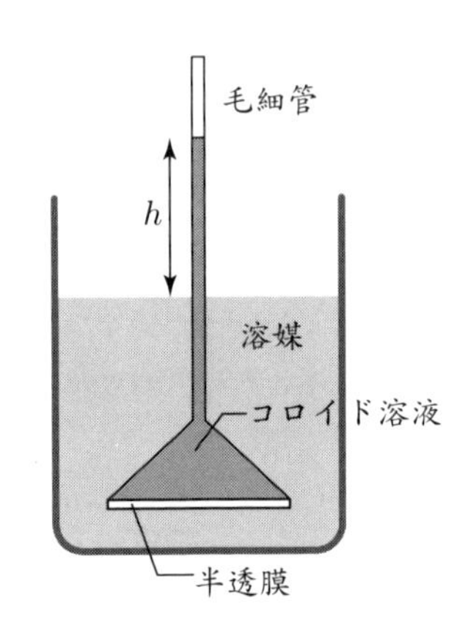

図7.8　浸透圧の測定

浸透圧 π はコロイド粒子のモル濃度 C と温度 T に比例することが **van't Hoff**（ファントホフ）[*22] により実験的に見いだされている。

$$\pi = CRT \tag{7.6}$$

ここで，R は気体定数である。仮に，モル質量が 50000 g/mol のコロイド粒子 1 g を 100 cm^3 の水中に分散した場合，調製されるコロイド溶液の濃度は 0.2 mol/m^3 であるから，このコロイド溶液の 20 °C における浸透圧は，0.2 mol/m^3 ×

[*22] Jacobus Henricus van't Hoff (1852−1911)

$8.314\ \mathrm{J/(mol \cdot K)} \times 293\ \mathrm{K} = 487\ \mathrm{N/m^2}$ と計算される。これは 5 cm の水柱に相当するから，この場合の浸透圧測定は十分可能である。同じ系で凝固点降下度を計算すると，$2 \times 10^{-4}\ \mathrm{mol/kg} \times 1.85\ \mathrm{K \cdot kg/mol} = 0.00037\ \mathrm{K}$ と計算されるが，これは容易に測定される温度変化ではない。

> ✄ 自宅でできる課題実験 6
>
> （コロイド溶液だと，その調製が難しいので）ショ糖水溶液の浸透圧が濃度に比例することを，コップ，ストロー，セロファンなど，家庭にあるもので実験的に確かめよ（ショ糖水溶液はコロイド溶液ではないが，浸透現象を示す）。

7.7 沈 降

図 7.9 (a) に示したように，水を入れた円柱型の容器に粘土を入れて，均一に分散するようにかき混ぜると，溶液は不透明に濁る。この容器を静置すると，だんだんと粘土は**沈降**（ちんこう）し，上層部が澄んだ状態になる（図 7.9 (b) 参照）。この粘土粒子は沈降する際に，水の**粘性**（ねんせい）により抵抗を受ける。この**粘性抵抗力**（ねんせいていこうりょく） F_v は**粘性抵抗**（ねんせいていこう） μ と粒子の速度 v に比例する。

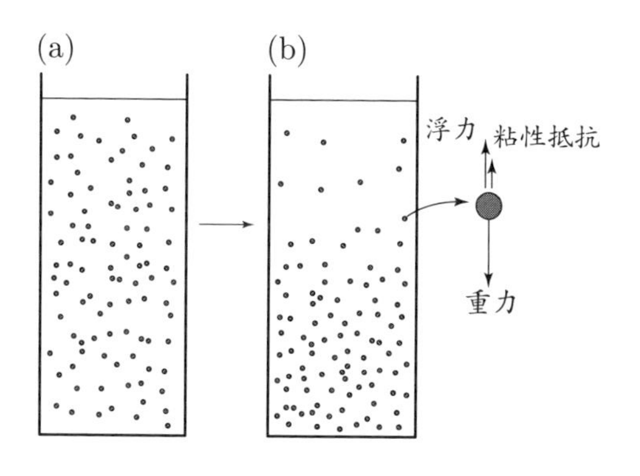

図 7.9 粘土粒子の沈降

$$F_\mathrm{v} = \mu v \tag{7.7}$$

これ以降，簡単のため粘土粒子を半径 r の球形粒子と考える。**粘性係数**（ねんせいけいすう） η（イータ）の流体中にある半径 r の球形粒子に働く粘性抵抗 μ は，次式で表される*23。

$$\mu = 6\pi\eta r \tag{7.8}$$

すなわち，粘性係数 η である流体中で，速度 v で沈降する半径 r の球形粒子に働く粘性抵抗力 F_v は，

$$F_\mathrm{v} = 6\pi\eta r v \tag{7.9}$$

---

*23 流体の運動を記述する二階線形偏微分方程式である Navier（ナビエ） – Stokes（ストークス）式を「遅い流れ」の条件のもとで解くことにより (7.8) 式が得られる。
Claude Louis Marie Henri Navier (1785–1836), Sir George Gabriel Stokes (1819–1903)

で表される。もちろん，この球形粒子にはこれ以外にも，浮力 $F_{\mathrm{b}} = (4\pi r^3/3)\rho_{\mathrm{f}} g$ と重力 $F_{\mathrm{g}} = (4\pi r^3/3)\rho_{\mathrm{p}} g$ が働く。ここで，ρ_{f}，ρ_{p}，g は，流体の密度，粒子の密度，重力加速度である。重力，浮力，粘性による抵抗力がつり合ったとき[*24]の粒子の速度を**終端速度**（しゅうたんそくど）という。終端速度 v_{t} は，以下のように表される。

$$6\pi\eta r v_{\mathrm{t}} + \frac{4\pi r^3}{3}\rho_{\mathrm{f}} g = \frac{4\pi r^3}{3}\rho_{\mathrm{p}} g \qquad \text{抵抗力} + \text{浮力} = \text{重力より}$$

$$\xrightarrow{\text{これよりただちに}} v_{\mathrm{t}} = \frac{2r^2(\rho_{\mathrm{p}} - \rho_{\mathrm{f}})g}{9\eta} \qquad v_{\mathrm{t}}\text{について解いた} \tag{7.10}$$

これを**Stokesの式**（ストークスのしき）という[*25]。この式より，① 粒子が小さいほど，② 粒子と媒質流体の密度差が少ないほど，③ 媒質の粘度が大きいほど粒子の沈降速度が小さくなることがわかる。

7.8 Brown 運動

前節では溶媒に分散した粒子の運動について扱ったが，(7.10) 式で密度差 $\rho_{\mathrm{p}} - \rho_{\mathrm{f}}$ が正の場合は粒子は重力に引かれて沈降し，負の場合は浮力で浮く。いずれにしても，運動の原因は重力であるから，その運動方向は鉛直方向である。これとは別に，粒子が小さくなれば，だんだんと粒子は不規則な動きを示すようになる。図 7.10 に示したように，分散媒中に浮遊するコロイド粒子が不規則に運動する現象を**Brown**（ブラウン）[*26] **運動**（うんどう）という。Brown 運動の原因は，液体分子（分散媒分子）がコロイド粒子に衝突することにある。液体に浮かんだ微粒子がある程度の大きさを持つ場合，液体分子はあらゆる方向から微粒子に衝突し，全体としては衝突の効果は平均化され，微粒子が特定の方向へ動くことはない。しかし，微粒子が小さくなると，各瞬間に衝突する液体分子の数は減り，微粒子に働く力の瞬間的な平均はゼロではなく，微粒子はある方向へ動かされる。しかし，その方向は完全にランダムである。

図 7.10　Brown 運動する粒子の軌跡

*24 粒子に働く 3 力がつり合うと，粒子に加速度は生じないので，運動方程式 $F = ma$ は，重力 − 抵抗力 − 浮力 $= m \times 0$ である。

*25 (7.10) 式ではなく，(7.8) 式を Stokes の式（もしくは，Stokes の法則）とよぶ場合もある。

*26 Robert Brown (1773−1858)

微粒子が液体から受ける力を**揺動力**（ようどうりょく）という。この揺動力により微粒子は Brown 運動をすることになるが，揺動力がランダムであるため，その運動のようすは x, y, z 方向に対して統計的に独立であると考えられる。そこで，x 方向だけを考えることにして，運動方程式を立てると次のようになる。

$$m\frac{\mathrm{d}^2x}{\mathrm{d}t^2} = -\mu\frac{\mathrm{d}x}{\mathrm{d}t} + F_x(t) \tag{7.11}$$

これを**Langevin**（ランジュバン）[*27] **方程式**（ほうていしき）という。右辺の第 1 項は粘性抵抗力を表し，第 2 項が揺動力を表す。これの両辺に x をかけ，$x(\mathrm{d}^2x/\mathrm{d}t^2) = (1/2)(\mathrm{d}^2x^2/\mathrm{d}t^2) - (\mathrm{d}x/\mathrm{d}t)^2$, $x(\mathrm{d}x/\mathrm{d}t) = (1/2)(\mathrm{d}x^2/\mathrm{d}t)$ の関係[*28]を用いて，次のように書き換えを行う。

$$mx\frac{\mathrm{d}^2x}{\mathrm{d}t^2} = -\mu x\frac{\mathrm{d}x}{\mathrm{d}t} + xF_x(t) \qquad \text{両辺に } x \text{ をかけた}$$

$$\frac{m}{2}\frac{\mathrm{d}^2x^2}{\mathrm{d}t^2} - m\left(\frac{\mathrm{d}x}{\mathrm{d}t}\right)^2 = -\frac{\mu}{2}\frac{\mathrm{d}x^2}{\mathrm{d}t} + xF_x(t) \tag{7.12}$$

ここで，両辺の平均をとる。これは，1 つの粒子の軌跡を何度も観測して平均をとる（もしくは，多数の粒子の軌跡を観測して平均をとっても同じ）ことに相当する。

$$\left\langle\frac{m}{2}\frac{\mathrm{d}^2x^2}{\mathrm{d}t^2}\right\rangle - \left\langle m\left(\frac{\mathrm{d}x}{\mathrm{d}t}\right)^2\right\rangle = -\left\langle\frac{\mu}{2}\frac{\mathrm{d}x^2}{\mathrm{d}t}\right\rangle + \left\langle xF_x(t)\right\rangle$$

$$\frac{m}{2}\frac{\mathrm{d}^2\langle x^2\rangle}{\mathrm{d}t^2} - 2\cdot\frac{m}{2}\left\langle\left(\frac{\mathrm{d}x}{\mathrm{d}t}\right)^2\right\rangle = -\frac{\mu}{2}\frac{\mathrm{d}\langle x^2\rangle}{\mathrm{d}t} \quad {}^{*29} \tag{7.13}$$

ここで，**エネルギーの等分配則**（とうぶんぱいそく）：

$$\frac{m}{2}\left\langle\left(\frac{\mathrm{d}x}{\mathrm{d}t}\right)^2\right\rangle = \frac{m}{2}\langle v_x^2\rangle = \frac{1}{2}k_\mathrm{B}T \tag{7.14}$$

[*27] Paul Langevin (1872–1946)

[*28]

$$\frac{\mathrm{d}^2x^2}{\mathrm{d}t^2} = \frac{\mathrm{d}}{\mathrm{d}t}\left(\frac{\mathrm{d}x^2}{\mathrm{d}t}\right) = \frac{\mathrm{d}}{\mathrm{d}t}\Bigl(\frac{\mathrm{d}x}{\mathrm{d}t}\underbrace{\frac{\mathrm{d}x^2}{\mathrm{d}x}}_{=2x}\Bigr) = 2x\frac{\mathrm{d}^2x}{\mathrm{d}t^2} + 2\left(\frac{\mathrm{d}x}{\mathrm{d}t}\right)^2 \xrightarrow{\text{最左辺=最右辺より}} x\frac{\mathrm{d}^2x}{\mathrm{d}t^2} = \frac{1}{2}\frac{\mathrm{d}^2x^2}{\mathrm{d}t^2} - \left(\frac{\mathrm{d}x}{\mathrm{d}t}\right)^2$$

$$\frac{\mathrm{d}x^2}{\mathrm{d}t} = \frac{\mathrm{d}x}{\mathrm{d}t}\cdot\underbrace{\frac{\mathrm{d}x^2}{\mathrm{d}x}}_{=2x} = 2x\frac{\mathrm{d}x}{\mathrm{d}t} \xrightarrow{\text{最左辺=最右辺より}} x\frac{\mathrm{d}x}{\mathrm{d}t} = \frac{1}{2}\frac{\mathrm{d}x^2}{\mathrm{d}t}$$

[*29] （左辺第 1 項と右辺第 1 項）位置 x の 2 乗を時間 t で微分してから平均をとるのと，位置 x の 2 乗を平均してから時間で微分するのは同じ結果となるから，$\langle\mathrm{d}^2x^2/\mathrm{d}t^2\rangle \to \mathrm{d}^2\langle x^2\rangle/\mathrm{d}t^2$, $\langle\mathrm{d}x^2/\mathrm{d}t\rangle \to \mathrm{d}\langle x^2\rangle/\mathrm{d}t$ の書き換えを行った。（右辺第 2 項）一般にランダム変数 a と b がたがいに独立である場合は $\langle ab\rangle = \langle a\rangle\langle b\rangle$ が成り立つ。いまの場合，揺動力 $F_x(t)$ と粒子の位置 x はたがいに独立であり，明らかに $\langle F_x(t)\rangle = 0$, $\langle x\rangle = 0$ であるから，$\langle xF_x(t)\rangle = 0$ となる。

を代入し，$X := \mathrm{d}\langle x^2\rangle/\mathrm{d}t$ とおいて，少し整理すれば運動方程式が次のようにまとめられる。

$$\frac{\mathrm{d}X}{\mathrm{d}t}+\frac{\mu}{m}X=\frac{2k_{\mathrm{B}}T}{m} \tag{7.15}$$

これは，一般的な定数係数の1階微分方程式だから，常法に従って解くと次の解を得る[*30]。ただし，C は積分定数である。

$$X=\frac{2k_{\mathrm{B}}T}{\mu}+C\exp\left(-\frac{\mu}{m}t\right) \tag{7.16}$$

ここで，典型的なコロイド分散系を考えた場合，第2項の μ/m は非常に大きな値をとるので実質的に第2項はゼロと考えてよい[*31]。また，$X=\mathrm{d}\langle x^2\rangle/\mathrm{d}t$ に戻すと次の結果を得る。

$$\frac{\mathrm{d}\langle x^2\rangle}{\mathrm{d}t}=\frac{2k_{\mathrm{B}}T}{\mu}\xrightarrow{\text{これよりただちに}}\langle x^2(t)\rangle=\frac{2k_{\mathrm{B}}T}{\mu}t \tag{7.17}$$

すなわち，微粒子が時間 t のあいだに動く距離の2乗の統計平均を実測することにより，Boltzmann 定数 k_{B} が求められる。

ここまでは「単独の微粒子」の運動について考えてきたが，つぎに同じ粒子が多数集まった系を考える。ただし，1つ1つの微粒子は，独立にこれまでと同じようにランダムに運動すると考える。仮に微粒子の濃度が不均一であった場合，微粒子は濃い部分から希薄な部分へと拡散していく。この拡散の速さは**拡散定数**（かくさんていすう） D で特徴づけられ，粘性抵抗 μ とは，

$$D=\frac{k_{\mathrm{B}}T}{\mu} \tag{7.18}$$

---

*30 解法は以下のとおり。

$$e^{(\mu/m)t}\frac{\mathrm{d}X}{\mathrm{d}t}+\underbrace{\frac{\mu}{m}e^{(\mu/m)t}}_{=\mathrm{d}e^{(\mu/m)t}/\mathrm{d}t}X=e^{(\mu/m)t}\frac{2k_{\mathrm{B}}T}{m} \qquad \text{両辺に } e^{(\mu/m)t} \text{ をかけた}$$

$$\frac{\mathrm{d}}{\mathrm{d}t}\left(e^{(\mu/m)t}X\right)=e^{(\mu/m)t}\frac{2k_{\mathrm{B}}T}{m} \qquad \text{積の微分の公式より}$$

$$e^{(\mu/m)t}X=\frac{2k_{\mathrm{B}}T}{m}\int e^{(\mu/m)t}\mathrm{d}t+C \qquad \text{両辺を積分した}$$

$$X=e^{-(\mu/m)t}\left(\frac{2k_{\mathrm{B}}T}{m}\underbrace{\int e^{(\mu/m)t}\mathrm{d}t}_{=(m/\mu)e^{(\mu/m)t}}+C\right) \qquad \text{両辺に } e^{-(\mu/m)t} \text{ をかけた}$$

$$=\frac{2k_{\mathrm{B}}T}{\mu}+Ce^{-(\mu/m)t} \qquad \text{整理した}$$

*31 「演習問題10」を参照せよ。

の関係がある。これを**Einstein**（アインシュタイン）[*32]の**関係式**（かんけいしき）という。これと (7.17) 式を組み合わせれば,

$$D = \frac{\langle x^2(t) \rangle}{2t} \tag{7.19}$$

が得られる。すなわち，さきほどの実験から拡散定数が求められる。Brown 運動のように，絶えず向きを変えながら進む運動を**拡散**（かくさん）もしくは**自己拡散**（じこかくさん）とよぶ。面積 A の任意の断面を通過する拡散速度と，その断面における濃度勾配 $\partial c/\partial x$ のあいだには比例関係が成り立ち，この比例定数が拡散定数 D である。

$$x\ \text{方向の拡散速度} = -DA\frac{\partial c}{\partial x} \tag{7.20}$$

拡散の方向は濃度の減少する方向，すなわち $\partial c/\partial x$ が負の方向であるから右辺に負号をつけた[*33]。(7.20) 式を拡散に関する**Fick**（フィック）[*34]の**第一法則**（だいいちほうそく）という。

✐ 演習問題 10　水中に半径 $1\ \mu\text{m} = 10^{-6}\ \text{m}$ の**ポリスチレンラテックス**[*35]が漂う場合，μ/m の値を計算しなさい。ただし，水の粘性係数は $\eta = 1.0023 \times 10^{-3}\ \text{Pa}\cdot\text{s}$ (20 °C の値)，水の密度を $10^3\ \text{kg/m}^3$，ポリスチレンラテックスの比重は 1.05 とする。

解答 10　$\mu/m \simeq 4 \times 10^6\ /\text{s}$

(7.8) 式より，ポリスチレンラテックス粒子の水中における粘性抵抗 μ を求めると,

$$\mu = 6\pi \times (1.0023 \times 10^{-3}) \times (1 \times 10^{-6}) \simeq 6\pi \times 10^{-9}\ \text{kg/s}$$

となる。一方，質量 m は,

$$m = \frac{4}{3}\pi \times (1 \times 10^{-6})^3 \times 10^3 \times 1.05 = 1.4\pi \times 10^{-15}\ \text{kg}$$

であるから，$\mu/m \simeq 4 \times 10^6\ \text{s}^{-1}$ と計算される。

ところで，粒子の拡散運動の測定時間は秒オーダーであるから，(7.16) 式の第 2 項の指数の肩に乗る $\mu t/m$ は非常に大きな値となり，第 2 項が実質的にゼロであることがわかる。

[*32] Albert Einstein (1879–1955)

[*33] すなわち，拡散定数は正にとる。

[*34] Adolf Eugen Fick (1829–1901)

[*35] 水中に安定に分散・懸濁したポリスチレン粒子をいう。乳化重合などにより合成されるポリスチレンラテックス粒子は，粒径の均一性と真球度に優れ，計測器の校正・試験に利用される。乳化重合については 9.5.2 項を参照せよ。

7.9 臨界ミセル濃度と諸物性

界面活性剤水溶液は，ある濃度において浸透圧，濁り度，電気伝導度，表面張力などの物理的性質に突然の変化が起こる[*36]（図7.11参照）。これは，この濃度，すなわち臨界ミセル濃度で界面活性剤が会合していることに原因がある (図3.29参照) 。

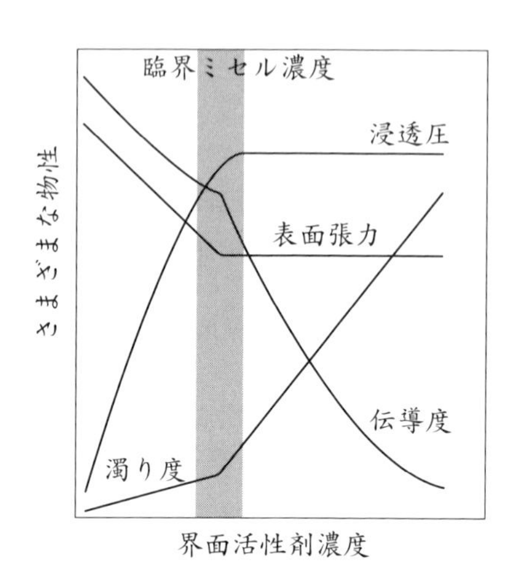

図7.11 界面活性剤水溶液の諸物性の濃度依存性

イオン性界面活性剤の水溶液において，界面活性剤の疎水基に CH_2 基が1つ付加されるごとに臨界ミセル濃度はほぼ1/2になる。一例として，表7.4に40 °Cにおけるアルキル硫酸ナトリウムの臨界ミセル濃度を示した。ドデシル硫酸ナトリウム $NaC_{12}H_{25}SO_4$ の臨界ミセル濃度は8.6 mmol/Lであるのに対し，CH_2 基が2つ多いミリスチル硫酸ナトリウム $NaC_{14}H_{29}SO_4$ の臨界ミセル濃度は2.2 mmol/Lであり，ほぼ $(1/2)^2 = 1/4$ 倍となっている。一方，界面活性剤が非イオン性である場合には，疎水基に CH_2 基が1つ付加されるごとに臨界ミセル濃度は1/10以下に減少する。疎水基に CH_2 基を付加する以外にも，温度を下げることにより臨界ミセル濃度を下げることができる。また，イオン性界面活性剤の場合においては，塩を加えることによっても臨界ミセル濃度を下げることができる[*37]。

表7.4 40 °Cにおけるアルキル硫酸ナトリウム $NaC_nH_{2n+1}SO_4$ の水中における臨界ミセル濃度：[1]

炭素数	8	10	12	14	16	18
臨界ミセル濃度〔mmol/L〕	140	33	8.6	2.2	0.58	0.23

*36 ただし，界面活性剤が析出する温度（これをKrafft温度という）以上でなければならない。Friedrich Krafft (1852–1923)

*37 25 °C，水中におけるドデシル硫酸ナトリウム $NaC_{12}H_{25}SO_4$ の臨界ミセル濃度は8.1 mmol/Lであるが，0.1 mol/L NaCl水溶液中では臨界ミセル濃度は1.5 mmol/Lまで低下する。

7.10　コロイド結晶

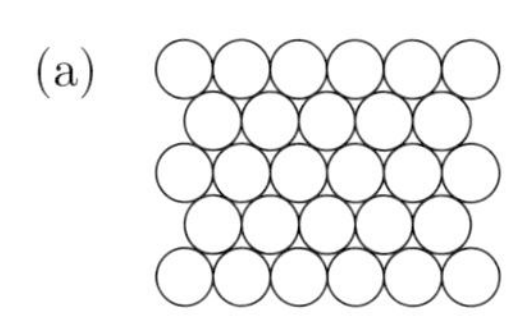

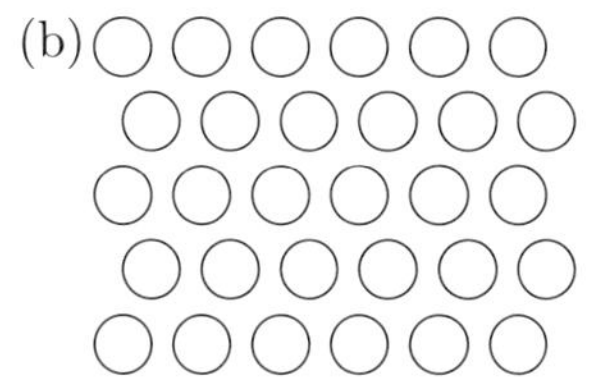

図 7.12　(a) 密充填のコロイド結晶と (b) 疎充填のコロイド結晶

粒径のよくそろったコロイド粒子が周期的に配列した集合体を，通常の結晶との類似性から**コロイド結晶**（けっしょう）とよぶ。コロイド結晶は大きく分けて**密充填**（みつじゅうてん）**のコロイド結晶**（けっしょう）と**疎充填**（そじゅうてん）**のコロイド結晶**（けっしょう）に分けられる（図 7.12 参照）。

粒径のそろったコロイド分散液を乾燥させると，密充填のコロイド結晶が得られる場合がある。たとえば，水に 200〜300 nm のコロイド粒子を分散させた市販のコロイド溶液をスライドガラスに 1 滴たらして自然乾燥させると，水が蒸発して濃縮され，単色に光る部分が現れる。水が完全に蒸発すれば光る乾燥体が得られ，これが密充填のコロイド結晶である。**オパール**[*38]は密充填のコロイド結晶の一例であり，その**遊色効果**（ゆうしょくこうか）[*39]は微細な球状のシリカの整然とした配列による光の干渉である。現在では粒径のそろったシリカコロイド分散液から人工のオパールが作られている。密充填のコロイド結晶は**面心立方格子**（めんしんりっぽうこうし）をとっていることがわかっている。密充填のコロイド結晶による光の干渉効果は，（普通の）結晶による X 線の回折現象と同様に，**Bragg**（ブラッグ）[*40]**の回折条件**（かいせつじょうけん）：$n\lambda = 2d\sin\theta$ で表される[*41]。ここで，n，λ，d，θ はそれぞれ，整数，X 線の波長，結晶の面間隔，結晶面と X 線がなす角度を示す。一方，疎充填の場合は，結晶とはいっても粒子間に分散媒が存在するため，粒子濃度が低い場合に撹拌すると結晶が壊れて白濁する。しかし，しばらく放置するとまた結晶構造が復活し，干渉縞を示すようになる。疎充填のコロイド結晶では，粒子が電荷を持ち，たがいに静電反発することにより一定の距離を保っている。代表的なものとして，ポリスチレン粒子のコロイド結晶がある。ポリスチレン粒子は表面に硫酸基などの解離基を持ち，水に分散した状態ではイオンに解離して表面が負に帯電した状態となっている。なお，コロイド粒子が表面に電荷を持つことによって安定に存在することについては，すぐあとの第 8 章で扱う。

[*38] 鉱物（酸化鉱物）の一種。和名は蛋白石（たんぱくせき）で，化学組成は $SiO_2 \cdot nH_2O$ である。

[*39] 遊色効果とは，宝石などが虹のような多色の色彩を示す現象をいう。

[*40] William Henry Bragg (1862−1942)，William Lawrence Bragg (1890−1971)

[*41] 厳密には，可視光は屈折現象を示すので，屈折率についての補正を施さなければならない。

第 8 章

コロイド粒子界面の電気的性質

8.1　界面電気二重層

固体表面が溶液に接している場合，① 固体表面に存在するカルボキシ基やアミノ基などの表面官能基が解離する[*1]，② 溶液からイオンが表面に吸着する，③ 固体表面に溶媒分子が配向する，などが原因となり，固体表面は電荷を帯びる[*2]。すると，固体表面の電荷と反対の電荷を持つイオンがその近傍に集まってくる。固体表面を含む水溶液全体では電気的中性条件を満たしているから，この電荷の不均一な分布は表面にかぎったことになる。これを**界面電気二重層**（かいめんでんきにじゅうそう）という[*3]。また，この構造に基づく電位差を**二重層電位**（にじゅうそうでんい）という。

界面電気二重層の概念は，19 世紀の終わり頃に Helmholtz によって導入された。その後，20 世紀のはじめにはイオンの熱運動を考慮したモデルが **Gouy**（グーイ）[*4] と **Chapman**（チャップマン）[*5]によって独立に提案され，その 10 年後には Helmholtz によるモデルと Gouy–Chapman モデルをつなぎ合わせたモデルを **Stern**（シュテルン）[*6]が提案している。

[*1] たとえば，カーボンブラックの表面にはカルボキシ基 –COOH やフェノール性水酸基 –OH が存在し，これらは水中で解離してカーボンブラック表面に負の電荷を与える。また，タンパク質はカルボキシ基 –COOH とアミノ基 $-NH_2$ を持つので，その表面電荷は pH 依存性を示し等電点を持つ。

[*2] 固気界面に生じる電荷が電子によるものであることと対照的である。

[*3] 界面電気二重層は表面からたかだかナノメートルオーダーの構造であるが，コロイド粒子の表面に生じる界面電気二重層は，コロイド溶液の安定性において重要な役割を担う。また，後述する界面動電現象についても界面電気二重層が本質的な役割をはたす。

[*4] Louis Georges Gouy (1854–1926)

[*5] David Leonard Chapman (1869–1958)

[*6] Otto Stern (1888–1969)：電子のスピンをはじめて観測した「Stern–Gerlach の実験」で有名な Stern である。
Walther Gerlach (1889–1979)

8.1.1 Helmholtz モデル

界面電気二重層の**Helmholtz**（ヘルムホルツ）モデルを図8.1に示した。このモデルでは，表面電荷 ⊕ に溶液中の対イオン ⊖ が吸着し，固定層を形成する[*7]。これは**平行平板**（へいこうへいばん）**コンデンサー**[*8]と同じであり，電位 ϕ は表面から直線的に低下する。固体表面上の電荷密度を σ_0，正負電荷間の距離（すなわち，電気二重層の厚さ）を δ，固体表面の電位を ϕ_0 とすれば，次式が成り立つ。

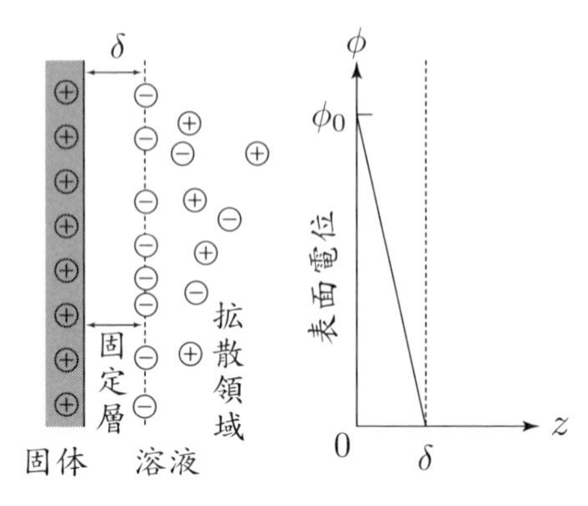

図8.1　Helmholtz による界面電気二重層モデルと電位変化

$$\phi_0 = \frac{\sigma_0 \delta}{\epsilon} \tag{8.1}$$

ここで，ϵ（イプシロン）は溶媒の**誘電率**（ゆうでんりつ）を表す。Helmholtz によるモデルでは，溶液中の対イオン ⊖ が完全に固定されて熱運動の影響を受けないので，これを**固定層**（こていそう）とよぶ。

8.1.2 Gouy−Chapman モデル

固体表面からの電気的引力に引き付けられて集まってきたイオンは，熱運動によって溶液中に均一に分布する傾向がある。この熱運動の影響を考えると，電気二重層をはっきりと「ここまでが二重層」と区切ることはできず，もっと広がりを持った層と考えなければならない。これを**拡散層**（かくさんそう）という。この拡散層によるモデルでは，溶液中の対イオンが表面から決まった距離に集中して存在するわけではないが，平均して $1/\kappa$ の距離にあると考える（詳しくは，(8.14) 式のあたりで説明する）。

図8.2に拡散層によって電気二重層をモデル化した**Gouy − Chapman**（グーイ－チャップマン）モデルとその電位の概形を示した。電位は指数関数的に減少する。Gouy−Chapman モデルは，**拡散電気二重層**（かくさんでんきにじゅうそう）モデルともよばれる。このモデルでは，溶液中のイオン分布は**Boltzmann分布**（ボルツマンぶんぷ）によって決まり，電位 ϕ と電荷密度のあいだには**Poisson**（ポアソン）[*9]の**方程式**（ほうていしき）が成り立つと考えることによって $\phi(z)$ が得られる。

[*7] 表面電荷が ⊖ で溶液中の対イオンが ⊕ の場合でも，以下の議論は正負が逆になるだけで，まったく同様に成り立つ。以降に出てくる Gouy−Chapman モデルでも，Stern モデルでも同じである。

[*8] 平行平板コンデンサーについては付録Cを参照せよ。

[*9] Siméon Denis Poisson (1781−1840)

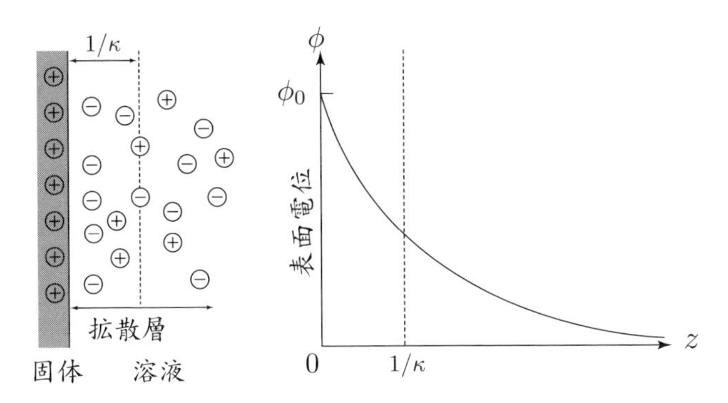

図 8.2 Gouy と Chapman による界面電気二重層モデルと電位変化

Gouy−Chapman のモデルを少し詳しく説明しよう。固体表面の電位を ϕ_0，電解質溶液の表面からの距離 z における電位を ϕ とする。表面は正の電荷を持ち，溶液中のイオンを点電荷と仮定する。Boltzmann 分布を用いれば，電位が ϕ の点における単位体積中の陽イオンの数 n_+ と陰イオンの数 n_- は次のように書き表される。

$$n_+ = n_0 \exp\left(\frac{-Ze\phi}{k_\mathrm{B}T}\right), \qquad n_- = n_0 \exp\left(\frac{+Ze\phi}{k_\mathrm{B}T}\right) \tag{8.2}$$

ここで，n_0 はそれぞれのイオンのバルク濃度を表し，Z はイオンの価数を表す（簡単のため対称型電解質にかぎる）。正味の体積電荷密度 ρ はこれらの差で，

$$\begin{aligned}\rho &= Ze\,(n_+ - n_-)\\ &= Zen_0\left[\exp\left(\frac{-Ze\phi}{k_\mathrm{B}T}\right) - \exp\left(\frac{+Ze\phi}{k_\mathrm{B}T}\right)\right]\\ &= -2Zen_0 \sinh\left(\frac{Ze\phi}{k_\mathrm{B}T}\right)\end{aligned} \tag{8.3}$$

と表される[*10]。これとは別に，ρ は Poisson の方程式で ϕ と関係づけられる。

$$\frac{\mathrm{d}^2\phi}{\mathrm{d}z^2} = -\frac{\rho}{\epsilon} \tag{8.4}$$

(8.3) 式と (8.4) 式から，

$$\frac{\mathrm{d}^2\phi}{\mathrm{d}z^2} = \frac{2Zen_0}{\epsilon} \sinh\left(\frac{Ze\phi}{k_\mathrm{B}T}\right) \tag{8.5}$$

を得る。$z \to \infty$ のとき $\phi = 0$ および $\mathrm{d}\phi/\mathrm{d}z = 0$，さらに $z = 0$ で $\phi = \phi_0$ として z

[*10] $\sinh x$ は双曲線正弦を表す。双曲線関数については，付録 G.11 節を参照せよ。

に関して 2 回積分すると次式を得る[*11]。

$$\phi = \frac{2k_{\mathrm{B}}T}{Ze} \ln\left[\frac{1+\gamma\exp(-\kappa z)}{1-\gamma\exp(-\kappa z)}\right] \tag{8.6}$$

ただし,

$$\gamma = \frac{\exp(Ze\phi_0/2k_{\mathrm{B}}T)-1}{\exp(Ze\phi_0/2k_{\mathrm{B}}T)+1} \tag{8.7}$$

$$\kappa = \sqrt{\frac{2e^2 n_0 Z^2}{\epsilon k_{\mathrm{B}}T}} = \sqrt{\frac{2e^2 N_{\mathrm{A}} C Z^2}{\epsilon k_{\mathrm{B}}T}} \qquad n_0 = N_{\mathrm{A}}C \text{ より} \tag{8.8}$$

であり，N_{A} は Avogadro 数，C は電解質濃度（ただし，mol/m^3）を表す。

ここで，表面の電位があまり高くない状況を考えよう。つまり，$Ze\phi_0/2k_{\mathrm{B}}T \ll 1$ が成り立つとする。すると，γ は,

$$\begin{aligned}\gamma &\simeq \frac{1+Ze\phi_0/2k_{\mathrm{B}}T-1}{1+Ze\phi_0/2k_{\mathrm{B}}T+1}\\ &= \frac{Ze\phi_0}{4k_{\mathrm{B}}T+Ze\phi_0}\\ &\simeq \frac{Ze\phi_0}{4k_{\mathrm{B}}T}\end{aligned} \tag{8.9}$$

で表される[*12]。これを (8.6) 式に代入すると次の結果を得る[*13]。

$$\begin{aligned}\phi &= \frac{2k_{\mathrm{B}}T}{Ze} \ln\left[\frac{1+(Ze\phi_0/4k_{\mathrm{B}}T)\exp(-\kappa z)}{1-(Ze\phi_0/4k_{\mathrm{B}}T)\exp(-\kappa z)}\right]\\ &= \frac{2k_{\mathrm{B}}T}{Ze}\frac{Ze\phi_0}{2k_{\mathrm{B}}T}\exp(-\kappa z)\\ &= \phi_0\exp(-\kappa z)\end{aligned} \tag{8.10}$$

これから，表面の電位があまり高くない場合は電位が指数関数として減少することがわかる。つぎに界面電位 ϕ_0 と界面電荷密度 σ_0 の関係をみてみよう。この関係は，界面電荷密度と電気二重層の拡散部分の正味の電荷が等しい（ただし，符号は逆）とおくと得られる。

$$\sigma_0 = -\int_0^\infty \rho \mathrm{d}z = \epsilon\int_0^\infty \left(\frac{\mathrm{d}^2\phi}{\mathrm{d}z^2}\right)\mathrm{d}z \qquad \text{(8.4) 式を代入した}$$

[*11] この積分は付録 G.15 節を参照せよ。

[*12] (G.17) 式：$e^x = 1 + x + \cdots$ を x の 1 次の項までで近似した。

[*13] 最初の式変形では，$0 < (Ze\phi_0/4k_{\mathrm{B}}T)\exp(-\kappa z) \ll 1$ であるから $\ln[(1+x)/(1-x)] = 2(x + x^3/3 + x^5/5 + \ldots)$ $(-1 < x < 1)$ を用いた。この式は，(G.19) 式と，これの x を $-x$ で置き換えた式の辺々を差し引くことで得られる。

$$= \epsilon \left[\frac{\mathrm{d}\phi}{\mathrm{d}z} \right]_0^\infty \qquad \text{積分した}$$

$$= \sqrt{8n_0\epsilon k_\mathrm{B}T} \sinh\left(\frac{Ze\phi_0}{2k_\mathrm{B}T} \right) \qquad \text{(G.73) 式より} \tag{8.11}$$

ここでも表面電位があまり高くない場合について考えよう。この場合,

$$\sinh\left(\frac{Ze\phi_0}{2k_\mathrm{B}T}\right) = \frac{1}{2}\left[\exp\left(\frac{Ze\phi_0}{2k_\mathrm{B}T}\right) - \exp\left(\frac{-Ze\phi_0}{2k_\mathrm{B}T}\right)\right] \qquad \sinh x \text{ の定義より}$$

$$= \frac{1}{2}\left[1 + \frac{Ze\phi_0}{2k_\mathrm{B}T} - \left(1 - \frac{Ze\phi_0}{2k_\mathrm{B}T}\right)\right] \qquad \text{級数展開した}$$

$$= \frac{Ze\phi_0}{2k_\mathrm{B}T} \qquad \text{整理した} \tag{8.12}$$

と級数展開できるから, σ_0 と ϕ_0 には,

$$\sigma_0 = \sqrt{8n_0\epsilon k_\mathrm{B}T}\frac{Ze\phi_0}{2k_\mathrm{B}T} = \sqrt{\frac{2e^2n_0Z^2}{\epsilon k_\mathrm{B}T}}\epsilon\phi_0$$

$$= \kappa\epsilon\phi_0 \qquad \text{(8.8) 式より} \tag{8.13}$$

という関係がある。これを,

$$\phi_0 = \frac{\sigma_0}{\epsilon}\left(\frac{1}{\kappa}\right) \tag{8.14}$$

と書き換えて (8.1) 式：$\phi_0 = (\sigma_0/\epsilon)\delta$ と比べると, 表面電位が高くない場合の拡散層は「板間距離が $1/\kappa$ の平行平板コンデンサー」とみることができる。それゆえ, $1/\kappa$ を拡散二重層の厚さとよぶ。これは**Debye長**(デバイなが)さとよばれる場合もある。ここで, κ について検討しよう。このため, (8.8) 式を次のように変形する。

$$\kappa = \sqrt{\frac{2(eN_\mathrm{A})^2CZ^2}{\epsilon N_\mathrm{A}k_\mathrm{B}T}} \qquad \text{(8.8) 式の分母と分子に}\sqrt{N_\mathrm{A}}\text{を乗じた}$$

$$= \sqrt{\frac{2F^2I}{\epsilon RT}} \qquad R = N_\mathrm{A}k_\mathrm{B},\ F = eN_\mathrm{A},\ I = CZ^2 \text{とした} \tag{8.15}$$

ここで, $F = eN_\mathrm{A}$ は**Faraday**(ファラデー)[*14] **定数**(ていすう)であり, $I := (1/2)\sum CZ^2$ は**イオン強度**(きょうど)を表す（式変形では, 対称型電解質であることを用いた)。これから, イオン強度を大きくすれば拡散二重層の厚さ $1/\kappa$ が小さくなることがわかる。しかし, 価数 Z が同じであれば, イオンの種類によらず拡散二重層の厚さが同じになるため, このモデルではイオンの個性を表現できていない。

[*14] Michael Faraday (1791–1867)

8.1.3 Stern モデル

前述の Gouy–Chapman モデルでは，溶液中のイオンを点電荷と仮定した。しかし，イオンは一定の大きさを持ち，多くの場合に水和している。すなわち，イオンは自身の水和半径よりも界面に近づくことはできない。さらに，静電的な相互作用以外にも界面とイオンとの化学的親和性により吸着する場合もあり，これを**特異吸着**という。そこで，Stern は界面からイオンの水和半径だけ離れた位置に固定層が存在し，それよりも外側に拡散層が存在するというモデルを提唱した。これを**Sternモデル**という。このモデルでは，固定層領域を**Stern層**といい，その外側に位置する拡散層領域を**Gouy層**という（図 8.3 参照）。また，この境界面を**Stern面**といい，ここでの電位を**Stern電位**という。Stern 層は特異吸着している層であるから，Gouy–Chapman モデルでは表現できなかったイオンの個性をモデルに含むことになる。

これまでと同じように，表面電荷密度を σ_0 とすると，これを相殺する対イオンの全電荷は単位面積あたり $-\sigma_0$ である。これの一部 $-\sigma_\delta$ は固定層として存在し Stern 層を形成するので，Stern 層を含めた**有効表面電荷** σ は，

$$\sigma = \sigma_0 - \sigma_\delta \tag{8.16}$$

で与えられる。Stern モデルにおいて Stern 層領域では Helmholtz モデルがそのまま

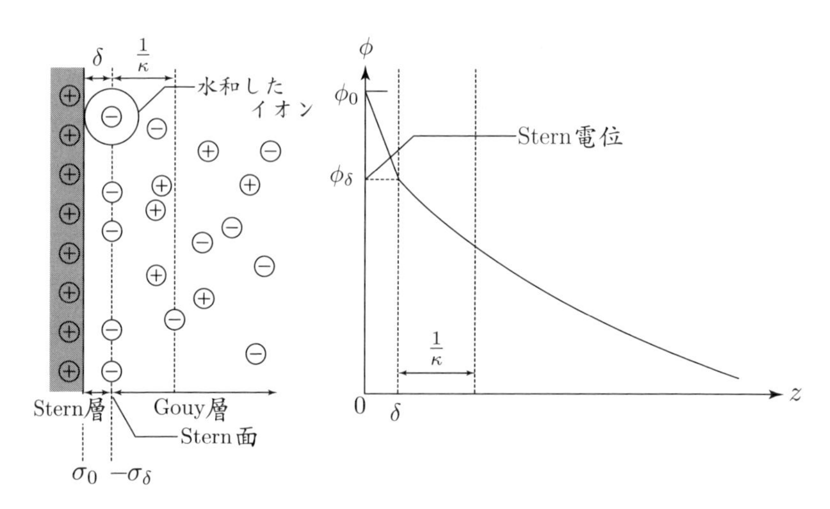

図 8.3　Stern による界面電気二重層モデルと電位変化：Stern 層の厚さ δ は特異吸着したイオンの水和半径に等しい。

適用されるので，

$$\phi_0 - \phi_\delta = \frac{\sigma\delta}{\epsilon} \tag{8.17}$$

が成り立つ。また，拡散層領域は Gouy−Chapman の拡散二重層の取り扱いがそのまま利用できる[*15]。すなわち，Stern 層内では電位は ϕ_0 から ϕ_δ へと直線的に変化し，拡散層内で ϕ_δ からゼロへと指数関数的に漸近する。

✐ 演習問題 11　1.00×10^{-3} mol/L の NaCl 水溶液を溶媒とした場合，300 K における界面電気二重層の厚さ $1/\kappa$ を計算しなさい。ただし，水の**比誘電率**（ひゆうでんりつ） ϵ_r を 80.4，**電気定数**（でんきていすう） ϵ_0 を 8.85×10^{-12} F/m とする。

解答 11　$1/\kappa = 9.8$ nm

まずはイオン強度を求める。1.00×10^{-3} mol/L $= 1.00$ mol/m^3 であるから，

$$I = \frac{1}{2}\sum_i C_i Z_i^2 = \frac{1}{2}\Big[\underbrace{1.00 \times (+1)^2}_{\mathrm{Na}^+} + \underbrace{1.00 \times (-1)^2}_{\mathrm{Cl}^-}\Big] = 1.00\ \mathrm{mol/m^3}$$

と計算される。これを諸定数とともに (8.15) 式に代入する。

$$\begin{aligned}\kappa &= \sqrt{\frac{2F^2}{\epsilon_0\epsilon_r RT}}\sqrt{I} = \sqrt{\frac{2 \times (9.65 \times 10^4)^2}{8.85 \times 10^{-12} \times 80.4 \times 8.31 \times 300}} \times \sqrt{1.00} \\ &= 1.02 \times 10^8\ /\mathrm{m}\end{aligned}$$

以上より，界面電気二重層の厚さは $1/\kappa = 9.8 \times 10^{-9}$ m $= 9.8$ nm と計算される[*16]。

なお，イオン強度は mol/m^3 で計算するよりも mol/L で計算することが多いので，$1/\kappa$ の計算式を mol/L 用に書き換えておくと，

$$\frac{1}{\kappa} = \frac{1}{1.02 \times 10^8 \times \sqrt{10^3 I_{\mathrm{[mol/L]}}}} = \frac{0.31}{\sqrt{I_{\mathrm{[mol/L]}}}}\ \mathrm{nm} \tag{8.18}$$

となる。ただし，300 K で，対称型電解質水溶液の場合にかぎる。

[*15] ただし，表面電荷 σ_0 を有効表面電荷 σ で置き換え，表面電位 ϕ_0 を Stern 電位 ϕ_δ で置き換える必要がある。また，本書では対イオンが表面に特異的に吸着している場合についてのみ述べたが，界面へ対イオンが吸着せずに溶媒だけが吸着している場合も考えられる。その場合は界面電位と Stern 電位は等しい。

[*16] 300 K，1−1 対称型電解質水溶液にかぎるが，0.1 mol/L で $1/\kappa$ が約 1 nm，0.001 mol/L で約 10 nm とおぼえておくとよい。

8.2　測定にかかる界面電気二重層電位：ζ 電位

図 8.4 に示したように，表面に正電荷を有するコロイド粒子を分散したコロイド溶液に直流電圧をかけると，コロイド粒子は陰極に集まる。もちろん，コロイド粒子が表面に負電荷を帯びていれば，コロイド粒子は陽極に集まる*17。このように，コロイド粒子が表面に有する電荷と外部電場との相互作用から起こる現象を観察すれば，コロイド粒子の表面電位を決定できる。ただし，実験で決定できる表面電位は前節で述べた表面電位 ϕ_0 とは（残念ながら）異なる。実験で決められる二重層電位を **ζ 電位**（ゼータでんい）といい，表面からある程度隔たった溶液中のある面における電位に相当する*18。というのも，図 8.4 に示した実験において，荷電粒子は単独で溶媒中を泳動するわけではなく，荷電粒子のすぐ外側の固定層や直接接触した数分子程度の厚さを持つ溶媒分子層も引き連れて泳動する。たとえば，図 8.4 では網かけで示したコロイド粒子は正電荷を帯びており，そのすぐ外側には負電荷を持つイオンが吸着して固定層を形成しているが，コロイド粒子は単独ではなく，この固定層と一緒に溶媒中を移動する。引き連れられる固定層や溶媒分子はコロイド粒子に対して相対的に運動をしない。すなわち，コロイド粒子が引き連れている固定層や溶媒分子層の外の面における電位が ζ 電位に相当する。粒子に対する相対速度がゼロであるもっとも外側の面を**すべり面**（めん）というから，ζ 電位はすべり面における電位であるといえる。すべり面の位置では粘度が急激に変わると考えられる。実際には未知の部分であるが，すべり面は Stern 面よりいくらか外にあると考えられている（図 8.5 参照）。

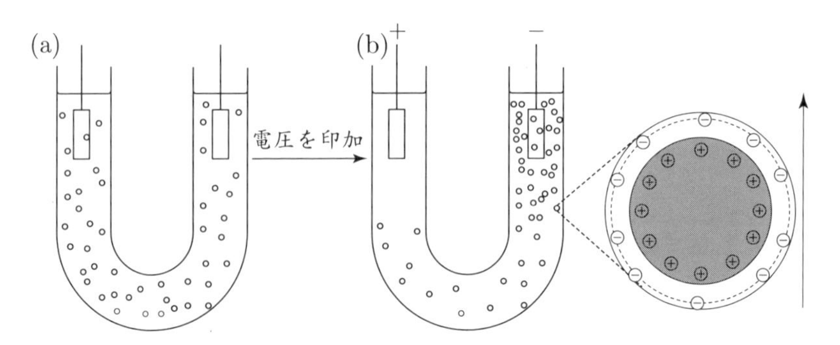

図 8.4　表面に正電荷を有するコロイド粒子を分散したコロイド溶液に直流電圧をかけると，コロイド粒子は陰極に集まる。

*17 すぐあとで説明するように，これは「電気泳動」とよばれる現象である。
*18 ζ 電位という語は Freundlich がはじめて用いた。

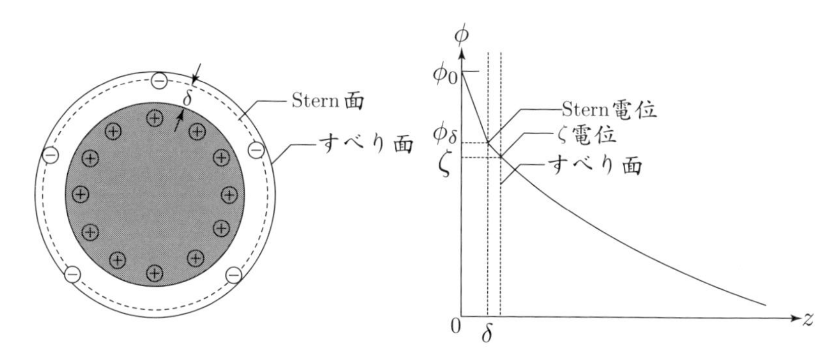

図 8.5　電気泳動では，コロイド粒子は対イオンを身にまといながら溶媒中を泳動する。

表 8.1 にいくつかのコロイド粒子が正電荷と負電荷のどちらに帯電するかを示した。ただし，こうした電荷は決まったものではなく，あるコロイド粒子が正電荷を帯びたり負電荷を帯びたりする場合もある。たとえば，**ゲータイト**（含水酸化鉄）FeO(OH) や**ヘマタイト**（赤鉄鉱）Fe_2O_3 はそれぞれ pH=6.7 と pH=7.3 付近に等電点（とうでんてん）を持ち，これらよりも pH が低ければ正電荷を帯びるが，これらよりも pH が高ければ負電荷を帯びる[*19]。すなわち，ζ 電位が pH 依存性を示す。タンパク質やアミノ酸などからなる分子コロイドにおいては等電点がより重要となる。

表 8.1　コロイドの粒子の表面電荷：[3]

正の電荷	負の電荷
Fe，Al，Cr などの水酸化物	Au，Ag，Pt，S，Se，C
Th，Zr などの酸化物	As，Sb，Pb，Cu などの硫化物
メチレンブルーおよび他の塩基性染料	コンゴーレッドおよび他の酸性染料

[*19] ゲータイトのような酸化物を考える。酸化物は水と接すると表面は水和して OH 基に覆われる。pH が低いときは，過剰の H^+ が OH 基の孤立電子対にプロトン付加して OH_2^+ 基となり正の界面電荷を与える。一方，pH が高くなると OH^- が過剰となり OH 基からプロトンを引き抜いて $H^+ + OH^- \to H_2O$ の反応をし，残った O^- は負の界面電荷を与える。

ゲータイトやヘマタイトなどの鉱物が等電点を持つことは，鉱物を浮遊選鉱（ふゆうせんこう）する上で重要である。浮遊選鉱とは，鉱山から産出された岩石を粉砕し，スライム状にした上で気泡剤（界面活性剤）を添加し撹拌すると，金属を含む鉱石が泡の表面に濃縮することを利用した有用鉱物の収集法である。鉱物は等電点よりも低い pH では正電荷を帯びるから，気泡剤として陰イオン性界面活性剤を添加して鉱物表面に吸着させると鉱物表面が疎水化されて気泡に濃縮され，効率的に浮遊選鉱できる。逆に，等電点よりも高い pH では陽イオン性界面活性剤が気泡剤として有用である。なお，ゲータイトはドイツの文豪で鉱物研究家でもあったGoethe（ゲーテ）の名に由来する。

Johann Wolfgang von Goethe (1749–1832)

8.3　界面動電現象

コロイド粒子と分散媒のどちらかが電位差などを駆動力として動くか，逆に，コロイド粒子と分散媒が相対的に動くことにより電位差が生じる現象を**界面動電現象**（かいめんどうでんげんしょう）とよぶ。具体的には，電気泳動，電気浸透，流動電位，沈降電位の4つが挙げられる。これらは移動する主体が粒子か溶媒か，そして電位を外部から与えるか，もしくは系自身が電位の発生源になっているか，その場合の発生源は何か，などによって分類される。この分類を表8.2に整理した。

電気泳動（でんきえいどう）とは，コロイド粒子が分散している場に電位差を与えると粒子が一定速度で移動する現象であり，**電気浸透**（でんきしんとう）とは，コロイド粒子を固定して電位差を与えると分散媒である液体が移動する現象である[*20]。**沈降電位**（ちんこうでんい）とはコロイド粒子が沈降するとコロイド溶液の上下で電位差が生じる現象であり，**流動電位**（りゅうどうでんい）とは粒子を固定し，分散媒液体を移動させると電位差が生じる現象である。

これらの動電現象は ζ 電位を測定するために利用されることが多く，粒子や溶媒の移動速度，もしくは発生電位と ζ 電位を関係づける理論式が提案されている。これらの中でも，もっとも重要と思われる電気泳動について次項で説明する。

8.3.1　電気泳動

電解質溶液中に帯電したコロイド粒子を分散させて，外部から電場をかけると，粒子は電場から力 F を受け，粒子の電荷の符号に応じて陽極か陰極に向かって動き出す。このとき，コロイド粒子は液体から粘性抵抗力 F_{v} を受け，やがてこれらの力はつり合い，コロイド粒子は等速で動くようになる（図8.6参照）。この現象を電気泳動といい，液体中の固体粒子やエマルションの ζ 電位の測定にもっともよく用いられる。

表8.2　界面動電現象の分類：[5]

現象名	移動する相	静止している相	電位に関して
電気泳動	粒子	溶媒	外部より電位を印加
電気浸透	溶媒	粒子	外部より電位を印加
沈降電位	粒子	溶媒	荷電粒子により電位が発生
流動電位	溶媒	粒子	荷電溶媒により電位が発生

*20 本書ではコロイド粒子界面の電気的な性質に限定して述べているが，毛管や多孔性固体を液体に浸した場合でも，それらの界面には電気二重層ができ，電気浸透現象を起こす。次の流動電位についても同様である。

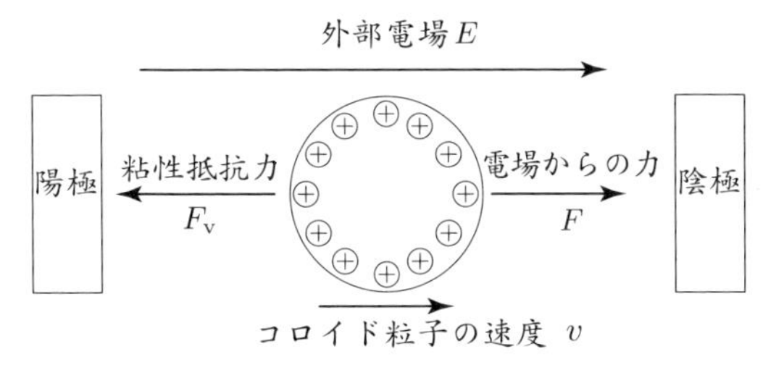

図 8.6 電気泳動でコロイド粒子に働く力

なお，コロイド粒子の速度は，粒子をレーザー光で照らして，顕微鏡の視野で直接測定するか，もしくはドップラー効果を測定するなどの手法で測定する。

ここで，コロイド粒子の表面積を A，帯電している電荷密度を σ とし，その対イオンが固定層の表面から $1/\kappa$ の距離にあるとする。ζ 電位はすべり面の電位であるが，ここでは粒子の表面をすべり面と近似的に考える。こうした場合，ζ 電位は粒子表面の電位に等しい。粒子表面の電位を考えるには，半径 a と $a+1/\kappa$ の同心球コンデンサーの板間電位を考えればよい[21]。すなわち，ζ 電位は次のように表される。

$$\zeta = \frac{\sigma A}{4\pi\epsilon}\left(\frac{1}{a} - \frac{1}{a+1/\kappa}\right) = \frac{\sigma A}{4\pi\epsilon a(1+\kappa a)} \tag{8.19}$$

$\kappa a \ll 1$ の場合

ここで，$\kappa a \ll 1$ の場合について考える。これは，$a \ll 1/\kappa$ とも書けるから，粒子径に比べて界面電気二重層が厚い場合に対応する。この場合，ζ 電位は，

$$\zeta = \frac{\sigma A}{4\pi\epsilon a} \tag{8.20}$$

---

[21] 球面上に一様に分布した電荷 Q は球内に電場は作らず，球外では動径方向へ向いた電場 $E(r) = Q/(4\pi\epsilon r^2)$ を作る。ここで，内径が a と b（ただし，$b > a$ とする）の同心球殻にそれぞれ電荷 Q_1 と Q_2 が蓄えられたとする。内球殻の電荷 Q_1 により，$0 < r < a$ で $E_1(r) = 0$，$a < r$ で $E_1(r) = Q_1/(4\pi\epsilon r^2)$ の電場が生じる。また，外球殻の電荷 Q_2 により，$0 < r < b$ で $E_2(r) = 0$，$b < r$ で $E_2(r) = Q_2/(4\pi\epsilon r^2)$ の電場が生じる。実際の電場は，これらの重ね合わせ $E(r) = E_1(r) + E_2(r)$ で表されるから，$0 < r < a$ で $E(r) = 0$，$a < r < b$ で $Q_1/(4\pi\epsilon r^2)$，$b < r$ で $(Q_1 + Q_2)/(4\pi\epsilon r^2)$ となる。電位 ϕ は単位電荷が電場中で感じるポテンシャルエネルギーであり，これは単位電荷を無限遠の場所からある地点 r まで持ってくるあいだに外力がする仕事に等しいから，球殻 b 上での電位 ϕ_b は，$\phi_b = -\int_{\infty}^{b} E(r)\mathrm{d}r = -\int_{\infty}^{b}(Q_1+Q_2)/(4\pi\epsilon r^2)\mathrm{d}r = (Q_1+Q_2)/(4\pi\epsilon b)$ と計算される。球殻 a 上での電位 ϕ_a は，同じように計算し，$\phi_a = \phi_b - \int_{b}^{a} E(r)\mathrm{d}r = \phi_b - \int_{b}^{a} Q_1/(4\pi\epsilon r^2)\mathrm{d}r = \phi_b + Q_1/(4\pi\epsilon)\cdot(1/a - 1/b)$ となる。以上より，a と b の電位差 $\phi = \phi_a - \phi_b$ は，$\phi = Q_1/(4\pi\epsilon)\cdot(1/a - 1/b)$ と計算される。

と表される。これは，界面電気二重層が存在しない場合のCoulomb(クーロン)[*22] 電位(でんい)に一致する[*23]。ここで粒子が電場から受ける力 F を考える。コロイド粒子が表面に持つ電荷は σA で表されるから，コロイド粒子が電場から受ける力は，

$$F = \sigma A E \tag{8.21}$$

で表される。また，粘性のある液体中を半径 a の球形粒子が移動する場合は，(7.9) 式より $F_{\rm v} = 6\pi\eta a v$ で表される粘性抵抗力を受けることがわかる。粘性抵抗力 $F_{\rm v}$ と電場から受ける力 F が等しいとおけば，

$$v_{\rm E} := \frac{v}{E} = \frac{\sigma A}{6\pi\eta a} \tag{8.22}$$

を得る。ただし，**電気泳動移動度**(でんきえいどういどうど) $v_{\rm E}$ を $v_{\rm E} := v/E$ で定義した[*24]。これに (8.20) 式を代入すると，

$$v_{\rm E} = \frac{2\epsilon\zeta}{3\eta} \tag{8.23}$$

を得る。これを**Hückel(ヒュッケル)**[*25]の**式**(しき)という。

$\kappa a \gg 1$ の場合

ここで，$\kappa a \gg 1$ の場合について考える。これは，$a \gg 1/\kappa$ とも書けるから，粒子径に比べて界面電気二重層が薄い場合に対応する。この場合，ζ 電位は，

$$\zeta = \frac{\sigma A}{4\pi\epsilon a^2 \kappa} = \frac{\sigma}{\epsilon\kappa} \tag{8.24}$$

と表される。これは板間距離が $1/\kappa$ である平行平板コンデンサーと同じ式である。また，速度 v で移動しているコロイド粒子の粒子表面から $1/\kappa$ までのあいだに速度勾配があるとして，速度勾配を $v/(1/\kappa)$ と表す（図 8.7 参照）。このような場合，コロイド粒子は溶媒の粘性から

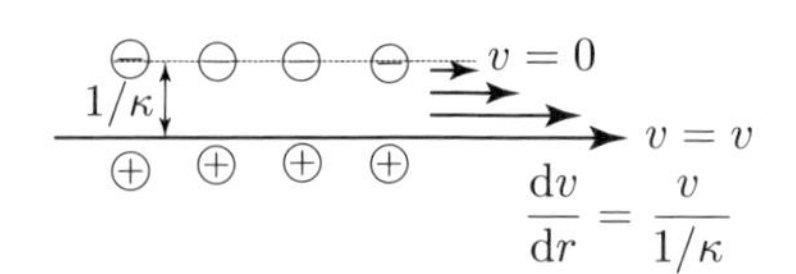

図 8.7 コロイド粒子表面の速度勾配：$\kappa a \gg 1$ のとき，電気二重層は平面として扱える。

---

*22 Charles-Augustin de Coulomb (1736–1806)

*23 これは，点電荷による電位であるから，$\kappa a \ll 1$ のとき荷電粒子は点電荷として扱うことができる。一方，$\kappa a \gg 1$ のときは電気二重層は平面として扱えることが (8.24) 式からわかる。

*24 大きな電場をかけないかぎり，泳動速度は外部電場に比例するから泳動速度 v を外部電場 E で除した値を扱うのが便利である。

*25 Erich Armand Arthur Joseph Hückel (1896–1980)

粘性抵抗力 F_{v} を受ける。単位面積あたりに換算した粘性抵抗力を**せん断応力**（だんおうりょく） τ（タウ）といい[*26]，これは速度勾配と粘性係数 η の積で表される。

$$\tau=\frac{F_{\mathrm{v}}}{A}=\eta\left(\frac{v}{1/\kappa}\right)\xrightarrow{\text{これよりただちに}}F_{\mathrm{v}}=A\eta v\kappa \tag{8.25}$$

これが，電場から受ける力 $F=\sigma AE$ に等しいとおき，(8.24) 式を代入すると，

$$v_{\mathrm{E}}=\frac{\epsilon\zeta}{\eta} \tag{8.26}$$

を得る。これを**Smoluchowski**（スモルコフスキー）[*27]**の式**（しき）という[*28]。

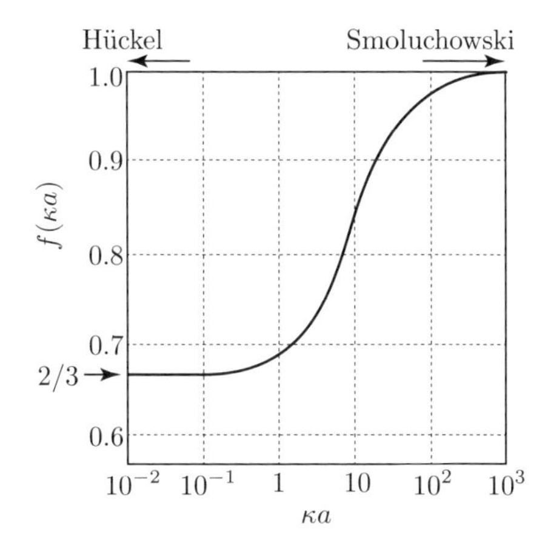

図 8.8　球形粒子に対する Henry 係数 $f(\kappa a)$：文献 [34] をもとに作成した。

任意の κa の場合

$\kappa a\ll 1$ のときに成り立つ Hückel の式と $\kappa a\gg 1$ のときに成り立つ Smoluchowski の式は 1.5 倍だけ異なる。これらに対し，**Henry**（ヘンリー）[*29]は粒子が存在することに起因する外部電場の歪みを考慮し，この電場の歪みを κa の関数として扱うことによって，あらゆる κa に対して適用できる一般的な式を求めた。

$$v_{\mathrm{E}}=\frac{\epsilon\zeta}{\eta}f\left(\kappa a\right) \tag{8.27}$$

ここで，$f\left(\kappa a\right)$ は**Henry係数**（ヘンリーけいすう）といい，図 8.8 に球形粒子に対する Henry 係数 $f\left(\kappa a\right)$ を示した[*30]。$\kappa a\ll 1$ のとき $f\left(\kappa a\right)=2/3$ をとり (8.27) 式は Hückel の式と一致し，$\kappa a\gg 1$ のとき $f\left(\kappa a\right)=1.0$ をとり Smoluchowski の式と一致する。

なお，ここまでの説明は ζ 電位があまり大きくない場合を想定している。ζ 電位が大きい場合には外部電場により界面電気二重層が変形することによる効果が現れ，電気泳動移動度 v_{E} はより複雑な式で表される。

---

*26 液体の粘度を表す指標であり，粘性率とよばれることもある。記号としては，η を使うのが一般的であるが，μ を使っている文献もある。本書では，粘性係数を η，粘性抵抗を μ で表したので，せん断応力は τ を用いた。粘性抵抗については，7.7 節を参照せよ。

*27 Marian Ritter von Smolan Smoluchowski (1872–1917)

*28 文献によっては Helmholtz の式ということもある。

*29 D. C. Henry

*30 Henry 係数は指数積分を用いた複雑な式となるが，粒子形状ごとに近似式が得られている。

✐ 演習問題 12 NaCl 水溶液中に分散した半径 $10.0\ \mathrm{nm} = 1.00 \times 10^{-8}\ \mathrm{m}$ の粒子が $\kappa a < 0.1$ の条件を満たすためには，NaCl 水溶液の濃度は何 mol/L 以下でなければならないか。ただし，温度は 300 K とする。

解答 12 おおよそ 10 μmol/L

まずは，(8.18) 式の両辺の逆数をとって，$\kappa = 3.2 \times 10^9 \times \sqrt{I_{\text{〔mol/L〕}}}$ と書き直す。NaCl 水溶液のような 1–1 対称型電解質水溶液はモル濃度とイオン強度が等しいので，$I_{\text{〔mol/L〕}}$ は $C_{\text{〔mol/L〕}}$ で書き直せる。そこで，$\kappa a = 3.2 \times 10^9 \times \sqrt{C_{\text{〔mol/L〕}}} \times 1.00 \times 10^{-8} < 0.1$ とおけばよい。これよりただちに，$C_{\text{〔mol/L〕}} < (0.1/32)^2 = 9.8 \times 10^{-6}$ を得る。

8.4 DLVO 理論によるコロイド分散系の安定性

コロイド分散系が安定でない場合，時間とともに粒子どうしが集まって大きな塊を形成し，沈んだり浮いたりする。この現象を凝集（ぎょうしゅう）という。これは微粒子どうしに引力が働くからである[*31]。すなわち，凝集せずに分散状態をとりつづけるためには，微粒子間に反発力が存在して微粒子どうしの引力に打ち勝たなくてはならない。図 8.9 に粒子間ポテンシャルエネルギー V の粒子間距離 h 依存性の概略を示した[*32]。斥力的相互作用として V_{R1} を考えると，全相互作用エネルギー $V_1 = V_{\mathrm{R1}} + V_{\mathrm{A}}$ には極大 $V_{\max}$ が現れ，これを乗り越えて粒子どうしが近づかなければ凝集は起こらない。一方，斥力的相互作用として V_{R2} を考えた場合，全相互作用エネルギーは $V_2 = V_{\mathrm{R2}} + V_{\mathrm{A}}$ とな

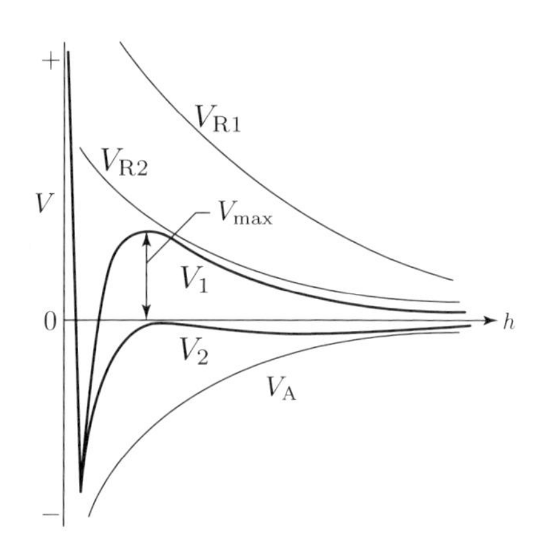

図 8.9 引力的相互作用 V_{A} と斥力的相互作用 V_{R1}，V_{R2} の和として全相互作用エネルギー V_1，V_2 が得られる。

[*31] 粒子間に働く力は，粒子を構成する分子（もしくは原子）間力の重ね合わせと考えてよい。ただし，分子間力が近距離でしか作用しないのに対し，粒子間力は長距離までその作用が及ぶ。

[*32] 粒子が接触するような非常に近距離では，電子雲の重なりによる斥力が生じるため，$h \simeq 0$ で V は急峻に立ち上がる。この斥力を Born 斥力という。
Max Born (1882–1970)

り，粒子間距離全体を通じて斥力的相互作用が引力的相互作用を超えず，凝集を妨げる要因とはならない。コロイド分散系の安定性には粒子表面の界面電気二重層による斥力が重要な役割をはたす。ここでは，コロイド粒子の界面電気二重層によるコロイド分散系の安定化について説明する。

図 8.10 に示したように，界面電気二重層を持つ微粒子が接近すると，2 つの微粒子の二重層が重なり合って，対イオンの部分的な濃度増加が起こる。この濃度増加は浸透圧 π の増大をまねく。浸透圧 π と体積 v の積は自由エネルギー $G = \pi v$ であるから，部分的な濃度の増加は系の自由エネルギーの増大をまねき，系を不安定化させる。これを解消するために外部から溶媒分子が入り込む。結果として 2 つの粒子が引き離される。すなわち，界面電気二重層構造を持つ粒子どうしには反発力が生じる。このように，界面電気二重層に由来する反発力と粒子間に働く引力の相対的な大きさにより微粒子の分散，凝集現象を説明する理論を **DLVO 理論**（ディーエルブイオーりろん）とよぶ。これは，**Derjaguin**（デリャーギン）[*33]，**Landau**（ランダウ）[*34]，**Verwey**（フェルウェイ）[*35]，**Overbeek**（オーバービーク）[*36]による業績である。DLVO 理論では，粒子間に働く浸透圧を考察することにより，粒子間に働く静電相互作用（斥力）を表す表式を得る。こういった理由から，粒子間に働く静電相互作用は van der Waals 相互作用（引力）とともに粒子の形状に依存する。そこで次に，球形粒子を例として DLVO 理論から得られる結果について紹介する。

ここでも対称型電解質水溶液を考える。この水溶液中で半径 a の 2 個の球形コロイド粒子が表面間距離 h にあるとする。この場合，粒子間相互作用のポテンシャルエネルギー $V(h)$ は，界面電気二重層による静電エネルギー（斥力）と van der Waals エ

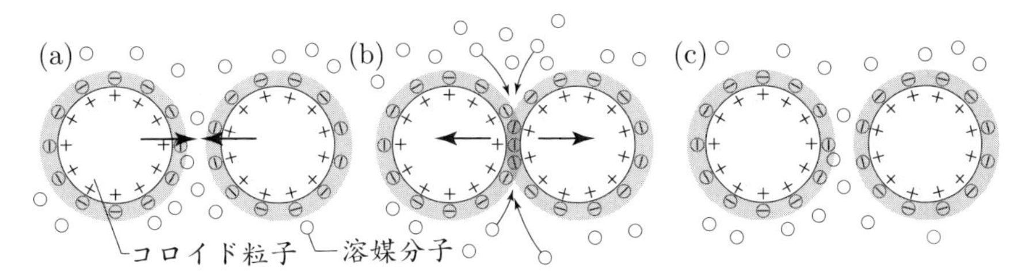

図 8.10　(a) コロイド粒子間には引力が働き，(b) 粒子どうしが近づくと界面電気二重層が重なり，系が不安定化する。これを防ぐために，(c) 溶媒分子が粒子間に入り込み，粒子どうしの凝集を妨げる。

*33 Boris Vladimirovich Derjaguin (1902–1994)
*34 Lev Davidovich Landau (1908–1968)
*35 Evert Johannes Willem Verwey (1905–1981)
*36 Jan Theodoor Gerard Overbeek (1911–2007)

ネルギー（引力）の和として，次式で与えられる*37。

$$V(h) = \frac{64\pi k_{\mathrm{B}} T a n \gamma^2}{\kappa^2} e^{-\kappa h} - \frac{Aa}{12h} \tag{8.28}$$

ここで，A を**Hamaker**（ハマカー）*38 **定数**（ていすう）という。図 8.11 (a) に 2 個の球形粒子間の全相互作用エネルギーに対する表面電位 ϕ_0 の影響を示した。ϕ_0 が大きいと粒子間相互作用のポテンシャルエネルギー $V(h)$ に高い山（ポテンシャル障壁）が現れる。これは，粒子の表面電位 ϕ_0 が高いと (8.28) 式の第 1 項が大きくなるためである*39。逆に Hamaker 定数 A が大きいと第 2 項が大きくなり高い山は現れない。前述のように，粒子間相互作用のポテンシャルエネルギー $V(h)$ にポテンシャル障壁が存在すれば，コロイド分散系は安定であり，そうでなければ系は不安定で凝集する。すなわち，ϕ_0 は分散促進因子であり，A は凝集促進因子と考えられる。

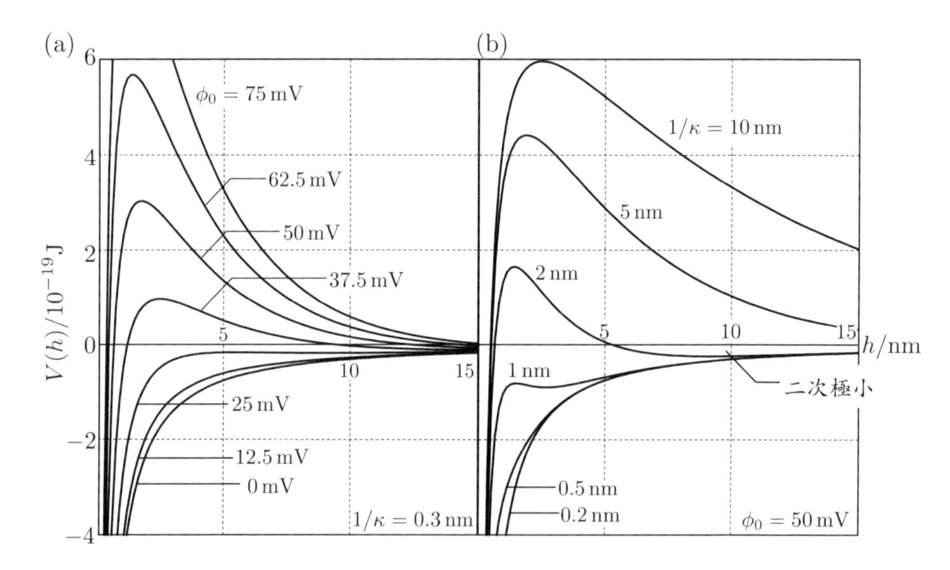

図 8.11 水中にある $a = 10^{-7}$ m の 2 個の球形粒子間の全相互作用エネルギーに対する (a) ϕ_0 の影響と (b) $1/\kappa$ の影響：ただし，$T = 298$ K，$Z = 1$ とし，Hamaker 定数は 6×10^{-20} J とした。また，Born 斥力による $h \simeq 0$ での急峻な立ち上がりは描いていない。文献 [1] をもとに作成した。

*37 粒子間が非常に近接すると，粒子中心間距離 r よりも粒子表面〜粒子表面の距離 h が重要となる。球形粒子以外で重要な例をもう 1 つだけ挙げる。距離 h だけ離れた平板状粒子間の相互作用のポテンシャルエネルギー $V(h)$ は，$V(h) = (64 k_{\mathrm{B}} T n \gamma^2/\kappa) e^{-\kappa h} - A/(12\pi h^2)$ で表される。

*38 Hugo Christiaan Hamaker (1905−1993)

*39 $\gamma = (\exp(Ze\phi_0/2k_{\mathrm{B}}T) - 1)/(\exp(Ze\phi_0/2k_{\mathrm{B}}T) + 1) = \tanh(Ze\phi_0/4k_{\mathrm{B}}T)$ であるから，ϕ_0 が大きくなると γ は大きくなる。図 G.4 を参照せよ。

つぎに電気二重層の厚さ $1/\kappa$ の影響について考える。いま考えているのは電気二重層による斥力であるから，電気二重層の厚さ $1/\kappa$ が厚ければ斥力の及ぶ範囲も広く，電気二重層の厚さが薄くなるにつれ斥力の及ぶ範囲も狭くなると予想できる。図 8.11 (b) に 2 個の球形粒子間の全相互作用エネルギーに対する $1/\kappa$ の影響を示した。予想どおり，電気二重層の厚さ $1/\kappa$ が厚ければポテンシャル障壁は大きく，斥力の及ぶ範囲も広い。一方，電気二重層の厚さが薄くなるにつれ，ポテンシャル障壁は小さくなり斥力の及ぶ範囲も狭くなる。また，$1/\kappa$ が小さいとき，粒子間距離の大きい箇所で非常に浅い極小が現れる。これを**二次極小**（にじきょくしょう）とよぶことがある。この浅い二次極小に微粒子が補足されて微粒子が凝集しても，その安定化は非常に小さいので，撹拌によって再分散する。ここで，イオン強度 I と電気二重層の厚さ $1/\kappa$ の関係：

$$\frac{1}{\kappa} \sim \frac{1}{\sqrt{I}} \tag{8.29}$$

を思い出せば，ここで考えている $1/\kappa$ の影響は電解質濃度の影響とみることもできる。

ここまでコロイド粒子間に働く相互作用エネルギーについて説明してきたが，それらをまとめたものを図 8.12 に示した[*40]。二次の極小は現れない場合もあるが，**一次極小**（いちじきょくしょう）は必ず現れるから，コロイド分散系はやはり熱力学的には不安定な系といえる。ただし，$V_{\max}$ の存在により凝集の速度は遅い。このような凝集を**緩慢凝集**（かんまんぎょうしゅう）という。一方，$V_{\max}$ が存在しない場合はコロイド粒子の凝集は速やかに起こる。このような凝集を**急速凝集**（きゅうそくぎょうしゅう）という。

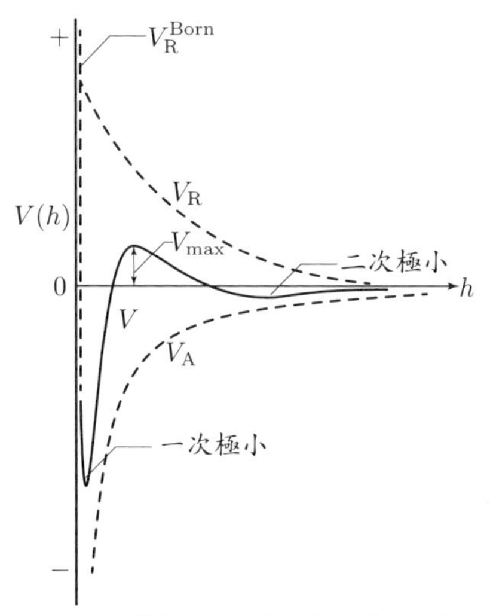

図 8.12 微粒子間に働く相互作用の概略（まとめ）：脚注*40 参照。

ところで，疎水コロイドに電解質を加えると，電解質濃度がある値以上になると急速凝集が起こる。このときの濃度を**臨界凝集濃度**（りんかいぎょうしゅうのうど）という。臨界凝集濃度はコロイド粒子の表面電荷と反対の電荷のイオンの価数の 6 乗に反比例することが知られている。すなわち，1 mol/L の 1：1 型電解質で凝集が起こるとき，2：2 型電解質で

*40 図 8.12 では相互作用エネルギーの特徴を表すために，いろいろと誇張して描いている。

は $1/2^6$ mol/L で凝集が起こり，3：3 型電解質では $1/3^6$ mol/L で凝集が起こる。すなわち，1 価，2 価，3 価のイオンの臨界凝集濃度の比をとると，$1:1/2^6:1/3^6$ となる。これを**Schulze**[*41]（シュルツェ）– **Hardy**[*42]（ハーディ）の原子価則（げんしかそく）という。これの重要なところは，単なる反対電荷のイオンの結合によってコロイド粒子の表面電荷が中和されることによって凝集が起こるのではなく，電気二重層の厚みが反対電荷の影響で薄くなることが凝集の原因である点にある。仮に，反対電荷のイオンの結合による電気的な中和が原因であるならば，イオンの価数の 6 乗に反比例することはなく，単にイオンの価数に反比例するはずである。

臨界凝集濃度 C_{cr} は $V(h)=0$ かつ $\mathrm{d}V(h)/\mathrm{d}h=0$ の条件から得られる。$V(h)$ は (8.28) 式で与えられるので，(8.28) 式で，$n=C_{\mathrm{cr}}N_{\mathrm{A}}$ と書き換え，$V(h)=0$ とすると，

$$\frac{64\pi k_{\mathrm{B}}TaC_{\mathrm{cr}}N_{\mathrm{A}}\gamma^2}{\kappa^2}e^{-\kappa h}=\frac{Aa}{12h}$$

$$\frac{\kappa^2}{C_{\mathrm{cr}}}=\frac{768\pi k_{\mathrm{B}}TN_{\mathrm{A}}\gamma^2 h}{A}e^{-\kappa h} \qquad \text{逆数をとって整理した} \tag{8.30}$$

を得る。つぎに，$\mathrm{d}V(h)/\mathrm{d}h=0$ の条件から，

$$\frac{\mathrm{d}V(h)}{\mathrm{d}h}=\frac{64\pi k_{\mathrm{B}}TaC_{\mathrm{cr}}N_{\mathrm{A}}\gamma^2}{\kappa^2}(-\kappa)e^{-\kappa h}-(-1)\frac{Aa}{12h^2}=0$$

$$\xrightarrow{\text{ただちに}} e^{-\kappa h}=\frac{Aa\kappa}{768h^2\pi k_{\mathrm{B}}TC_{\mathrm{cr}}\gamma^2} \tag{8.31}$$

を得る。(8.30) 式も同様にまとめると，$e^{-\kappa h}=(Aa\kappa^2)/(768h\pi k_{\mathrm{B}}TC_{\mathrm{cr}}\gamma^2)$ という結果を得るから，これと (8.31) 式が等しいとおくと，$\kappa h=1$ という結果を得る。そこで，(8.30) 式に $\kappa h=1$ を代入すると，

$$\frac{\kappa^3}{C_{\mathrm{cr}}}=\frac{768\pi k_{\mathrm{B}}TN_{\mathrm{A}}\gamma^2}{eA} \xrightarrow{\text{両辺を 2 乗する}} \frac{\kappa^6}{C_{\mathrm{cr}}^2}\propto\frac{T^2\gamma^4}{A^2} \tag{8.32}$$

を得る。(8.8) 式より，$\kappa^2\propto CZ^2/T$ であるから，これを (8.32) 式に代入すると，

$$Z^6C_{\mathrm{cr}}\propto\frac{T^5\gamma^4}{A^2} \tag{8.33}$$

を得る。表面電位 ϕ_0 が大きいときには $\gamma=1$ となるから（図 G.4 参照），この条件下では確かに臨界凝集濃度 C_{cr} が Z^6 に反比例する。すなわち，Schulze–Hardy の原子価則は DLVO 理論によって理論的基盤を得たことになる。

[*41] Hans (Oscar) Schulze (1853–1892)

[*42] Sir William Bate Hardy (1864–1934)

第 9 章

液体—液体分散系：エマルション

9.1 エマルションの調製と型

水と油のように，たがいに混じり合わない液体を混合して激しく振ると，一方が他方の中に細かい粒になって分散する。この現象を**乳化**（にゅうか）といい，乳化の結果生成した混合系を**エマルション**という。エマルションには**乳化剤**（にゅうかざい）とよばれる物質が加えられることが多い。これは 2 つの液体を分離しにくくする作用がある[*1]。分散しているほうの液体粒子の直径は 0.1〜10 μm であることが多く，コロイド粒子よりは大きい（図 7.1 参照）。

エマルションはほとんどすべて，一方は水溶液で，他方は油である。油が細かい粒になって水中に分散する場合，**水中油滴型**（すいちゅうゆてきがた）**エマルション**とよばれる（図 9.1 (a) 参照）。

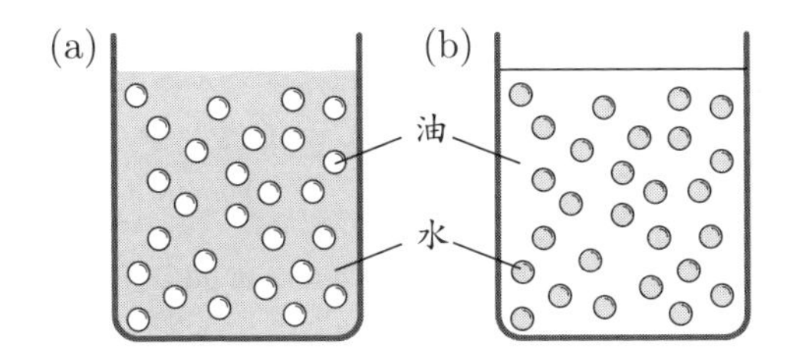

図 9.1 (a) 水中油滴型（O/W 型）エマルションと
(b) 油中水滴型（W/O 型）エマルション

[*1] エマルションは振とうすることによって生成するが，この操作を止めると分散した一方の液体は沈澱するか浮いてしまい，結局 2 層に分かれる。すなわち，エマルションは熱力学的に不安定な系である (9.2 節参照)。このような系では，一方の液体が他方に分散して多くの界面を有するよりも，2 層に分離して界面を最低限にとどめたほうが界面自由エネルギーが小さく，安定化する。乳化剤は，油水界面に吸着して界面張力を低下させ，分散状態の不安定度を低下させる働きがある。

表 9.1 O/W 型エマルションと W/O 型エマルションの例：[3,4]

エマルションの型	例
O/W 型	牛乳，マヨネーズ，化粧用クリーム，軟膏
W/O 型	バター，マーガリン，天然石油

これは**O/W型エマルション**[*2]ともよばれる。これとは逆に水滴が油に分散した場合，**油中水滴型エマルション**とよばれる（図 9.1 (b) 参照）。これは**W/O型エマルション**ともよばれる。

表 9.1 に身のまわりにあるエマルションの例をいくつか挙げた。**牛乳**や**バター**はもっとも身近な食品のエマルションであり，前者は O/W 型エマルション，後者は W/O 型エマルションである[*3]。**マーガリン**は精製した油脂に発酵乳や食塩などを加えて乳化して練り合わせた加工食品である[*4]。ともに O/W 型エマルションである**化粧用クリーム**や**軟膏**のように，化粧品や薬剤にもエマルションは多い。O/W 型エマルションは「クリーム状」の肌合いを持っているのに対し，W/O 型エマルションは「グリース状」の感じがする。また，**天然石油**も W/O 型エマルションとしてくみ上げられることが多い。

9.1.1 エマルションの調製法

エマルションが O/W 型になるのか W/O 型になるのかは，乳化剤の種類，水と油の体積比，振とうなどの機械的条件，乳化に用いる容器の内壁との親和性などさまざまな条件に影響される。たとえば，水と油は大量に存在するほうが連続相になりやすいが，乳化剤を加えた場合は一概にそうともいえない。乳化剤が水溶性なら水が連続相となって O/W 型となるが，油溶性であれば W/O 型になる。これを**Bancroft**[*5]の

[*2] oil in water の略である。すぐあとの，W/O 型はwater in oil の略である。

[*3] ただし，牛乳が厳密にエマルションであるのは，あたためられた場合にかぎる。あたたかい牛乳にはバター脂の液滴が分散しているが，バター脂の融点（おおよそ 36～38 °C）以下では，バター脂は固体，または固体と液体の中間の状態にあるので，サスペンション，もしくはサスペンションとエマルションの中間状態である。バターも室温程度は固体状態であるから，W/O 型の「擬似的な」エマルションであり，融点以上で真の意味で W/O エマルションとなる。

[*4] マーガリンはバターの安価な代用品として発明された食品である。バターとのもっとも大きな違いは主原料であり，バターの主原料は牛乳であるのに対し，マーガリンの主原料は植物性・動物性の油脂である。マーガリン類のうち，食用油脂成分が 80 %未満のものをファットスプレッドという。ファットスプレッドは水相がマーガリンに比べて増加しているが依然として W/O 型エマルションである。

[*5] Wilder Dwight Bancroft (1867–1953)

規則という。

エマルションの粒子径はできるだけ均一で，分布の狭いほうが性質が一定となり，安定性にも優れるので実用的である。エマルションの調製法は多数あるが，代表的なものを以下に3種類挙げる。

機械乳化法　乳化剤を水に溶解し，所定量の油をかき混ぜながら加える。この方法で得られるエマルションは粒子径の分布幅が大きい。

転相乳化法　油と乳化剤をあらかじめ混ぜ，これをかき混ぜながら水を加える。はじめのうちは油が多くW/O型エマルションとなるが，水が一定量以上になると粘性が増す。この状態でかき混ぜつづけると，O/W型エマルションとなる。この変化を**転相**という（9.3節参照）。この方法で得られるエマルションは粒子径が小さく，その分布幅も小さい。

転相温度法　**非イオン性界面活性剤**[*6]を乳化剤に用い，**曇り点**[*7]以上の温度で乳化すると，W/O型エマルションが得られる[*8]。これをかき混ぜながら冷却していくと，曇り点付近でW/O型からO/W型に転相する。転相した温度よりも数度から10度以内の温度で微細粒子の安定なO/W型エマルションが得られる。

9.1.2　エマルションの型の判定

エマルションがO/W型かW/O型かは一見しただけでは判断がつきにくいが，次のような比較的簡便な判別法がある。

形態観察法　表9.1に示したように，クリーム状を呈する化粧用クリームやマヨネーズはO/W型エマルションであり，グリース状を呈するバターやマーガリンはW/O型エマルションである。

希釈法　エマルションは，その分散媒となっている液体と混じり合う液体で容易に希

[*6] 界面活性剤の分類については，付録E.1節を参照せよ。

[*7] 非イオン性界面活性剤水溶液の温度を上げていくと，ある温度から曇りが出はじめる。この温度を曇り点という。曇りの原因は界面活性剤の析出にある。ほとんどの非イオン性界面活性剤は親水基として酸化エチレン基 CH_2CH_2O を持っており，O原子に水分子が水素結合で水和して溶解している。この溶液の温度が上昇すると水素結合が切れ，水和水がなくなるため溶解しなくなり析出がはじまる。これより非イオン性界面活性剤は曇り点以下では水溶性であるが，曇り点以上では油溶性となる。

[*8] 曇り点以上で非イオン性界面活性剤は油溶性であるから，油が連続相となりW/O型エマルションが得られる。

釈することができる。たとえば，エマルションを水面に滴下すると，O/W 型エマルションであれば水中に拡散するが，W/O 型エマルションであればレンズ状の油滴となり水面に浮く。

染料法（せんりょうほう） エマルションはその分散媒に溶ける染料（色素）で容易に色がつけられる。たとえば，O/W 型エマルションであれば水溶性で油に溶けない**メチルオレンジ**や**ローダミン B**（ビー）で全体が着色する。一方，W/O 型エマルションでは油に溶けるが水に溶けない**スダン III**（スリー）で全体を着色できる。

電気伝導度法（でんきでんどうどほう） O/W 型エマルションは W/O 型エマルションよりずっと高い電気伝導度を示す（W/O 型エマルションではほとんど電気は流れない）。

9.2 エマルションの安定性

ここでは，エマルションの安定性について図 9.2 を用いて説明する。エマルションを放置すると分散質と分散媒の密度差によって分散質の濃度に偏りが現れる。具体的には，O/W 型エマルションを考えると，油滴は水よりも軽いために油滴が上部に濃縮される。この現象を**クリーミング**もしくは**クリーム化**（か）という[*9]。クリーミングによって濃縮された油滴は凝集して大きな液滴へと成長する場合もあるが，必ずしもそうとはかぎらない。軽く振ると再びもとの粒子径で再分散させることができる場合もある。

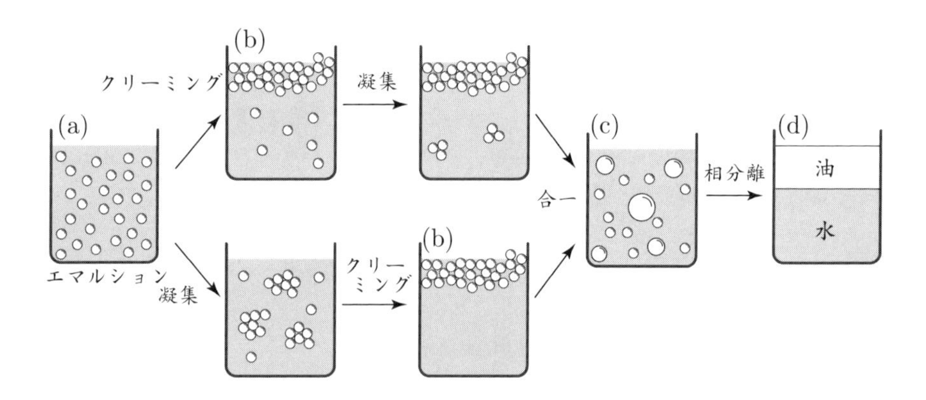

図 9.2 エマルションの経時変化：(a) はじめの状態，(b) クリーミングした状態，(c) 合一した状態，(d) 相分離した状態

[*9] 油滴が上部に濃縮される現象は，水が下方に排出されるとみることもできるので排液ともいう。

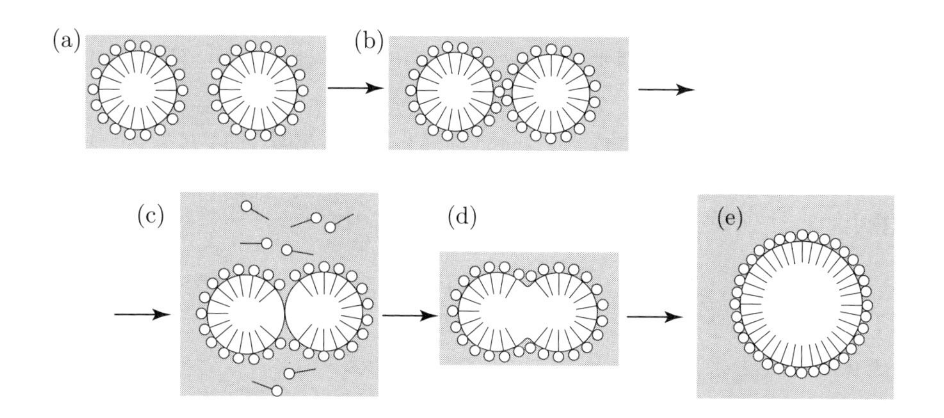

図 9.3 エマルションの合一までの過程：(a) Brown 運動や「かき混ぜ」などによって粒子が接近，(b) 凝集，(c) 分散質—分散媒界面に吸着していた乳化剤（界面活性剤）の脱離，(d) 分散質粒子の直接付着，(e) 合一

油滴が大きな油滴へと成長することを合一という（3.6 節参照）。合一は，粒子表面に吸着していた界面活性剤などの乳化剤が粒子面のずり応力などのために脱離し，粒子どうしが直接接触してしまうことによる（図 9.3 参照）。合一が進むと分散相は連続相となって分散媒から分離し，1 つの界面を形成するに至ることがある。これを**エマルションの破壊**（はかい）という[*10]。エマルションが破壊するのに要する時間は数秒から数年に渡る。

エマルションの安定性[*11]を高めるには，クリーミングと合一を起こりにくくすればよい。クリーミングは分散質粒子の浮上であり，移動方向は逆であるが沈降現象と基本的に同じ現象である。よって，近似的に Stokes の法則：$v_{\rm t} = 2r^2(\rho_{\rm p} - \rho_{\rm f})g/9\eta$ が成り立つ（7.7 節参照）。すなわち，クリーミングを起こりにくくするためには，粒子の大きさ r を小さくすることがもっとも重要である。また，水と油の密度差 $(\rho_{\rm p} - \rho_{\rm f})$ をできるだけ小さくし，分散媒の粘度 η を高めるのも有効な手段である。また，合一を防ぐためには粒子表面に乳化剤の堅固な吸着膜を作るのがよい。エマルションは分散している粒子の全表面積が非常に大きいため，系全体の界面自由エネルギーが非常に大きく，熱力学的には非常に不安定な系である。乳化剤の堅固な吸着膜を作ることによってエマルション系を熱力学的に安定な系にすることは不可能であるが，乳化剤

[*10] ドレッシングが分離するのがもっとも身近な例の 1 つであろう。
[*11] ここで用いる安定性とは，エマルションの破壊（相分離）するまでに要する時間を目安にしている。

のない場合に比べると遥かに安定な系になる。

エマルションの安定性に関する理論は，コロイド系における DLVO 理論（8.4 節参照）と基本的に同じである。イオン性界面活性剤を乳化剤として用いた場合，エマルションでの粒子間の相互作用用ポテンシャルは図 8.12 と基本的に同じになる。すなわち，二次極小による可逆的な凝集がエマルションにおけるクリーミングに対応し，一次極小による不可逆な凝集はエマルション系の合一に対応する。

9.2.1　乳化食品の安定性

表 9.1 に示したように，O/W 型エマルションであるマヨネーズや W/O 型エマルションであるバターなど，脂質が乳化状態で存在している食感は，多くの人にとって美味しいと感じられる。しかし，脂質と水の界面張力は高く，熱力学的には不安定なものであるから，そのまま放置していれば脂質は合一する。賞味期限内に製品の性状が変化することは好ましくないため，乳化した状態を安定化する技術は重要である[*12]。一方，天然の食品についてその乳化状態を見ると，リン脂質とタンパク質の共同作用によって乳化しているものが多い。リン脂質は乳化剤として働き，タンパク質は乳化剤としてだけでなく安定剤としても働く。たとえば，牛乳では乳脂肪球の周囲を膜が覆っているが，この膜はおもにリン脂質，糖タンパク質，タンパク質からなっている。しかし，牛乳は乳脂肪球の大きさが 0.1〜20 μm とばらついており，大きい脂肪球は浮き上がってクリーミングしやすい[*13]。そこで，牛乳を市販する際には**均質化**（ホモジナイズ）処理によって大きな脂肪球を砕き，2 μm 以下に微細化する。その際に，新たに形成される界面は乳化剤として働くカゼインを含む新たな膜で保護される[*14]。均質化した牛乳は脂肪球の浮き上がりによるクリーミング化が起こりにくい以外にも，乳脂肪の消化吸収がよくなる，要存酸素量が減り保存性が上がる，まろやかさが減り，味が薄くなる，などの効果もある。なお，生乳の乳脂肪分を 35 °C 前後で分離したも

---

*12 日本で使用が許可されている食品用合成乳化剤は，脂肪酸と多価アルコールのエステルである。多価アルコールとしては，ポリプロピレングリコール，グリセリン，ソルビトール，ショ糖が認められている。

*13 90 % 以上の乳脂肪球は 1〜8 μm の大きさになっている。

*14 牛乳からはカゼイン，卵黄からは卵黄レシチン，大豆からは大豆レシチンが回収され，天然の乳化剤として加工食品に利用されている。牛乳を飲んでアレルギー症状を起こす場合の多くは $\alpha-$ カゼインが原因であるといわれているため，乳幼児用などに $\alpha-$ カゼインを加水分解して減らした乳児用ミルクなどが販売されている。

のを生(なま)**クリーム**[*15]といい，やはり O/W 型エマルションである。

✂ 自宅でできる課題実験 7

均質化（ホモジナイズ）していない牛乳は**ノンホモ牛乳**(ぎゅうにゅう)とよばれ市販されている。ノンホモ牛乳をしばらく静置すると，牛乳容器の上のほうにクリームの層ができるので，最初の一口は濃いように感じられる。ノンホモ牛乳を購入し，クリーム層が出来るのを観察せよ。観察後は，クリーム層とそれ以外の部分を分けて飲み，味，食感を比較せよ。

✂ 自宅でできる課題実験 8

マヨネーズは酢と油に卵を入れてかき混ぜることにより作られる。通常は混じり合わない酢と油が混じり合うのは，黄卵に含まれているレシチンの乳化作用により，油が小さな粒子として酢の中に分散するからである。次の手順に従い，マヨネーズを調製せよ（出来上がったら密閉容器に移し，早めに食すように。混ぜ方が弱かったり，冷やしすぎたりすると分離してしまう）。酢と油を直接に触れさせないことが重要である。全卵と酢をしっかり混ぜ合わせ一体化させてから，油を少しずつ加えてなじませるのが重要である。

材料　油：200 g，酢：30 g，全卵：1 個，砂糖：10 g，
塩・こしょう・からし：3 g

手順
1. 全卵に砂糖，塩，こしょう，からしを入れ，混ぜる（こしょうとからしは乳化に関係ない。好みで調節せよ）。
2. 酢を少しずつ加えて混ぜる。
3. 植物油を少しずつ足しながら混ぜる（乳化過程）。

*15 生クリームは乳脂肪分が 18 %以上であることが法律（正確には，食品衛生法に基づく厚生省令）で定められている。

9.3　エマルションの転相

非イオン性界面活性剤は水温の上昇とともに水溶性が低下するので，低温ではO/W型のエマルションを呈するが，高温にするにつれW/O型エマルションに転相する[*16]。一方，**イオン性界面活性剤**[*17]は水温の上昇とともに水溶性が増すので，セッケンを乳化剤として水 – ベンゼンエマルションを調製すると，低温ではW/O型エマルションであったものが，高温ではO/W型エマルションへと転相する。転相するときの温度を**転相温度**といい，**PIT**[*18]と略す。

温度変化だけではなく，カチオンを添加することにより転相を示す系もある。たとえば，図9.4に示したように，**セチル硫酸ナトリウム** ⊖—— と**コレステロール** ○—— で安定化させたO/W型エマルションへカルシウムイオン Ca^{2+} を加えると転相が起こる。これは，Ca^{2+} イオンの添加により，分散している油粒子の表面電荷が中和され，油粒子間の静電的反発力が減少することによって油粒子は凝集し合一する。合一

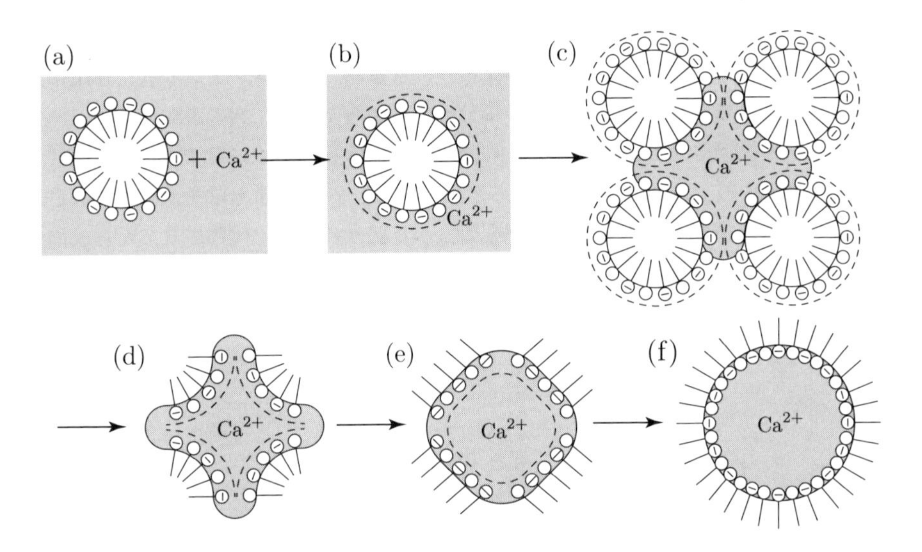

図9.4　エマルションの転相：(a) セチル硫酸ナトリウムとコレステロールで安定化されたO/W型エマルション，(b) Ca^{2+} による油粒子表面電荷の中和，(c) 油粒子の合一，(d) 新たな外相の形成，(e), (f) W/O型エマルション

*16 Bancroftの規則（9.1.1項）を参照せよ。
*17 界面活性剤の分類については，付録E.1節を参照せよ。
*18 phase inversion temperature の略である。

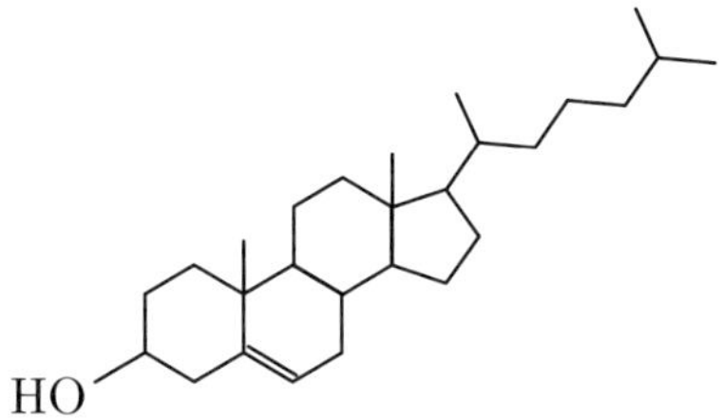

図 9.5　コレステロールの構造式

した油粒子は連続相となる一方，油粒子が合一するときに油粒子によって取り囲まれた水相が不連続相，すなわち分散質粒子となり転相が起こる。なお，図 9.4 では簡単のために，コレステロールを ○—— で表したが，コレステロールの実際の構造式を図 9.5 に示す。なお，セチル硫酸ナトリウムの構造式は，図 E.1 に示した。

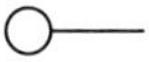

✂ 自宅でできる課題実験 9

O/W 型エマルションである生クリームは生乳の乳脂肪分を 35 °C 前後で分離したものである。これを激しく振り混ぜると，脂肪どうしが衝突して合一し，W/O 型エマルションへ転相しバターとなる。次の手順に従い，バターを調製せよ（出来上がったら早めに食すように）。

材料　生クリーム（乳脂肪分 40 %以上）：200 mL，ペットボトル：1 個

手順
1. 冷やした生クリームを 500 mL のペットボトルに入れる。
2. 5 分程度，休むことなく上下に激しく振り混ぜる（しばらくすると音がしなくなる）。
3. さらに振り混ぜると再び音がし出し，液体（バターミルク）と固形物（バター）に分かれるので，バターミルクは除き，固形物を水で洗う。
4. 固形物に塩を混ぜればバターの完成である（混ぜなければ，無塩バターとなる）[*19]。

注意　植物性の生クリームには乳化剤が含まれていないので実験には適さない。動物性のものを用いよ。

[*19] 振り混ぜる前に生クリームに塩を混ぜると，混ぜない場合に比べてバターになるまでに要する時間が少し短い。これは，ナトリウムイオン Na^+ により脂肪粒子表面の負電荷が中和され，脂肪粒子どうしが衝突しやすくなるためである（しかし，劇的に速くなることはない）。なお，食塩は水分に溶けたまま流れ出すので，できたバターはやはり塩辛くない無塩バターである。

9.3.1 エマルションの転相と化粧品

クレンジングクリームはO/W型エマルションである。これは連続相が水であるため，主成分が油であるメイク剤とはなじむことはない。しかし，クレンジングクリームを肌に塗布してマッサージをすると，クレンジングクリームの水分が蒸発し，もしくはメイク剤の油成分がクリーム中に溶け入ってくることにより，クレンジングクリームの成分バランスが変化し，油分が連続相であるW/O型エマルションへと転相する。W/O型エマルションでは連続相は油であるから，この油分とメイク剤がなじみメイク剤を肌から落とすことができる。この状態を**クレンジングの転相**（てんそう）という。このあと，お湯や水を加えることによって，クレンジングクリームにメイク剤が分散してできたW/O型エマルションは再びO/W型エマルションへと転相し，水になじんで肌から洗い流されていく。これを**再乳化**（さいにゅうか）という。

✂ 自宅でできる課題実験 10

クレンジングクリームによってメイク剤を落とし，転相を体感できるか試せ（メイクしている場合にかぎるが）。

9.4 乳化剤とHLB

乳化剤はエマルションの型の決定や安定性などに本質的に重要な働きをする。種々の物質が乳化剤として有効であるが，代表格は界面活性剤である[*20]。エマルションはたがいに混じり合わない液体どうしが共存する系であり，一方が微粒子化しているために非常に大きな界面自由エネルギーを持つ。界面活性剤は水と油の両方に親和性を持ち，油—水界面に配向吸着する。これによって系の界面自由エネルギーが小さくなり，エマルションはより安定化する。すなわち，エマルションを調製する場合には，乳化剤として働く界面活性剤の選定は非常に重要となる。選定の基準になるのが次に説明するHLBという概念である。

HLB（エイチエルビー）[*21]は親水性と親油性のバランスを数値化したものであり，多数の乳化作用に関する実地試験を行った上で定めた経験的な値である。しかし，ある種の非イオン性界面活性剤に関しては，実地試験に基づいた経験式によってHLBを求めることもで

[*20] 微粉末固体も乳化剤として機能する場合がある。
[*21] hydrophile–lipophile balance の略である。

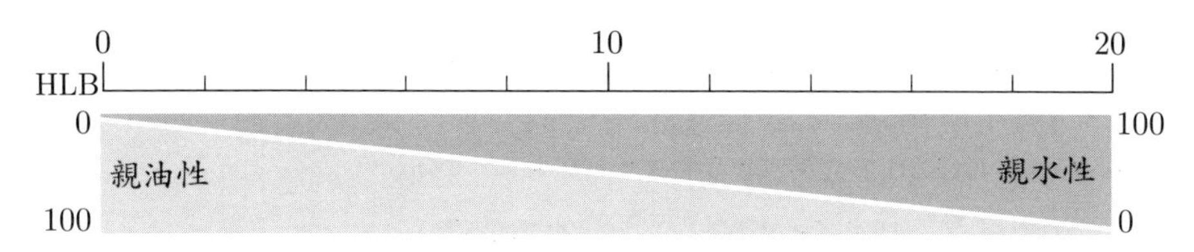

図 9.6　Griffin による HLB と親水性，親油性

きる。計算式はいろいろ提案されているが，最初に HLB の概念を提唱した**Griffin**(グリフィン)*22によれば，次式で計算できる。

$$\mathrm{HLB} = 20 \times \frac{\text{親水基部の部分分子量の総和}}{\text{分子量}} \tag{9.1}$$

すなわち，HLB は 0〜20 の範囲内の値を持つ。図 9.6 に示したように，HLB が小さいほど親油性が強く，逆に HLB が大きいほど親水性が強い。界面活性剤は乳化以外にも，分散，**発泡**(はっぽう)，浸透，ぬれ，可溶化など，さまざまな現象において重要な働きをする。それぞれの現象において，どの程度の HLB 値を持った界面活性剤を選定すべきであるかは，それぞれの界面現象（乳化，分散，発泡，浸透，ぬれ，可溶化）でモデル実験を行って決めるのがよい。この HLB 値を**要求 HLB 値**(ようきゅうエイチエルビーち)という（表 9.2 参照）。また，HLB 値は加成性が成り立ち，混合された界面活性剤の HLB 値はそれぞれの界面活性剤の重量分率と HLB 値の積の和として求められる。

Griffin による式とは形が異なるが，似たような値を与える計算式が川上(かわかみ)*23により提案されている。

$$\mathrm{HLB} = 7 + 11.7 \log \frac{M_{\mathrm{w}}}{M_{\mathrm{o}}} \tag{9.2}$$

ここで，M_{w} と M_{o} はそれぞれ界面活性剤分子の親水基と親油基の部分分子量である。

表 9.2　界面現象と要求 HLB 値：[2]

用途	要求 HLB 値	用途	要求 HLB 値
消泡	1〜3	O/W 型乳化	8〜18
ドライクリーニング	3〜4	洗浄	13〜15
W/O 型乳化	4〜6	可溶化	15〜18
ぬれ，湿潤	7〜9		

*22 William Colvin Griffin (1914–2012)
*23 川上 八十太 (1901–1980)

$M_\mathrm{w} > M_\mathrm{o}$ ならば HLB>7 となって親水性が強く，逆に $M_\mathrm{w} < M_\mathrm{o}$ ならば HLB<7 となって親油性が強い。

Davies[*24]は HLB の計算式として次式を提案している。

$$\mathrm{HLB} = \sum (\text{親水基の基数}) + \sum (\text{親油基の基数}) + 7 \tag{9.3}$$

親水基の基数と親油基の基数は実験的に決められている。代表的な基に対する HLB 基数の値を表 9.3 に示した。たとえば，ドデシル硫酸ナトリウム SDS $C_{12}H_{25}SO_4^-Na^+$ の HLB を計算すると，$\mathrm{HLB(Davies)} = 38.7 + 12 \times (-0.475) + 7 = 40$ となり，20 を大きく超える。これは，Griffin や川上による式では得られない値である。HLB は親水性と親油性のバランスを示すために導入されたパラメータであり，いわゆる物理量とは異なるので，その値は定義に大きく依存するので注意が必要である[*25]。

表 9.3　HLB の基数値：(9.3) 式に用いる値：[5]

親水基	基数	親油基	基数
$-SO_4^-Na^+$	38.7	$-CH-$	-0.475
$-COO^-K^+$	21.1	$-CH_2-$	-0.475
$-COO^-Na^+$	19.1	$-CH_3$	-0.475
$-SO_3^-Na^+$	約 11	$=CH-$	-0.475
$>N<$ 四級アミン	9.4	$-(CH_2-CH_2-CH_2-O)-$	-0.15
エステル（ソルビタン環[*26]）	6.8		
エステル	2.4	$-O-$	1.3
$-COOH$	2.1	$-OH$（ソルビタン環）	0.5
$-OH$	1.9	$-(CH_2-CH_2-O)-$	0.33

[*24] John Tasman Davies (1924–1987)

[*25] たとえば，ドデシル硫酸ナトリウム SDS $C_{12}H_{25}SO_4^-Na^+$ の HLB を Griffin 法と Davies 法で求めると，

$$\mathrm{HLB(SDS)}\begin{cases}\text{Griffin}：20 \times 119/288 = 8.3\\ \text{Davies}：38.7 + 12 \times (-0.475) + 7 = 40\end{cases}$$

この結果をみると，HLB(Griffin)$<$HLB(Davies) となっているが，常にこの大小関係があるともかぎらない。たとえば，代表的な非イオン性界面活性剤であるアルコールエトキシレート AE の一種である $C_{12}H_{25}O(CH_2CH_2O)_9H$ では，

$$\mathrm{HLB(AE)}\begin{cases}\text{Griffin}：20 \times 396/582 = 13.6\\ \text{Davies}：0.33 \times 9 + 1.9 + 12 \times (-0.475) + 7 = 6.17\end{cases}$$

であり，HLB(Griffin)$>$HLB(Davies) となる。

[*26] グルコースやフルクトースなどを還元して得られるソルビトールを分子内脱水して，五角形や六角形の環状タイプの分子構造としたものをソルビタン環という。

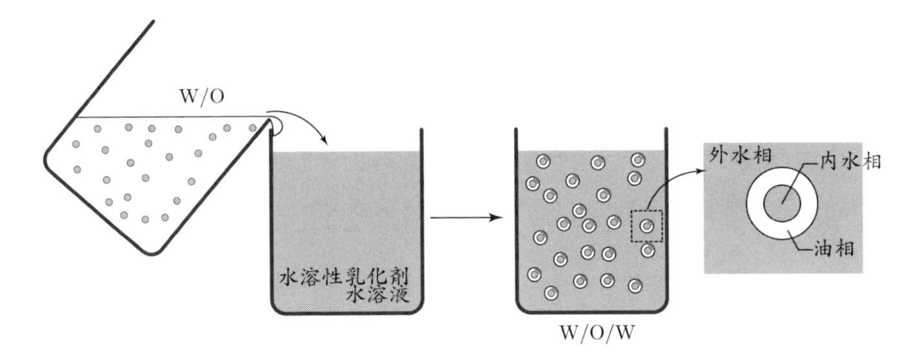

図 9.7 W/O/W 型エマルションの調製

9.5 その他のエマルション

9.5.1 複合エマルション

W/O 型や O/W 型のエマルションは**単純**(たんじゅん)**エマルション**とよばれる。これに対し**複合**(ふくごう)**エマルション**とよばれる構造的にやや複雑なエマルションがある。これは W/O 型あるいは O/W 型のエマルションを再度水相中あるいは油相中に分散，乳化して得られる（図 9.7 参照）。

W/O 型エマルション ——水相（水溶性乳化剤水溶液）→ W/O/W型エマルション

O/W型エマルション ——油相（油溶性乳化剤油溶液）→ O/W/O 型エマルション

9.5.2 マイクロエマルションと乳化重合

一般に，エマルションは乳白色を呈することが多いが，分散粒子が 10〜200 nm 程度まで小さくなると，透明ないしは半透明となる*27。この状態を**マイクロエマルション**という。マイクロエマルションと区別するために，通常のエマルションを**マクロエマルション**ということもある。マイクロエマルションは油または水で膨潤した界面活性剤のミセル溶液ととらえることもでき，そのため通常のエマルションと異なり熱力学的に安定である*28。マイクロエマルションには，通常のエマルションと同様に**O/W型**(オーダブリュがた)**マイクロエマルション**（油で膨潤したミセル）と**W/O型**(ダブリュオーがた)**マイクロエマル**

*27 反射光を見ると青みがかり，透過光で見ると黄色っぽく見える。

*28 粒子径 30 nm 程度の熱力学的に不安定なマクロエマルションも存在する。すなわち，熱力学的に安定か不安定かは単に粒子の大きさだけで決まるわけではない。

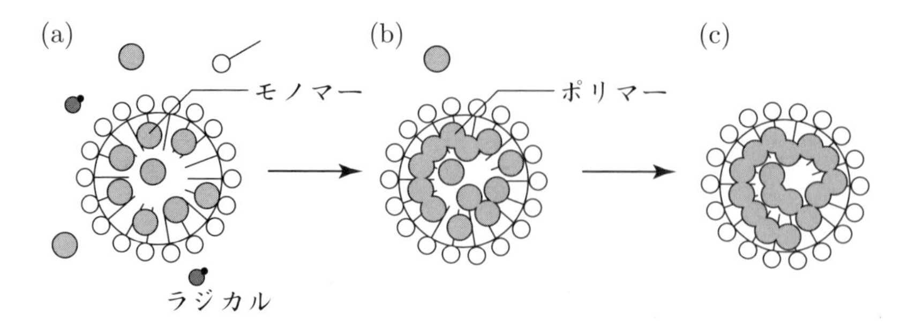

図9.8　乳化重合：(a) 水中で界面活性剤がミセルを形成し，モノマーが可溶化される。(b) ラジカルがミセル中のモノマーと反応し重合が開始する。(c) 界面活性剤で安定化されたポリマー粒子のエマルション，もしくはサスペンションとなる。

ション（水で膨潤した逆ミセル）がある。また，水相と油相の両成分が同程度存在するときは，水相と油相のどちらも連続相となりその界面に界面活性剤が吸着した**両連続マイクロエマルション**となる。

マイクロエマルションは反応場として機能することがある（図9.8参照）。すなわち，界面活性剤が水中でミセルを形成し，このミセルに**モノマー**が可溶化され，ついで**ラジカル**がミセル中のモノマーと反応して**重合**が開始する。さらに重合が進行すると，ミセル中はモノマーと**ポリマー**の共存状態となり，重合が継続される。反応が進行するにつれ，モノマーが水中のモノマー油滴より供給される。重合の最終段階では，モノマー油滴が消失し，界面活性剤で安定化されたポリマー粒子となって重合反応が終了する。このような重合反応を**乳化重合**という。合成高分子が固体であれば，生成系はサスペンションである。大きさと形が非常によく揃った**ラテックス**粒子は乳化重合法で合成される。

9.6　解乳化

これまでは「いかにエマルションを安定化するか」という観点で説明したが，これとは逆にエマルションとして安定化している系を積極的に破壊して相分離させること，すなわち**解乳化**が重要となることもある。具体的には，天然石油中にW/O型エマルションとして含まれる水の分離や，汚水中にO/W型エマルションとして存在する油の分離である。このような場合，温度変化や塩の添加などによって乳化剤の機能を低下させたり，遠心力を与えるなどしてクリーミングを促進することにより解乳化を起こす。

付録 A

気体分子が衝突する頻度

A.1 Boltzmann 分布

ここでは，気体分子が固体表面へ衝突する頻度を計算する。これには，気体分子の速度分布を求める必要がある。気体分子の速度分布を導出するには，まず気体分子集団を構成する個々の分子が，どのようなエネルギー状態をとっているかを考察することからはじめる。この考察は Boltzmann 分布へと導かれる。

A.1.1 配置とその重み

ある瞬間に分子がどのようなエネルギー状態にあるかについて考えよう。設定として，N 個の分子からなる系を考え，おのおのの分子は $\epsilon_0, \epsilon_1, \epsilon_2, \cdots$ のエネルギー状態のうち，いずれかをとり，系の全エネルギーは一定であるとする。図 A.1 では分子 1 が ϵ_0，分子 2 が ϵ_1，分子 3 が $\epsilon_0 \cdots$ のようになっているようすを表している。系を構成している N 個の分子がどのようなエネルギー状態をとっているかを配置（はいち）とよび，図 A.1 の配置は $\{2, 2, 0, 1, 0, \cdots\}$ で表す。すなわち，ϵ_0 のエネルギーを有する分子の個数を n_0 で表し，ϵ_1 のエネルギーを有する分子の個数を n_1 で表し，$\cdots$ とした場合，系の配置は $\{n_0, n_1, n_2, \cdots\}$ で表す。

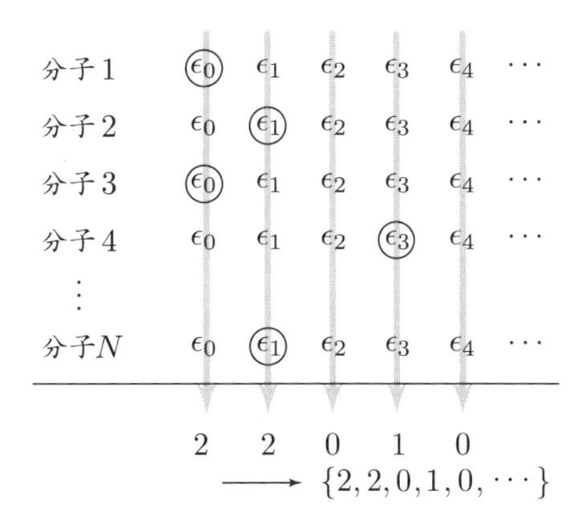

図 A.1 N 個の分子がどのようなエネルギー状態をとっているのかを考える図

ここでは，図 A.2 (a)，(b) に示した 2 つの配置 $\{10, 0, 0, 0, \cdots\}$ と $\{8, 2, 0, 0, \cdots\}$ について考える。この 2 つの配置は明らかに系の全エネルギーが異なるが，ここではひとまず，系のエネルギーが一定という条件をはずして考え，系のエネルギーが一定という条件についてはあらためて A.1.2 項で考える。

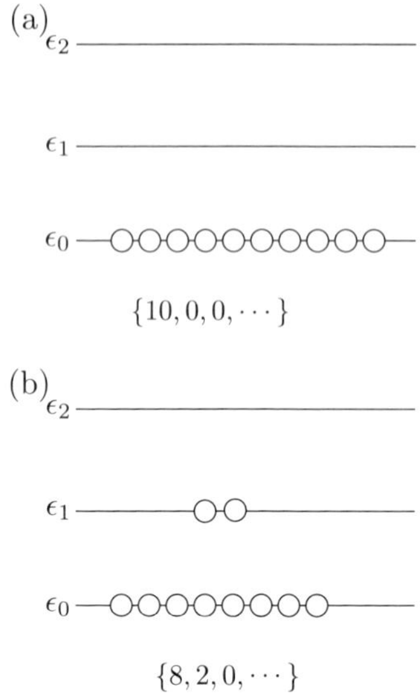

ここで，この 2 つの配置を実現するには何通りの方法があるのかを考える。(a) の場合はすべての分子が ϵ_0 でなければ実現できないので，考えるまでもなくこの配置を実現する方法は 1 通りである。この実現の仕方の数をその**配置の重み**という。(b) の場合の重みは，10 個から 2 個を選び出す**組み合わせ**の数であるから，${}_{10}\mathrm{C}_2 = 10!/(2! \cdot 8!) = 45$ と計算される*1。これにより，配置 $\{10, 0, 0, 0, \cdots\}$ に比べ，配置 $\{8, 2, 0, 0, \cdots\}$ のほうがずっと重みが大きいことがわかる。ところで，この重みの計算は容易に一般化でき，配置 $\{n_0, n_1, n_2, \cdots\}$ の重みは，次式で計算できる*2。

図 A.2 重みの異なる 2 つの配置：配置 $\{10, 0, 0, \cdots\}$ の重みは 1 であるのに対し，配置 $\{8, 2, 0, \cdots\}$ の重みは 45 である。

$$W = \frac{N!}{n_0! \cdot n_1! \cdot n_2! \cdot \cdots} \tag{A.1}$$

ここで，$\{N, 0, 0, 0, \cdots\}$ と $\{N-2, 2, 0, 0, \cdots\}$ の配置の重みについて，$N = 10$ の場合（これは上で計算済み），$N = 100$ の場合，$N = 6 \times 10^{23}$ の場合で計算すると

*1 順列と組み合わせについては，G.14 節を参照せよ。ただし，組み合わせに関する公式：${}_n\mathrm{C}_r = n!/(r! \cdot (n-r)!)$ を使わなくても，次のように考えれば同じ結果を得る。まず，ϵ_1 をとるのは 10 個の分子のうち 2 分子だけである。2 分子のうち，まず 1 分子を 10 個の分子から選ぶ。この選び方は 10 通りある。つぎにもう 1 つの分子を選ぶ。このときの選び方は 9 通りである（1 個はすでに選ばれているので，残りの 9 個の分子から候補を選ぶ）。これを連続して選ぶ選び方は 10×9 通りある。ただし，最初に選ばれるのとあとで選ばれるのに違いがないので，これを 2 で除して $(10 \times 9)/2 = 45$ 通りのやり方があることになる。

*2 まず N 個から n_0 個を選び，つぎに残っている $N - n_0$ 個から n_1 個を選び，$\cdots$ という組み合わせの数の積を考えればよいから，

$$W = {}_N\mathrm{C}_{n_0} \times {}_{N-n_0}\mathrm{C}_{n_1} \times \cdots = \frac{N!}{n_0! \cdot (N-n_0)!} \times \frac{(N-n_0)!}{n_1! \cdot (N-n_0-n_1)!} \times \cdots$$

という具合に計算でき，分母分子でキャンセルされるものを消せば，(A.1) 式を得る。

表 A.1 配置と重みの計算

配置	重み			
	N	$N=10$	$N=100$	$N=6\times10^{23}$
$\{N,0,0,0,\cdots\}$	1	1	1	1
$\{N-2,2,0,0,\cdots\}$	$N(N-1)/2$	45	4950	2×10^{47}

表 A.1 のようになる。この結果をみると，配置 $\{6\times10^{23},0,0,0,\cdots\}$ の重みは配置 $\{6\times10^{23}-2,2,0,0,\cdots\}$ の重みに比べて圧倒的に小さく，現実的にはまったく起こらないと考えられる。では，「N 分子系で，配置 $\{N-2,2,0,0,\cdots\}$ が重要な配置か？」と考えると，これもほとんど無視していい配置であることは想像がつくだろう。では，もっとも重みの大きい配置はどのような配置なのだろうか。次の項では N 分子系でもっとも重みの大きい配置を探す。その際に重み W の対数を計算するから，あらかじめ $\ln W$ の表式を得ておこう。

$$\begin{aligned}\ln W &= \ln N! - \ln(n_0!\cdot n_1!\cdot\cdots) = \ln N! - \sum_i \ln n_i! \\ &= N\ln N - N - \sum_i (n_i\ln n_i - n_i) \qquad \text{付録 G.12節参照} \qquad (A.2)\end{aligned}$$

A.1.2 優勢な配置を探す

ここでは N 分子系でもっとも重みの大きい配置を探す。ここから，重みの大きい配置を優勢な配置とよぶ。なぜもっとも優勢な配置を探すのかというと，圧倒的に優勢な配置があるとすれば，系はその配置しかとらないと期待でき，結果として系の性質はもっとも優勢な配置だけで決まるだろうと考えられるからである。もっとも優勢な配置を探すのは W の極大値を探すことと同じである。ただし W よりも $\ln W$ のほうが数学的に扱いやすいので，ここでは $\ln W$ の極大値を探すことにする。ただし，系の分子数には変化がなく，系の全エネルギーが一定であるという制約がある。これは次のように表される。

$$N = \sum_i n_i \qquad \text{および} \qquad E = \sum_i \epsilon_i n_i \qquad (A.3)$$

前項ではエネルギー一定という条件をはずして配置の重みについて考えたが，これ以降は系の全エネルギーが一定であるという条件も考慮する。図 A.3 に $N=6$ であるいくつかの配置を示した。ここで，$N=6$，$E=6$ を拘束条件として，それぞれの配置をみてみよう。(a) は配置 $\{0,6,0\}$ を示しているが，この系では確かに

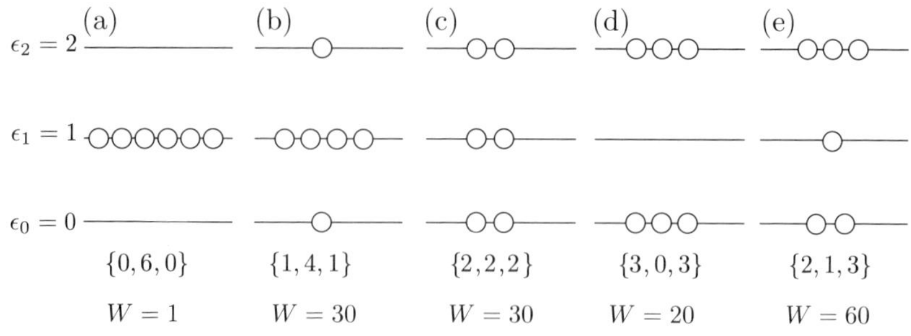

	(a)	(b)	(c)	(d)	(e)
$\epsilon_2 = 2$		○	○○	○○○	○○○
$\epsilon_1 = 1$	○○○○○○	○○○○	○○		○
$\epsilon_0 = 0$		○	○○	○○○	○○
	$\{0,6,0\}$	$\{1,4,1\}$	$\{2,2,2\}$	$\{3,0,3\}$	$\{2,1,3\}$
	$W=1$	$W=30$	$W=30$	$W=20$	$W=60$

図 A.3 5 種類の配置とその重み W

$E = 0 \times 0 + 1 \times 6 + 2 \times 0 = 6$ となっていることがわかる。(b), (c), (d) も同じように計算すれば，これらの配置が $E = 6$ を満足することがわかる。しかし，(e) は $E = 7$ となりエネルギー一定という条件を満足しない。すなわち，$N = 6$, $E = 6$ という拘束条件を満足する配置は，(a)〜(d) の 4 つであることがわかる。エネルギー一定という条件をはずせば，(e) のほうが (a)〜(d) よりも重みが大きいから注意が必要である。つぎに，(a)⟶(b) の変化を考えると $n_0 = 0 \to n_0 = 1$ と $\mathrm{d}n_0 = +1$ である。ただし，n_0 は自由に変化できるわけではなく，$\mathrm{d}n_0 = +1$ と帳尻を合わせるために $\mathrm{d}n_1 = -2, \mathrm{d}n_2 = +1$ の変化が必要である。このように，n_0 が n_0 単独で変化の様を選べず，他の変数に気を使いながら変化しなくてはいけない状況を「独立でない」という。独立でない変数を持つ関数の極値を求める場合は，次に示す Lagrange の未定乗数法で問題を解くのがよい。

Lagrange の未定乗数法で問題を解く

ここでは，「全分子数が一定で全エネルギーも一定であるという拘束条件のもとで，もっとも優勢な配置を探す」という問題を**Lagrange**（ラグランジュ）[*3]の**未定乗数法**（みていじょうすうほう）を使って解く[*4]。ここで解くべき問題を整理すると，問題は次の 3 式で表すことができる。

$$\begin{cases} \ln W = N \ln N - N - \sum_i (n_i \ln n_i - n_i) & \longleftarrow \text{極値を求めたい関数} \\ \text{ただし，} \sum_i n_i - N = 0 & \longleftarrow \text{拘束条件 1} \\ \sum_i \epsilon_i n_i - E = 0 & \longleftarrow \text{拘束条件 2} \end{cases} \tag{A.4}$$

[*3] Joseph-Louis Lagrange (1736–1813)

[*4] Lagrange の未定乗数法を知らない読者は付録 G.13 節を読んでからここに戻ってくるのがよい。

ここで未定乗数を α と β として，新たな関数 $\overline{\ln W}$ を定義する。

$$\overline{\ln W} := N\ln N - N - \sum_i (n_i \ln n_i - n_i) - \alpha\Bigl(\sum_i n_i - N\Bigr) - \beta\Bigl(\sum_i \epsilon_i n_i - E\Bigr) \tag{A.5}$$

あとは，$\overline{\ln W}$ の極値を求めればよいから，

$$\frac{\partial \overline{\ln W}}{\partial n_1} = \frac{\partial \overline{\ln W}}{\partial n_2} = \cdots = \frac{\partial \overline{\ln W}}{\partial n_i} = \cdots = 0 \tag{A.6}$$

を解けばよい。これよりただちに，次の結果を得る。

$$\begin{cases} \dfrac{\partial \overline{\ln W}}{\partial n_1} = -\ln n_1 - \alpha - \beta\epsilon_1 = 0 \longrightarrow n_1 = e^{-\alpha}e^{-\beta\epsilon_1} \\ \dfrac{\partial \overline{\ln W}}{\partial n_2} = -\ln n_2 - \alpha - \beta\epsilon_2 = 0 \longrightarrow n_2 = e^{-\alpha}e^{-\beta\epsilon_2} \\ \qquad\vdots \\ \dfrac{\partial \overline{\ln W}}{\partial n_i} = -\ln n_i - \alpha - \beta\epsilon_i = 0 \longrightarrow n_i = e^{-\alpha}e^{-\beta\epsilon_i} \\ \qquad\vdots \end{cases} \tag{A.7}$$

これが，（α と β は未定だが）もっとも優勢なエネルギー配置を表す。

ところで，(A.7) 式それぞれの両辺を全粒子数 N で除せば，分子がエネルギー準位 ϵ_i を占める確率：

$$p_i = Ae^{-\beta\epsilon_i} \tag{A.8}$$

を得る（ただし，$e^{-\alpha}/N = A$ とした）。これを**Boltzmann分布**という。未定乗数 β は A.3 節で定める。結果だけを示せば，$\beta = 1/k_\mathrm{B}T$ となる。

ここまではエネルギーを離散的なものとして考えてきたが，ここではエネルギー間隔が十分小さく，エネルギーが連続であると考えられる場合について，Boltzmann 分布を書き換えておく。この場合，エネルギーが ϵ〜$\epsilon + \mathrm{d}\epsilon$ にある分子の確率 $p(\epsilon)\mathrm{d}\epsilon$ は，

$$p(\epsilon)\mathrm{d}\epsilon = Be^{-\beta\epsilon}\mathrm{d}\epsilon \tag{A.9}$$

と書ける[*5]。ただし，B は定数である。

*5 ここで導入した $p(\epsilon)$ は確率密度もしくは確率密度関数とよばれる。エネルギー ϵ を連続と考えると，エネルギー準位 ϵ_i は無限個存在することになるから，指定したエネルギー準位 ϵ_i を占める確率 p_i を考えることに意味がなくなる。このような場合は，ϵ がある有限の範囲 $\mathrm{d}\epsilon$ に入る確率を考えなければならない。これを $p(\epsilon)\mathrm{d}\epsilon$ と書いた。ここで行ったように離散型確率変数から連続型確率変数へ議論を移す場合，厳密にはここで示したよりもずっとデリケートな取り扱いが必要である [25, 26]。

A.2 気体分子の速度分布

準備は大体できたから，本題の気体の速度分布について考えはじめよう。前節と同じく N 分子系を考え，この系は熱平衡にあるとする。

A.2.1 1 次元空間

まずは 1 次元空間での気体分子の速度分布について計算する。質量が m の分子が速度 v_x で 1 次元に束縛されながら運動している場合，**並進運動**（へいしんうんどう）**エネルギー**は，

$$\epsilon_{\text{trans}} = \frac{1}{2}mv_x^2 \tag{A.10}$$

で表される[*6]。熱平衡にある分子のエネルギー分布は (A.9) 式で表されるから，速度が v_x〜$v_x + \mathrm{d}v_x$ である分子の確率は，

$$p(v_x)\mathrm{d}v_x = Ce^{-\beta m v_x^2/2}\mathrm{d}v_x \tag{A.11}$$

で表される。定数 C は次のように規格化条件から決まる。

$$\begin{aligned}
1 &= \int_{-\infty}^{\infty} p(v_x)\mathrm{d}v_x && \text{規格化条件} \\
&= C\int_{-\infty}^{\infty} e^{-\beta m v_x^2/2}\mathrm{d}v_x && \text{(A.11) 式を代入した} \\
&= C\left(\frac{2\pi}{\beta m}\right)^{1/2} && \text{(G.38) 式より} \\
&\xrightarrow{C\ \text{について整理すると}} C = \left(\frac{\beta m}{2\pi}\right)^{1/2} && \text{(A.12)}
\end{aligned}$$

定数項が定まったので，1 次元空間での速度分布 $p(v_x)$ が次のように求められた[*7]。

$$p(v_x) = \left(\frac{\beta m}{2\pi}\right)^{1/2} e^{-\beta m v_x^2/2} \tag{A.13}$$

---

*6 下付きの trans は translation（並進運動）の先頭 5 文字である。

*7 脚注*5 で $p(\epsilon)$ を確率密度（確率密度関数）とよんだが，確率分布（かくりつぶんぷ）とよばれることもある。いまの場合は，速度分布とよぶ。

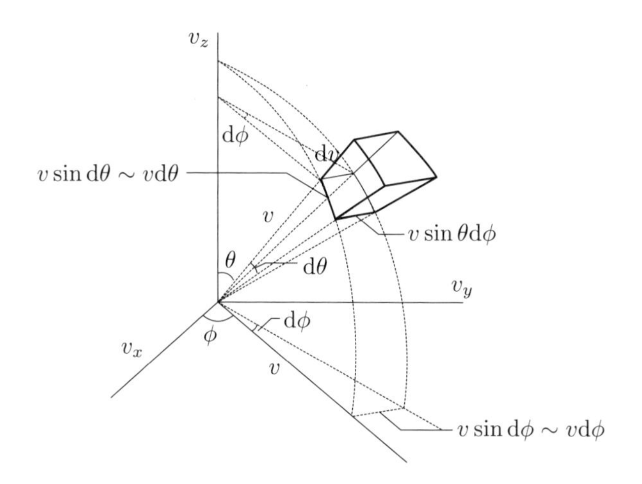

図 A.4　極座標における体積素片の表式を考える図：直交座標 (v_x, v_y, v_z) で体積素片は $\mathrm{d}v_x\mathrm{d}v_y\mathrm{d}v_z$ で表されるが，極座標 (v, θ, ϕ) では，体積素片は $v^2\mathrm{d}v\sin\theta\mathrm{d}\theta\mathrm{d}\phi$ で表される。

A.2.2　3 次元空間

ここでは，3 次元空間中を運動する分子について考える。速度が $\boldsymbol{v}\sim\boldsymbol{v}+\mathrm{d}\boldsymbol{v}$（$v_x\sim v_x+\mathrm{d}v_x$，$v_y\sim v_y+\mathrm{d}v_y$，$v_z\sim v_z+\mathrm{d}v_z$）である分子の確率は，

$$p(v_x, v_y, v_z)\mathrm{d}v_x\mathrm{d}v_y\mathrm{d}v_z = De^{-\beta m(v_x^2+v_y^2+v_z^2)/2}\mathrm{d}v_x\mathrm{d}v_y\mathrm{d}v_z \tag{A.14}$$

で表される。定数 D は規格化条件で決まり，これは $D = C^3 = (\beta m/2\pi)^{3/2}$ となる。これを (A.14) 式に代入すると次の結果を得る。

$$p(v_x, v_y, v_z)\mathrm{d}v_x\mathrm{d}v_y\mathrm{d}v_z = \left(\frac{\beta m}{2\pi}\right)^{3/2} e^{-\beta m(v_x^2+v_y^2+v_z^2)/2}\mathrm{d}v_x\mathrm{d}v_y\mathrm{d}v_z \tag{A.15}$$

つぎに (A.15) 式を (v, ϕ, θ) で表される極座標（きょくざひょう）に変換しよう。図 A.4 をみれば，直交座標における体積素片 $\mathrm{d}v_x\mathrm{d}v_y\mathrm{d}v_z$ は極座標では $v^2\mathrm{d}v\sin\theta\mathrm{d}\theta\mathrm{d}\phi$ となることがわかる。したがって，速さが $v\sim v+\mathrm{d}v$ で進行方向が $\theta\sim\theta+\mathrm{d}\theta, \phi\sim\phi+\mathrm{d}\phi$ である分子の確率は次式で表される。

$$p(v, \phi, \theta)v^2\mathrm{d}v\sin\theta\mathrm{d}\theta\mathrm{d}\phi = \left(\frac{\beta m}{2\pi}\right)^{3/2} e^{-\beta m v^2/2}v^2\mathrm{d}v\sin\theta\mathrm{d}\theta\mathrm{d}\phi \tag{A.16}$$

分子の進行「方向」に興味がない場合は，θ と ϕ について積分すれば，（分子の進行方向に関係なく）速さが $v\sim v+\mathrm{d}v$ の範囲にある分子の割合が得られる。

$$
\begin{aligned}
p(v)\mathrm{d}v &= \left(\frac{\beta m}{2\pi}\right)^{3/2} e^{-\beta m v^2/2} v^2 \mathrm{d}v \underbrace{\int_0^{\pi} \sin\theta \mathrm{d}\theta}_{=2} \underbrace{\int_0^{2\pi} \mathrm{d}\phi}_{=2\pi} \\
&= 4\pi \left(\frac{\beta m}{2\pi}\right)^{3/2} e^{-\beta m v^2/2} v^2 \mathrm{d}v \qquad \text{ただし，} \beta = \frac{1}{k_{\mathrm{B}}T} \qquad \text{(A.17)}
\end{aligned}
$$

この $p(v)$ が 3 次元空間における分子の「速さ」の分布を表し，これを **Maxwell**（マクスウェル）[*8]–**Boltzmann**（ボルツマン）**分布**（ぶんぷ）という。

A.3　β を定める

これまでの議論をもとにすると，気体分子の運動エネルギー $\epsilon_{\mathrm{trans}}$ の平均値は次式で計算される。

$$
\begin{aligned}
\langle \epsilon_{\mathrm{trans}} \rangle &= \int_0^{\infty} \epsilon_{\mathrm{trans}}\, p(v) \mathrm{d}v && \text{平均値の計算式} \\
&= \int_0^{\infty} \frac{1}{2} m v^2 4\pi \left(\frac{\beta m}{2\pi}\right)^{3/2} e^{-\beta m v^2/2} v^2 \mathrm{d}v && \text{(A.10) 式, (A.17) 式より} \\
&= 2m\pi \left(\frac{\beta m}{2\pi}\right)^{3/2} \int_0^{\infty} v^4 e^{-\beta m v^2/2} \mathrm{d}v && \text{整理した} \\
&= 2m\pi \left(\frac{\beta m}{2\pi}\right)^{3/2} \frac{3}{2} \left(\frac{1}{\beta m}\right)^2 \sqrt{\frac{2\pi}{\beta m}} && \text{(G.40) 式より} \\
&= \frac{3}{2\beta} && \text{整理した} \qquad \text{(A.18)}
\end{aligned}
$$

エネルギーの等分配則より，この結果は $3k_{\mathrm{B}}T/2$ に等しいから，

$$
\frac{3}{2\beta} = \frac{3}{2} k_{\mathrm{B}} T \quad \xrightarrow{\text{これよりただちに}} \quad \beta = \frac{1}{k_{\mathrm{B}} T} \qquad \text{(A.19)}
$$

すなわち，β は熱エネルギー $k_{\mathrm{B}}T$ の逆数であることがわかった。ようやく β が定まったので，Maxwell–Boltzmann 分布を実際の系に適用できるようになった。図 A.5 には 300 K における希ガスの速度分布を示した。希ガス分子の質量が大きくなるほど速度分布が狭くなることがわかる。また，図 A.5 には示していないが，同じ希ガス分子で比べると温度が高いほど速度分布は広くなる。

[*8] James Clerk Maxwell (1831–1879)

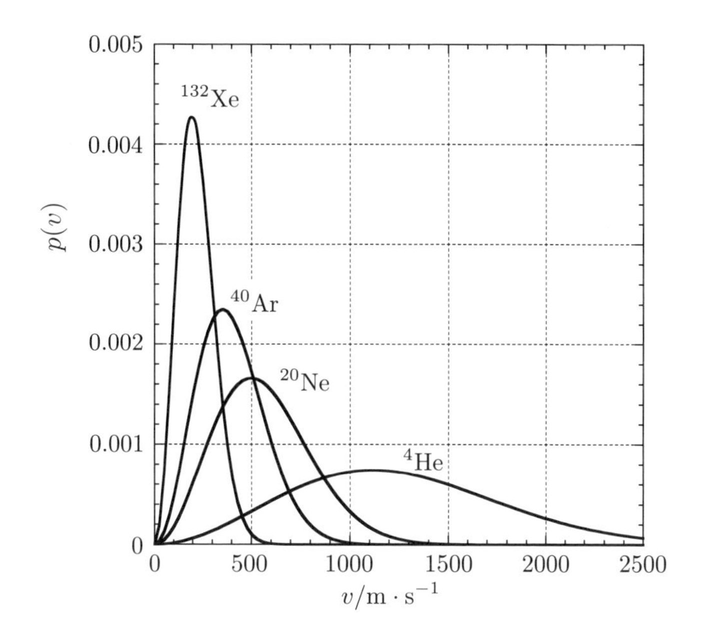

図 A.5 Maxwell−Boltzmann 分布：300 K における 4 種類の希ガス分子（単原子分子）の速度分布を示した。(A.17) 式に $k_{\mathrm{B}} = 1.38 \times 10^{-23}$ J/K, $T = 300$ K と各分子の質量（モル質量を Avogadro 数で除して計算）を代入して計算した。

A.4 衝突頻度を求める

気体分子の速度分布が求まったから，これで衝突頻度を求めることができる。図 A.6 に示したように，表面に面積 S の領域を考える。この領域に衝突する分子のうち，まずは S の法線と角度が θ だけ傾いた方向から飛んできた分子の寄与について考える。速度 v の分子が，時刻 t〜$t + \mathrm{d}t$ のあいだに S に衝突したとする。すると，この分子が時刻 t に存在していた領域は S を底面として傾きが θ で高さが $v\mathrm{d}t\cos\theta$ の傾いた円筒内に限定される。この円筒内の気体の密度を ρ とすると，円筒内の気体の分子数

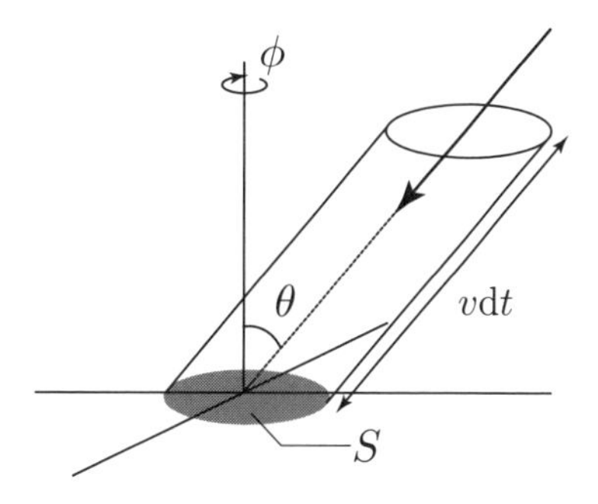

図 A.6 時間 $\mathrm{d}t$ のあいだに領域 S に角度 θ で衝突する速さ v の分子をすべて含む円筒

$N^{'}(v,\theta)$ は次式で表される。

$$N^{'}(v,\theta)=\rho Sv\mathrm{d}t\cos\theta \tag{A.20}$$

いま考えている円筒は，時間 $\mathrm{d}t$ のあいだに領域 S に角度 θ で衝突する速さ v の分子をすべて含んでいるが，もちろんそうでない分子も含まれている。円筒内に含まれる $N^{'}$ 個の分子のうち，速さが $v\sim v+\mathrm{d}v$ で進行方向が $\theta\sim\theta+\mathrm{d}\theta$，$\phi\sim\phi+\mathrm{d}\phi$ である分子の割合は (A.16) 式で表されるから，これと $N^{'}$ との積をとることによって，時間 $\mathrm{d}t$ のあいだに面積 S に角度 $\theta+\mathrm{d}\theta$ で $\phi+\mathrm{d}\phi$ の方向から衝突する速さ $v+\mathrm{d}v$ の分子数が与えられる。これを $\mathrm{d}\mathcal{N}(v,\theta,\phi)$ と書くと，$\mathrm{d}\mathcal{N}(v,\theta,\phi)$ は，

$$\begin{aligned}\mathrm{d}\mathcal{N}(v,\theta,\phi)&=N^{'}(v,\theta)p(v,\phi,\theta)v^2\mathrm{d}v\sin\theta\mathrm{d}\theta\mathrm{d}\phi\\&=\rho Sv\mathrm{d}t\cos\theta\left(\frac{\beta m}{2\pi}\right)^{3/2}e^{-\beta mv^2/2}v^2\mathrm{d}v\sin\theta\mathrm{d}\theta\mathrm{d}\phi\end{aligned} \tag{A.21}$$

で表される。これをあらゆる v，ϕ，θ について足し合わせれば S に衝突する分子数の総数になる。足し算を積分で書き換えて[*9]，単位時間，単位面積あたりに換算（$\mathrm{d}t$，S で除する）すると衝突（しょうとつ）する頻度（ひんど） Z_{w} を得る。

$$\begin{aligned}Z_{\mathrm{w}}&=\frac{1}{S\mathrm{d}t}\int_v\int_\phi\int_\theta\mathrm{d}\mathcal{N}(v,\theta,\phi)\\&=\int_v\int_\phi\int_\theta\rho v\cos\theta\left(\frac{\beta m}{2\pi}\right)^{3/2}e^{-\beta mv^2/2}v^2\sin\theta\mathrm{d}v\mathrm{d}\theta\mathrm{d}\phi\\&=\rho\left(\frac{\beta m}{2\pi}\right)^{3/2}\int_0^\infty v^3e^{-\beta mv^2/2}\mathrm{d}v\underbrace{\int_0^{\pi/2}\sin\theta\cos\theta\mathrm{d}\theta}_{=1/2}\underbrace{\int_0^{2\pi}\mathrm{d}\phi}_{=2\pi}\\&=\rho\left(\frac{\beta m}{2\pi}\right)^{3/2}\times\frac{1}{2(\beta m/2)^2}\times\frac{1}{2}\times2\pi\qquad\text{積分公式}^{*10}\int_0^\infty x^3e^{-ax^2}\mathrm{d}x=\frac{1}{2a^2}\\&=\rho\frac{1}{\sqrt{2\pi m\beta}}\\&=\frac{p}{k_{\mathrm{B}}T}\frac{1}{\sqrt{2\pi m\beta}}\qquad\rho=\frac{N}{V}=\frac{p}{k_{\mathrm{B}}T}\text{（理想気体の状態方程式より）を代入した}\\&=\frac{p}{\sqrt{2\pi mk_{\mathrm{B}}T}}\qquad\beta=\frac{1}{k_{\mathrm{B}}T}\text{を代入した}\end{aligned} \tag{A.22}$$

これは (2.46) 式に一致する。

[*9] θ の積分範囲が $0\leq\theta\leq\pi/2$ であることに注意せよ。

[*10] 公式というほどのものでもない。$t:=x^2$ と変数変換したあとで，部分積分を用いる。

付録 B

液膜実験と Fermat 点

第 3 章で紹介した液膜実験について再び考えよう。図 3.5 (a) では，正四面体の骨格を端面とする液膜で，面積が最小のものが形成された。3 次元では難しいから，この問題を 2 次元に焼き直すと次のような問題設定になるだろう。

✐ 演習問題 13　正三角形の各頂点を結ぶ最短の経路を見つけなさい。

解答 13　すなわち，図 B.1 (a) の 3 点を最短経路で結べという問題だ。一番先に思いつくのは (b) だろうが，これは誤りで，正解は (c) である。点と点の距離を a とすれば (b) の場合の経路長は $2a$ で (c) の場合は $\sqrt{3}a$ である。同じ問題を正方形で考えてみよう。これは図 3.5 (b) の液膜実験の 2 次元版に相当する。やはり，(e) が思いつくかもしれないが，これも誤りである。(f) はかなりよいが，結論からいうとこれも誤りで，正解は (g) である。(c) と (g) において経路が交わっている点を**Fermat**(フェルマー)[*1]点(てん)という[*2]。Fermat 点は角度が 120° であるという特徴を持つ。図 3.5 (a) の液膜実験の結果には納得できても，図 3.5 (b) の結果（図 3.23 参照）には何となく納得できない読者も多いと思う。そういう読者は (f) と (g) の経路長をそれぞれ計算してみるとよい。

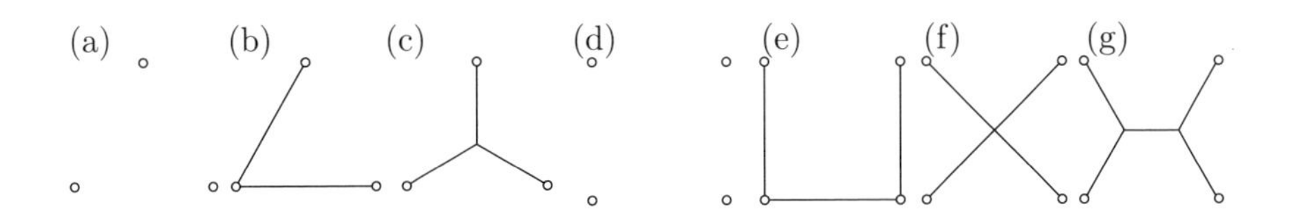

図 B.1　液膜実験の 2 次元版：答えは Fermat 点にある。

[*1] Pierre de Fermat (1601–1665)
[*2] (f) の X 型の図形の左にできる三角形と右にできる三角形の Fermat 点を結んだものが (g) である。

折り紙

正四面体の針金で実験をしたときに得られる液膜を，折り紙で作ることができる。折り方を下に示した。これは文献 [35] による。折り方の 1 つ 1 つについて意味を考えると，非常に興味深い。

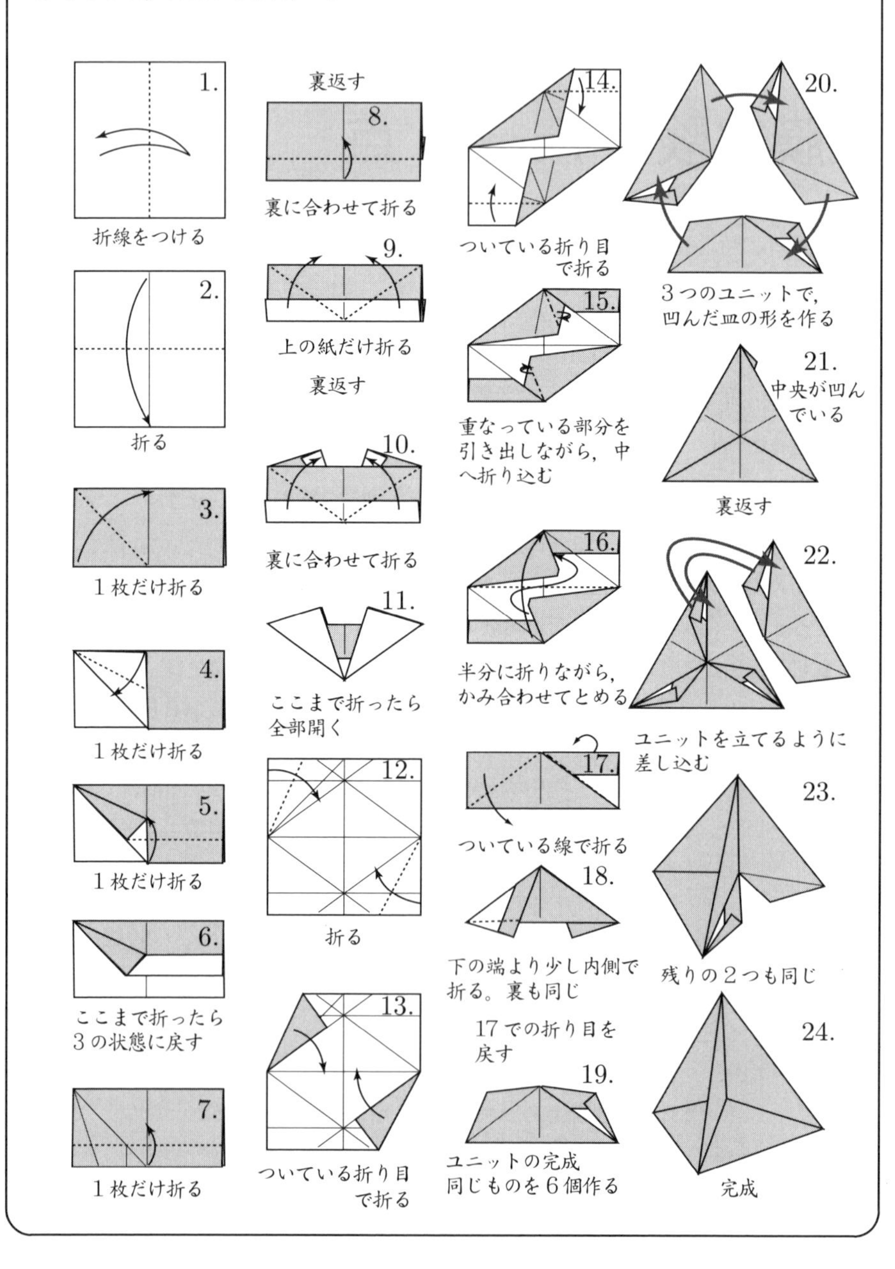

付録 C
平行平板コンデンサー

ここでは，界面電気二重層の理解に不可欠な，平行平板コンデンサの作る電場について説明する。

平面状電荷の作る電場

無限に広い平面に面密度 σ_0 で電荷が一様に分布しているとする（図 C.1 参照）。この平面から a だけ離れている点 P での電場（電界）を考えよう。点 P から平面におろした垂線と平面の交点を原点 O として，OP 方向を z 軸にとり，平面上に極座標 (R, φ) をとる。電荷分布は z 軸のまわりで対称であるから，点 P における電場は平面に平行な成分は持たない。すなわち，垂直方向の成分 E_z だけを考えればよい。平面上の任意の点 $\mathrm{A}(R, \varphi)$ のまわりの微小領域 $R\mathrm{d}R\mathrm{d}\varphi$ に分布する電荷 $\sigma_0 R\mathrm{d}R\mathrm{d}\varphi$ が点 P に作る電場 $\mathrm{d}\boldsymbol{E}$ の z 成分は，

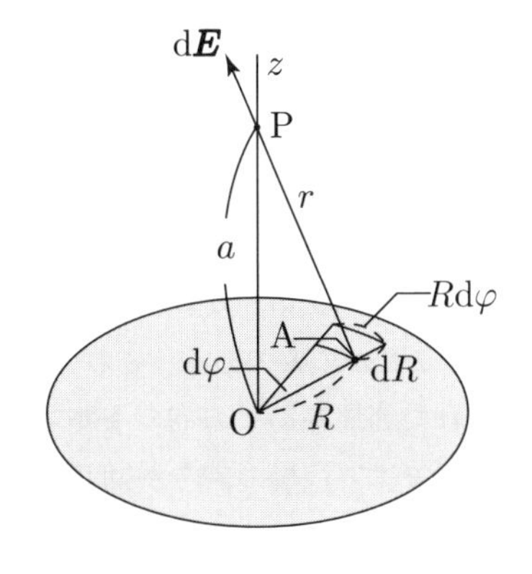

図 C.1　平面状電荷が作る電場

$$\mathrm{d}E_z = \mathrm{d}E \cdot \frac{a}{r} = \frac{1}{4\pi\epsilon_0}\frac{\sigma_0 R\mathrm{d}R\mathrm{d}\varphi}{r^2}\frac{a}{r} \tag{C.1}$$

である[*1]。ここで $r := \overline{\mathrm{AP}} = \sqrt{R^2 + a^2}$ である。平面内の電荷すべてが点 P に作る電場は，これを平面全体にわたって積分すればよいので，

$$E_z = \frac{\sigma_0 a}{4\pi\epsilon_0}\int_0^\infty \mathrm{d}R \int_0^{2\pi} \mathrm{d}\varphi \frac{R}{\left(R^2 + a^2\right)^{3/2}} = \frac{\sigma_0}{2\epsilon_0} \tag{C.2}$$

[*1] 電荷 Q が距離 r の位置に作る電場の大きさは，$E = Q/(4\pi\epsilon_0 r^2)$ であることを用いた。この関係は Coulomb の法則よりただちに導かれる。

と求まる[*2]。すなわち，① 平面状電荷の作る電場は平面に垂直であり，② その大きさは距離 a によらないということがわかる。

コンデンサーの作る電場

つぎに，コンデンサーについて考えよう。面積 S の金属板に正電荷 $+Q$ を与えると，これは，

$$E_1 = \frac{\sigma_0}{2\epsilon_0} \tag{C.3}$$

の電場を金属板の上下に作る（図 C.2 (a) 参照）。ただし，$\sigma_0 := Q/S$ で（前でやったのと同じ）電荷の面密度を定義した。これと同じように，面積 S の金属板に負電荷 $-Q$ を与えると，これは，

$$E_2 = \frac{\sigma_0}{2\epsilon_0} \tag{C.4}$$

の電場を金属板の上下に作る（図 C.2 (b) 参照）。これらの金属板を図 C.2 (c) に示したように，距離 δ だけ隔てて並べると，$+Q$ に帯電された金属板の上方向では E_1 と E_2 の向きが逆であるから，相殺して電場は 0 となる。これには，すぐ前で結論された，平面状電荷が作る電場は「距離に依存しない」ことが重要である。これと同様に，$-Q$ に帯電された金属板の下方向でも電場は 0 になる。金属板間では，電場の向きが同じであるから 0 にはならず，

$$E = E_1 + E_2 = \frac{\sigma_0}{\epsilon_0} \tag{C.5}$$

となる（図 C.2 (d) 参照）。電場が一様である場合には，2 点間の電位差は電場に 2 点間の距離を乗ずれば得られるので，金属板間の電位差 $\Delta\phi$ は，

$$\Delta\phi = E\delta = \frac{\sigma_0\delta}{\epsilon_0} \tag{C.6}$$

と求まる。これが (8.1) 式である。

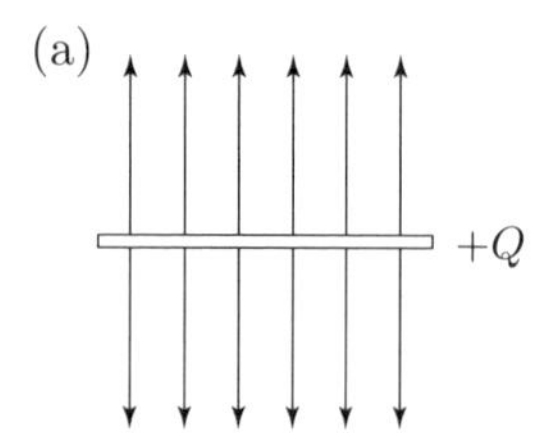

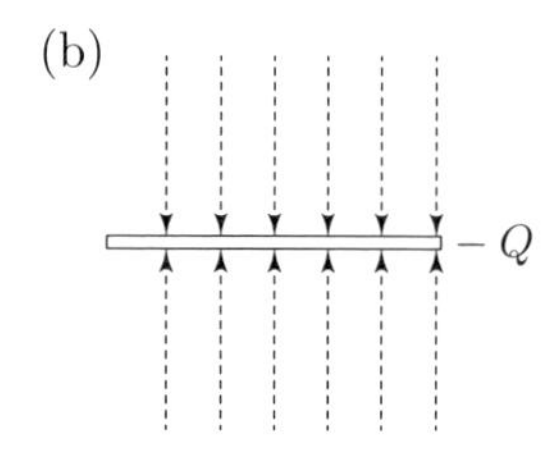

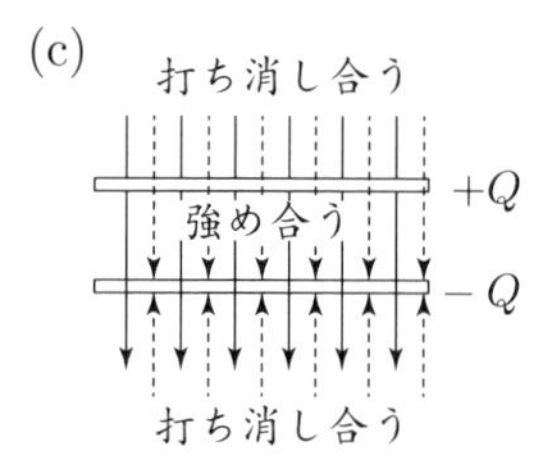

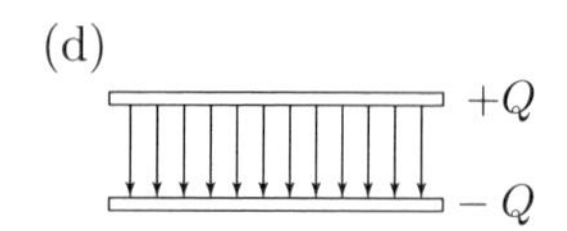

図 C.2　正負に帯電した金属板を重ね合わせると，2 枚の金属板にはさまれる場所では電場の強め合いが起こり，外側では電場の打ち消し合いが起こる。

[*2] $R^2 + a^2 = S$ と変数変換すれば，容易に積分できる。

付録 D

モノ・ジ・トリ

D.1　慣用名と IUPAC 組織名

化学は多くの化合物を扱う学問だから，化合物の名前を知らないと，なかなか話が進まない。また，名前をいわれても，構造式が想像できなければ話は上の空になる。界面化学で扱う（うちの，さらに代表的な）物質に話をかぎっても，界面活性剤や脂肪酸の名前は**慣用名**（かんようめい）で通っている場合が多く，それを会話で使いこなすには膨大な知識を必要とする。たとえば，「マルガリン酸」は「マーガリン」に多く含まれるというのが名前の由来であるが，マルガリン酸という名前から $C_{16}H_{33}COOH$ という構造式は出てこない。「名前から構造式を想像できない」という欠点を補うために IUPAC は**IUPAC 組織名**（アイユーピーエーシーそしきめい）を制定している。これはこれで，無味乾燥な名前を与えるが，規則さえ知っていれば名前から構造がわかるから便利である。

表 D.1 に本書で記載のある物質のうちいくつかについて，慣用名と IUPAC 組織名を併記した。炭素数があまり多くない直鎖炭化水素である「ヘキサン」,「ヘプタン」などには，とくに慣用名などはない[*1]。また，ヘキサは「6」，ヘプタは「7」を意味すること，語尾の「ane」は飽和炭化水素を表すことを知っているから，ヘキサンは C_6H_{14}，ヘプタンは C_7H_{16} と構造式がすぐにわかる。すぐにわかるのは，初等的な化学を勉強しはじめた頃,「化学では 1, 2, 3, $\cdots$ をモノ，ジ，トリ，$\cdots$ という」と習い，10 までを諳んじたからである。しかし，炭素数が 10 を超えると突然記憶があいまいになり，11 が「ウンデカ」，12 が「ドデカ」であることをすぐに思い出せる読者は多くはないだろう。そもそも，IUPAC 組織名の中の「ドデカ」や「トリデカ」などは，置換基の

[*1] もっと炭素数の少ないものは慣用名でよぶものもある。というのも，炭素数が 1 から 4 までの直鎖炭化水素は，メタン CH_4，エタン C_2H_6，プロパン C_3H_8，ブタン C_4H_{10} という慣用名でよぶと IUPAC で決められている。

表 D.1　慣用名と IUPAC 組織名

炭素数	慣用名	構造式	IUPAC 組織名
C_6	……	C_6H_{14}	ヘキサン
C_7	……	C_7H_{16}	ヘプタン
	エナント酸	$C_6H_{13}COOH$	ヘプタン酸
C_8	……	C_8H_{18}	オクタン
	カプリル酸	$C_7H_{15}COOH$	オクタン酸
	カプリルアルコール	$C_8H_{17}OH$	1– オクタノール
C_{12}	……	$C_{12}H_{26}$	ドデカン
	ラウリン酸	$C_{11}H_{23}COOH$	ドデカン酸
	ラウリル硫酸ナトリウム	$C_{12}H_{25}SO_4Na$	ドデシル硫酸ナトリウム
C_{13}	トリデシル酸	$C_{12}H_{25}COOH$	トリデカン酸
C_{14}	ミリスチン酸	$C_{13}H_{27}COOH$	テトラデカン酸
C_{15}	ペンタデシル酸	$C_{14}H_{29}COOH$	ペンタデカン酸
C_{16}	セタン	$C_{16}H_{34}$	ヘキサデカン
	パルミチン酸	$C_{15}H_{31}COOH$	ヘキサデカン酸
C_{17}	マルガリン酸	$C_{16}H_{33}COOH$	ヘプタデカン酸
C_{18}	ステアリン酸	$C_{17}H_{35}COOH$	オクタデカン酸

数を示すときに使うもので，**ギリシャ語数詞**（ごすうし）による接頭辞である。このギリシャ語数詞による数え方はいろいろと複雑である。というのも，（化学にありがちな）例外や，さらには，例外の例外まである。そこで，次節でギリシャ語数詞についてまとめた。

D.2　ギリシャ語数詞

D.2.1　1〜99 までを数える

1 から 99 までの数え方を説明する。ほとんどの場合は，これだけで十分用が足りる。

基本的な規則

- まず，1 から 12 までは暗記する[*2]。
  モノ，ジ，トリ，テトラ，ペンタ，ヘキサ，ヘプタ，オクタ，ノナ，デカ，ウン

[*2] 1 から 10 まででではなく，「12」まで暗記するのがよい。

デカ，ドデカ

- つぎに 10, 20, 30, ⋯, 90 を暗記する（10 の単位は「コンタ」。ただし，10 と 20 は例外）。
  デカ，（エ）イコサ[*3]，トリアコンタ，テトラコンタ，ペンタコンタ，ヘキサコンタ，ヘプタコンタ，オクタコンタ，ノナコンタ
- 複合数詞は桁の小さいほうから組み立てる。
  たとえば「34」は，$\underbrace{\text{tetra}}_{=4}+\underbrace{\text{triaconta}}_{=30}$

例外事項

- 「1」と「2」は単独では，「mono（モノ）」と「di（ジ）」であるが，他の数詞と複合する場合は，「hen」と「do」に変わる。
  例外の例外 ただし，「11」だけは「hendeca（ヘンデカ）」ではなく「undeca（ウンデカ）」という。
  例外の例外 99 を超える数字であるが，「200」は「docta（ドクタ）」ではなく「dicta（ジクタ）」，同様に「2000」は「dolia」ではなく「dilia（ジリア）」
- 「22〜29」で「20」を表す (e)icosa は (e)i が脱落して「cosa（コサ）」に変わる。

D.2.2 100〜999 を数える

ほとんどの場合，100 以上の数詞を使うことはないだろうが，念のために 100 から 999 までの数え方をまとめておく。

基本的な規則

- まず，100, 200, 300, ⋯, 900 までは暗記する（100 の単位は「クタ」）。
  ヘクタ，ジクタ，トリクタ，テトラクタ，ペンタクタ，ヘキサクタ，ヘプタクタ，オクタクタ，ノナクタ
- 複合数詞は桁の小さいほうから組み立てる。
  たとえば「375」は，$\underbrace{\text{penta}}_{=5}+\underbrace{\text{heptaconta}}_{=70}+\underbrace{\text{tricta}}_{=300}$

なお，次頁の表 D.2 にギリシャ語数詞による倍数接頭辞をまとめた。

[*3]「20」には icosa（IUPAC）と eicosa（CAS）という 2 種類の読み方がある。CAS は Chemical Abstracts Service の略である。

表 D.2　ギリシャ語数詞による倍数接頭辞

1	mono	モノ（単独の場合）
	hen	ヘン（複合する場合）
2	di	ジ　（単独の場合）
	do	ド　（複合する場合）
3	tri	トリ
4	tetra	テトラ
5	penta	ペンタ
6	hexa	ヘキサ
7	hepta	ヘプタ
8	octa	オクタ
9	nona	ノナ
10	deca	デカ
11	undeca	ウンデカ
12	dodeca	ドデカ
13	trideca	トリデカ
14	tetradeca	テトラデカ
15	pentadeca	ペンタデカ
16	hexadeca	ヘキサデカ
17	heptadeca	ヘプタデカ
18	octadeca	オクタデカ
19	nonadeca	ノナデカ
20	(e)icosa	(エ) イコサ
21	hen(e)icosa	ヘン (エ) イコサ
22	docosa	ドコサ
23	tricosa	トリコサ
24	tetracosa	テトラコサ
25	pentacosa	ペンタコサ
26	hexacosa	ヘキサコサ
27	heptacosa	ヘプタコサ
28	octacosa	オクタコサ
29	nonacosa	ノナコサ
30	triaconta	トリアコンタ
31	hentriaconta	ヘントリアコンタ
32	dotriaconta	ドトリアコンタ

10	deca	デカ
20	(e)icosa	(エ) イコサ
30	triaconta	トリアコンタ
40	tetraconta	テトラコンタ
50	pentaconta	ペンタコンタ
60	hexaconta	ヘキサコンタ
70	heptaconta	ヘプタコンタ
80	octaconta	オクタコンタ
90	nonaconta	ノナコンタ

100	hecta	ヘクタ
200	dicta	ジクタ
300	tricta	トリクタ
400	tetracta	テトラクタ
500	pentacta	ペンタクタ
600	hexacta	ヘキサクタ
700	heptacta	ヘプタクタ
800	octacta	オクタクタ
900	nonacta	ノナクタ

1000	kilia	キリア
2000	dilia	ジリア
3000	trilia	トリリア
4000	tetralia	テトラリア
5000	pentalia	ペンタリア
6000	hexalia	ヘキサリア
7000	heptalia	ヘプタリア
8000	octalia	オクタリア
9000	nonalia	ノナリア

付録 E

界面活性剤

E.1　界面活性剤の構造と分類

界面を含む系にある物質を加えたとき，表面張力が著しく減少するなど界面の性質が変化する場合，この物質は界面活性であるという。この性質を積極的に利用し，界面現象の調整に用いられる物質を界面活性剤という。界面活性は物質が界面に吸着することに起因する。これは，界面活性剤が性質の異なる 2 つの相にそれぞれなじみやすい部分構造をあわせ持つからである。すなわち，界面活性剤は分子中に親水基と疎水基（もしくは親油基という）をともに有する物質である。

界面活性剤は水溶性界面活性剤と油溶性界面活性剤に大別できるが，一般に用いられる界面活性剤はほとんどが水溶性界面活性剤である。水溶性界面活性剤は，親水基の種類によってイオン性界面活性剤と非イオン性界面活性剤に大別できる。また，イオン性界面活性剤は**アニオン性界面活性剤**，**カチオン性界面活性剤**，および**両性界面活性剤**に分類される。

界面活性剤の構造の例を図 E.1 に示した。図 E.1 (a) は 9.3 節で示したアニオン性界面活性剤のセチル硫酸ナトリウムである。これは，長い直鎖アルキル基の末端に硫酸エステル基がついた構造となっている。3.8.4 項などで既出のドデシル硫酸ナトリウム $C_{12}H_{25}OSO_3^-Na^+$ も同じ構造で，アルキル鎖長だけが異なる。図 E.1 (b) はドデシルアミン塩酸塩で，カチオン性界面活性剤である。図 E.1 (c) はドデシルベタインで長鎖アルキル基にカルボキシベタインがついた構造を持ち，両性界面活性剤である。一方，図 E.1 (d) はアルキルベンゼンにポリオキシエチレン基が結合した非イオン性界面活性剤であり，Triton X-100 という名前で生化学試験用試料として広く用いられている。界面活性剤は，親水基，疎水基の組み合わせにより多様性を示す。以下に，代表的な疎水基と親水基の部分構造を列挙する。

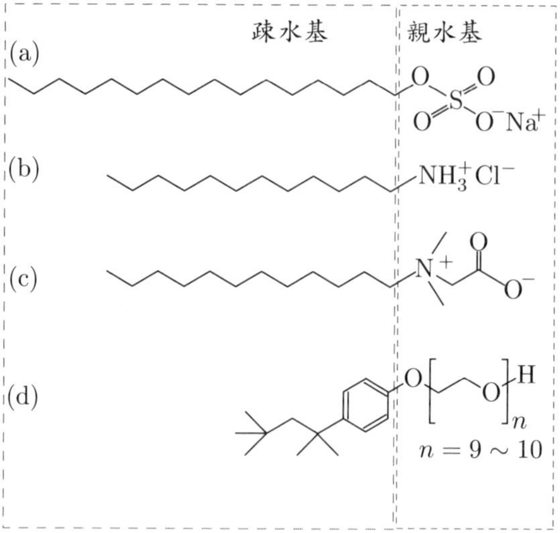

図 E.1　(a) セチル硫酸ナトリウム，(b) ドデシルアミン塩酸塩，(c) ドデシルベタイン，(d) 4–(1,1,3,3– テトラメチルブチル) フェニル – ポリエチレングリコール

E.2　疎水基

- 直鎖アルキル　n–C_nH_{2n+1}–　$n = 8$〜18
- 分岐鎖アルキル　i–C_nH_{2n+1}–　$n = 8$〜18
- 多鎖型
- アルキルベンゼン　C_nH_{2n+1}–(ベンゼン環)　$n = 8, 9$
- アルキルナフタレン　C_nH_{2n+1}–(ナフタレン環)　$n = 8$〜10
- ポリオキシプロピレン　$HO\left[CH(CH_3)CH_2O\right]_n$–
- ペルフルオロアルキル　C_nF_{2n+1}–　$n = 4$〜9
- ポリシロキサン　H–$\left[OSi(CH_3)_2\right]_n$–$O$–

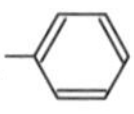

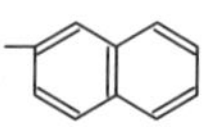

E.3 親水基

E.3.1 イオン性

アニオン性

- 脂肪酸（解離） $-COO^-$
- 硫酸エステル $-OSO_3^-$
- スルホン酸 $-SO_3^-$
- スルホコハク酸エステル $-O_2CCH(CH_2COO^-)SO_3^-$
- リン酸エステル $-OPO_3^-$
- メチルタウリン $-CON(CH_3)C_2H_4SO_3^-$
- イセチオン酸 $-COOC_2H_4SO_3^-$

カチオン性

- 第一級アミン $-NH_2 \cdot HCl$
- 第四級アンモニウム $-N^+R_4$ ただし，$R = CH_3$, C_2H_5, $CH_2-C_6H_5$ など
- ピリジニウム $-N^+C_5H_5$
- イミダゾリニウム（2-イミダゾリニウム環：1位 N-R，3位 N^+-R′） ただし，$R = CH_3$, C_2H_5

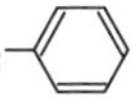

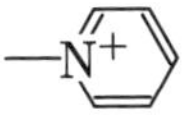

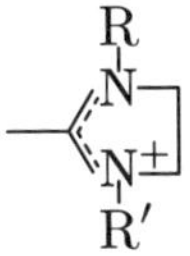

  $R' = C_2H_4OH$, $C_2H_4NH_2$ など

両性

- カルボキシベタイン $-N^+R_2CH_2COO^-$

  ただし，$R = CH_3$, C_2H_5, C_2H_4OH など

- スルホベタイン $-N(CH_3)_2C_3H_6SO_3^-$
- ヒドロキシスルホベタイン $-N(CH_3)_2CH_2CH(OH)CH_2SO_3^-$

- イミダゾリニウムベタイン

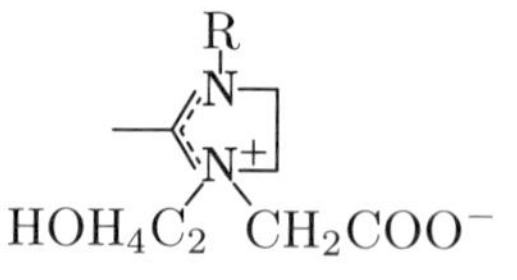

- β− アミノプロピオン酸　　$-NHC_2H_4COO^-$

E.3.2 非イオン性

- ポリオキシエチレン　$-O(C_2H_4O)_n-H$
- アミンオキシド　$-N(CH_3)_2 \rightarrow O$
- 糖エステル　ただし，糖としてショ糖，ソルビタン，ソルビトールなど
- グルコシド，ポリグリセリン
- 脂肪酸（非解離）　$-COOH$
- 第一級アルコール　$-CH_2OH$
- 第二級アルコール　$-CRHOH$
- 第三級アルコール　$-CR_2OH$
- エーテル　$-O-$

付録 F

SI 単位，ギリシャ文字など

F.1　物理定数

表 F.1　物理定数（2018 年 CODATA 推奨値）：[36]

量	記号	数値	単位（SI）	
真空中の光の速さ	c	2.997 924 58	10^{8} m/s	定義値
Plank 定数	h	6.626 070 15	10^{-34} J·s	定義値
Avogadro 定数	N_{A}	6.022 140 76	10^{23} /mol	定義値
電気定数	ϵ_0	8.854 187 8128	10^{-12} F/m	
電気素量	e	1.602 176 634	10^{-19} C	定義値
Faraday 定数	$F = N_{\mathrm{A}}e$	9.648 533 212···	10^{4} C/mol	定義値
電子の静止質量	m_{e}	9.109 383 7015	10^{-31} kg	
陽子の静止質量	m_{p}	1.672 621 923 69	10^{-27} kg	
中性子の静止質量	m_{n}	1.674 927 498 04	10^{-27} kg	
気体定数	R	8.314 462 618 153 24	J/(mol·K)	定義値
Boltzmann 定数	$k_{\mathrm{B}} = \dfrac{R}{N_{\mathrm{A}}}$	1.380 649	10^{-23} J/K	定義値
標準重力加速度	g	9.806 65	m/s^2	定義値
標準大気圧[*1]	–	101 325	Pa	定義値
標準状態圧力	–	100 000	Pa	定義値

[*1] 標準大気圧，標準状態圧力については F.4 節を参照せよ。

F.2 SI 単位

表 F.2 SI 基本単位，固有の名称を持つ SI 組立単位：[27]

物理量	単位	物理量	単位	他の単位との関係
基本単位		組立単位		
長さ	メートル m	電荷，電気量	クーロン C	s·A
質量	キログラム kg	電位差，電圧	ボルト V	$W/A = m^2 \cdot kg/(s^3 \cdot A)$
時間	秒 s	仕事率	ワット W	$J/s = m^2 \cdot kg/s^3$
電流	アンペア A	電気容量	ファラド F	$C/V = s^4 \cdot A^2/(m^2 \cdot kg)$
熱力学温度	ケルビン K	振動数	ヘルツ Hz	/s
物質量	モル mol	力	ニュートン N	$kg \cdot m/s^2$
光度	カンデラ cd	圧力	パスカル Pa	N/m^2
		エネルギー · 仕事	ジュール J	$N \cdot m$
		平面角	ラジアン rad	m/m
		立体角	ステラジアン sr	m^2/m^2

表 F.3 SI 単位の接頭辞：[27]

大きさ	記号	読み方	大きさ	記号	読み方
10^{24}	Y	ヨタ	10^{-1}	d	デシ
10^{21}	Z	ゼタ	10^{-2}	c	センチ
10^{18}	E	エクサ	10^{-3}	m	ミリ
10^{15}	P	ペタ	10^{-6}	μ	マイクロ
10^{12}	T	テラ	10^{-9}	n	ナノ
10^{9}	G	ギガ	10^{-12}	p	ピコ
10^{6}	M	メガ	10^{-15}	f	フェムト
10^{3}	k	キロ	10^{-18}	a	アト
10^{2}	h	ヘクト	10^{-21}	z	ゼプト
10^{1}	da	デカ	10^{-24}	y	ヨクト

表 F.4 非 SI 単位と SI 単位：[27]

物理量	非 SI 単位	SI 単位との関係
力	ダイン dyne	10^{-5} N
エネルギー	エルグ erg	10^{-7} J
	カロリー cal	4.184 J
	エレクトロンボルト eV	$1.602\,176\,634 \times 10^{-19}$ J
長さ	オングストローム Å	0.1 nm
圧力	トール Torr	101 325/765 Pa
	アトム atm	101 325 Pa
	バール bar	10^5 Pa
粘度	ポアズ P	0.1 Pa · s
動粘度	ストークス St	10^{-4} m^2/s
双極子モーメント	デバイ D	$(1/299\,792\,458) \times 10^{-21}$ C · m

F.3 ギリシャ文字

表 F.5 ギリシャ文字

大文字	小文字	読み方	大文字	小文字	読み方
A	α	アルファ	N	ν	ニュー
B	β	ベータ	Ξ	ξ	クシー（グザイ）
Γ	γ	ガンマ	O	o	オミクロン
Δ	δ	デルタ	Π	$\pi(\varpi)$	パイ
E	$\epsilon(\varepsilon)$	イプシロン	P	$\rho(\varrho)$	ロー
Z	ζ	ゼータ	Σ	$\sigma(\varsigma)$	シグマ
H	η	イータ	T	τ	タウ
Θ	$\theta(\vartheta)$	シータ	Υ	υ	ユプシロン
I	ι	イオタ	Φ	$\phi(\varphi)$	ファイ
K	κ	カッパ	X	χ	カイ
Λ	λ	ラムダ	Ψ	ψ	プサイ
M	μ	ミュー	Ω	ω	オメガ

F.4　標準状態

気体について議論する場合，次に示した2つの標準状態（ひょうじゅんじょうたい）を用いることが多い[*2]。

- 標準環境温度（ひょうじゅんかんきょうおんど）と圧力（あつりょく）(SATP: Standard Ambient Temperature and Pressure)
- 標準状態での温度と圧力（STP: Standard Temperatute and Pressure）

この2つの標準状態で指定される温度，圧力を表F.6に示した。ただし，STPでは圧力を101.325 kPa (= 1 atm) とする場合も多いので，注意を要する[*3]。CODATA 2018では，表F.1に示したように，標準大気圧を101325 Pa，標準状態圧力を100000 Paと併記している。

気体にかぎらず，物質の標準状態における物理量を示す記号として，物理量の右肩に「小さな丸[*4]○」もしくは，「**プリムソル**とよばれる横に串ざしされた小さな丸[*5] $\ominus$」を添えることをIUPACが推奨している。たとえば，$\Delta_{\mathrm{f}}H^{\circ}$ とか，$\Delta_{\mathrm{f}}H^{\ominus}$ のように表記する[*6]。

表F.6　「標準環境温度と圧力」と「標準状態での温度と圧力」

	標準環境温度と圧力 SATP	標準状態での温度と圧力 STP
温度〔K〕	298.15	273.15
圧力〔kPa〕	100	100
完全気体のモル体積〔L/mol〕	24.790	22.710

[*2] これ以外にも，さまざまな機関により多くの標準状態が規定されているから注意を要する。

[*3] 1982年にIUPAC Commission on Thermodynamicsが標準状態圧力をそれまで慣習的に使われてきた101.325 kPa (= 1 atm) から1 bar (= 100 kPa) に変える推奨を行った。この推奨以前は，STPにおける圧力は101.325 kPa (= 1 atm) とされていた。しかし，しばしばこの変更は無視され，旧来の101.325 kPa (= 1 atm) が用いられることが多い。高等学校で勉強する化学では，いまだに0 °C，1 atmを標準状態としているから，表F.6に示した完全気体のモル体積を22.4 L/molと記憶している読者も多いだろう。

[*4] ゼロではない。

[*5] 船舶にはこれ以上貨物を積むと復元性が悪くなって航海する上で危険な状態になるという限界があり，この限界をわかりやすく表示した満載時の喫水線標識（船体の横に描かれた目盛状のラインと，その横に描かれた中心に横線の通った円）をプリムソルとよぶ。これを，標準状態における物理量を示す記号として用いる。喫水線標識は英国の政治家，Samuel Plimsoll（サミュエル プリムソル）の考案による。
Samuel Plimsoll (1824–1898)

[*6] 考えている物質が気体の場合と溶液中の溶質の場合とでは，「標準状態」として指定しなければならない条件が明らかに異なる。そこで，標準状態圧力1 barを共通で指定し，それ以外の条件は物質の状態により個別に指定されるのが普通である。

付録G

数学に関する簡単なまとめや公式

ここでは，本書で用いた数学の公式などを（すべてではないが）まとめた。教育的であろうと思うものには，公式の導出も付した。本節は，おもに公式集 [37] による。

G.1　定義の記号

すでにわかっている表式 B で A を新たに定義する場合，次のように書く。

$$A := B \qquad \text{もしくは,} \qquad B =: A \tag{G.1}$$

G.2　総和と総乗

総和（そうわ）と総乗（そうじょう）を次のように表す。

$$\text{総和} \quad a_1 + a_2 + a_3 + \cdots + a_n = \sum_{k=1}^{n} a_k \tag{G.2}$$

$$\text{総乗} \quad a_1 \times a_2 \times a_3 \times \cdots \times a_n = \prod_{k=1}^{n} a_k \tag{G.3}$$

G.3　階　乗

自然数 n の階乗（かいじょう）を 1 から n までの総乗として定義し，$n!$ で表す。

$$n! = 1 \times 2 \times 3 \times \cdots \times n = \prod_{k=1}^{n} k \tag{G.4}$$

また，0 の階乗は 1 と約束する。

$$0! = 1 \tag{G.5}$$

G.4　数列の和

G.4.1　等差数列の和

初項 a, 公差 d, 項数 n の等差数列の初項から第 n 項までの和は次式で与えられる。

$$S_n = \frac{n}{2}(2a + (n-1)d) \tag{G.6}$$

G.4.2　等比数列の和

初項 a, 公比 r, 項数 n の等比数列の初項から第 n 項までの和は次式で与えられる。

$$S_n = a + ar + ar^2 + \cdots + ar^{n-1} = \frac{a(1-r^n)}{1-r} \qquad \text{ただし } r \neq 1 \tag{G.7}$$

$$S_n = a + a + a + \cdots + a = an \qquad \text{ただし } r = 1 \tag{G.8}$$

G.5　和の公式

$$\sum_{n=1}^{\infty} z^n = \frac{z}{1-z} \qquad \text{ただし, } z < 1 \tag{G.9}$$

$$\sum_{n=1}^{\infty} nz^n = \frac{z}{(1-z)^2} \qquad \text{ただし, } z < 1 \tag{G.10}$$

(G.9) 式を導出する。

$$\sum_{n=1}^{\infty} z^n = z + z^2 + z^3 + \cdots \tag{G.11}$$

であるから，これは初項 z, 公比 z の等比数列とみなせる。等比数列の和の公式：(G.7) 式を用いれば，第 k 項までの和は次のように表される。

$$\sum_{n=1}^{k} z^n = \frac{z(1-z^k)}{1-z} \tag{G.12}$$

上式の k が無限大の極限をとれば，$\lim_{k\to\infty} z^k = 0$ $(\because z < 1)$ であるから次式を得る。

$$\sum_{n=1}^{\infty} z^n = \lim_{k\to\infty} \sum_{n=1}^{k} z^n = \frac{z}{1-z} \qquad \because z < 1 \tag{G.13}$$

これで (G.9) 式を証明できた。つぎに (G.10) 式を導出する。

$$f(z) = \sum_{n=1}^{\infty} z^n, \qquad g(z) = \sum_{n=1}^{\infty} nz^n \tag{G.14}$$

とおくと，

$$f'(z) = \sum_{n=1}^{\infty} nz^{(n-1)} = \frac{1}{z}\sum_{n=1}^{\infty} nz^n = \frac{g(z)}{z} \tag{G.15}$$

であるから，$g(z) = z \cdot f'(z)$ が得られる。よって $g(z)$ は，

$$\begin{aligned} g(z) &= z \cdot \frac{\mathrm{d}}{\mathrm{d}z}\left(\frac{z}{1-z}\right) & \text{(G.9) 式より} \\ &= z\frac{(1-z)+z}{(1-z)^2} = \frac{z}{(1-z)^2} & \text{(G.16)} \end{aligned}$$

となる。これで (G.10) 式を証明できた。 □

G.6 指数関数および対数関数に対する級数

$$e^x = 1 + x + \frac{x^2}{2!} + \frac{x^3}{3!} + \cdots \qquad -\infty < x < \infty \tag{G.17}$$

$$a^x = e^{x\ln a} = 1 + x\ln a + \frac{(x\ln a)^2}{2!} + \frac{(x\ln a)^3}{3!} + \cdots \qquad -\infty < x < \infty \tag{G.18}$$

$$\ln(1+x) = x - \frac{x^2}{2} + \frac{x^3}{3} - \frac{x^4}{4} + \cdots \qquad -1 < x \leq 1 \tag{G.19}$$

G.7 Taylor 級数，Maclaurin 級数

関数 $f(x)$ が少なくとも n 回微分可能であるとすれば，

$$f(x) = f(a) + f'(a)(x-a) + \frac{1}{2!}f''(a)(x-a)^2 + \cdots + \frac{1}{(n-1)!}f^{(n-1)}(a)(x-a)^{n-1} + R_n \tag{G.20}$$

$$\text{ただし，} R_n = \frac{1}{n!}f^{(n)}(\xi)(x-a)^n \tag{G.21}$$

を満たす ξ が存在する。$\lim_{n\to\infty} R_n = 0$ のとき，この無限級数を $f(x)$ に対する **Taylor**（テイラー）[*1] **級数**（きゅうすう）という。関数を Taylor 級数で表すことを「Taylor 展開する」という。$a = 0$ のとき，**Maclaurin級数**（マクローリンきゅうすう）ともいう。

$$f(x) = f(0) + f'(0)x + \frac{1}{2!}f''(0)x^2 + \cdots + \frac{1}{(n-1)!}f^{(n-1)}(0)x^{n-1} \qquad \text{(G.22)}$$

G.8 正弦定理

$\triangle$ABC において，BC$= a$, CA$= b$, AB$= c$, 外接円の半径を R とすると，

$$\frac{a}{\sin A} = \frac{b}{\sin B} = \frac{c}{\sin C} = 2R \qquad \text{(G.23)}$$

が成り立つ。

G.9 平 均

n 個の数値 $x_1, x_2, \cdots, x_n$ に対して**相加平均**（そうかへいきん）もしくは**算術平均**（さんじゅつへいきん），**相乗平均**（そうじょうへいきん）もしくは**幾何平均**（きかへいきん），**調和平均**（ちょうわへいきん）を次のように定義する。

$$\text{相加平均} = \frac{x_1 + x_2 + \cdots + x_n}{n} \qquad \text{(G.24)}$$

$$\text{相乗平均} = \sqrt[n]{x_1 x_2 \cdots x_n} \qquad \text{(G.25)}$$

$$\text{調和平均} = \frac{n}{1/x_1 + 1/x_2 + \cdots + 1/x_n} \qquad \text{(G.26)}$$

G.10 積分公式

G.10.1 部分積分

$$\int_a^b f(x)g'(x)\mathrm{d}x = \Big[f(x)g(x)\Big]_a^b - \int_a^b f'(x)g(x)\mathrm{d}x \qquad \text{(G.27)}$$

これは，積の微分 $\dfrac{\mathrm{d}}{\mathrm{d}x}f(x)g(x) = f'(x)g(x) + f(x)g'(x)$ の両辺を積分することにより得る。

[*1] Brook Taylor (1685–1731)

G.10.2 e^{ax} の関係する積分

$$\int xe^{ax}\mathrm{d}x = \frac{e^{ax}}{a}\left(x - \frac{1}{a}\right) \tag{G.28}$$

$$\int x^2e^{ax}\mathrm{d}x = \frac{e^{ax}}{a}\left(x^2 - \frac{2x}{a} + \frac{2}{a^2}\right) \tag{G.29}$$

$$\int x^ne^{ax}\mathrm{d}x = \frac{x^ne^{ax}}{a} - \frac{n}{a}\int x^{n-1}e^{ax}\mathrm{d}x \quad \text{ただし } n \text{ は正の整数} \tag{G.30}$$

これらは，部分積分を用いることにより得られる。たとえば (G.28) 式は次のように得られる。

$$\begin{aligned}\int xe^{ax}\mathrm{d}x &= \int x\left(\frac{e^{ax}}{a}\right)'\mathrm{d}x = x\frac{e^{ax}}{a} - \int \frac{e^{ax}}{a}\mathrm{d}x \\ &= x\frac{e^{ax}}{a} - \frac{e^{ax}}{a^2} = \frac{e^{ax}}{a}\left(x - \frac{1}{a}\right)\end{aligned} \tag{G.31}$$

(G.30) 式について n 回部分積分を繰り返せば，次の結果を得る。

$$\int x^ne^{ax}\mathrm{d}x = \frac{e^{ax}}{a}\left(x^n - \frac{nx^{n-1}}{a} + \frac{n(n-1)x^{n-2}}{a^2} - \cdots + \frac{(-1)^n n!}{a^n}\right) \tag{G.32}$$

同じことであるが，(G.28) 式と (G.32) 式で $a \to -a$ とすれば次式を得る。

$$\int xe^{-ax}\mathrm{d}x = -\frac{e^{-ax}}{a}\left(x + \frac{1}{a}\right) \tag{G.33}$$

$$\int x^ne^{-ax}\mathrm{d}x = -\frac{e^{-ax}}{a}\left(x^n + \frac{nx^{n-1}}{a} + \frac{n(n-1)x^{n-2}}{a^2} + \cdots + \frac{n!}{a^n}\right) \tag{G.34}$$

とくに (G.34) で $0 \leq x < \infty$ の定積分は次の結果を得る。

$$\int_0^\infty x^ne^{-ax}\mathrm{d}x = \frac{n!}{a^{n+1}} \tag{G.35}$$

G.10.3 $\ln x$ の関係する積分

$$\int \ln x\mathrm{d}x = x\ln x - x \tag{G.36}$$

$$\int x\ln x\mathrm{d}x = \frac{x^2}{2}\left(\ln x - \frac{1}{2}\right) \tag{G.37}$$

G.10.4　Gauss 積分

次の積分を**Gauss**[*2] **積分**（ガウスせきぶん）という。

$$\int_{-\infty}^{\infty} e^{-ax^2}\mathrm{d}x = \sqrt{\frac{\pi}{a}} \tag{G.38}$$

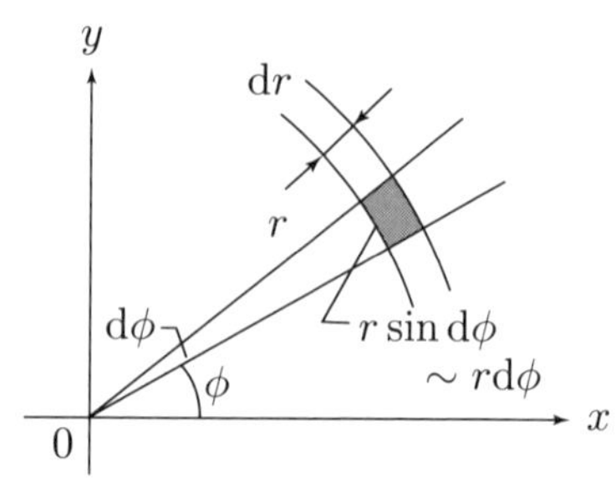

図 G.1　2 次元極座標における面積素片

証明　まずは左辺の 2 乗について計算するが，2 乗を xy 平面での二重積分に書き換えて，極座標で積分することにより答えを得る。

$$\left(\int_{-\infty}^{\infty} e^{-ax^2}\mathrm{d}x\right)^2$$

$$= \int_{-\infty}^{\infty} e^{-ax^2}\mathrm{d}x \times \int_{-\infty}^{\infty} e^{-ay^2}\mathrm{d}y \quad \text{2 乗を二重積分に書き換えた}$$

$$= \int_{-\infty}^{\infty}\int_{-\infty}^{\infty} e^{-a(x^2+y^2)}\mathrm{d}x\mathrm{d}y \quad \text{まとめた}$$

$$= \int_{0}^{\infty} re^{-ar^2}\mathrm{d}r \underbrace{\int_{0}^{2\pi}\mathrm{d}\phi}_{=2\pi} \quad \text{極座標（2 次元）に書き換えた}$$

$$x = r\cos\phi, \quad y = r\sin\phi \quad \to \quad x^2+y^2=r^2$$

$$\mathrm{d}x\mathrm{d}y = r\mathrm{d}\phi\mathrm{d}r \quad \text{図 G.1 参照}$$

$$= \pi\int_{0}^{\infty} 2re^{-ar^2}\mathrm{d}r \quad \text{整理した}$$

$$= \pi\int_{0}^{\infty} e^{-at}\mathrm{d}t \quad r^2 = t \text{ と変数変換した}$$

$r^2 = t$ の両辺を t で微分すると（ただし，左辺は連鎖法で），

$$\frac{\mathrm{d}r^2}{\mathrm{d}r}\frac{\mathrm{d}r}{\mathrm{d}t} = 1 \to 2r\frac{\mathrm{d}r}{\mathrm{d}t} = 1 \to 2r\mathrm{d}r = \mathrm{d}t$$

$$= \frac{\pi}{-a}\left[e^{-at}\right]_0^{\infty} = \frac{\pi}{a} \quad \text{積分計算した} \tag{G.39}$$

2 乗が π/a だから，(G.38) 式を証明できた。 □

なお，被積分関数 e^{-ax^2} は偶関数だから，積分範囲が $0 \sim \infty$ の場合は，積分結果の値は半分になる。

---

*2 Johann Carl Friedrich Gauss (1777–1855)

G.10.5　Gauss 積分 2

次の積分も Gauss 積分という。これは，(G.38) 式から簡単に導くことができる。

$$\int_{-\infty}^{\infty} x^n \exp\left[-\frac{x^2}{2a}\right] \mathrm{d}x = \begin{cases} (n-1)!!a^{n/2}\sqrt{2\pi a} & n \text{ が偶数} \\ 0 & n \text{ が奇数} \end{cases} \tag{G.40}$$

ただし $(n-1)!!$ は二重階乗を表し，次のように定義される。

$$m!! = \begin{cases} m \times (m-2) \times (m-4) \times \cdots \times 4 \times 2 & m \text{ が偶数のとき} \\ m \times (m-2) \times (m-4) \times \cdots \times 3 \times 1 & m \text{ が奇数のとき} \end{cases} \tag{G.41}$$

積分範囲が $0 \sim \infty$ の場合は，積分結果の値が半分になる。

証明　n が奇数のときは，被積分関数が奇関数になり，積分結果が 0 になるのは自明である。そこで n が偶数のときについて考える。(G.38) 式で $x = y/\sqrt{2}a$（ただし $a > 0$）として整理すると，

$$\int_{-\infty}^{\infty} \exp\left[-\frac{y^2}{2a}\right] \mathrm{d}y = \sqrt{2a\pi} \tag{G.42}$$

となる。いよいよ (G.40) 式を考える。これは部分積分を何度か使って，

$$\begin{aligned}
\int_{-\infty}^{\infty} x^n \exp\left[-\frac{x^2}{2a}\right] \mathrm{d}x &= -\int_{-\infty}^{\infty} x^{n-1} a \left(\exp\left[-\frac{x^2}{2a}\right]\right)' \mathrm{d}x \\
&= -a \underbrace{\left[x^{n-1} \exp\left[-\frac{x^2}{2a}\right]\right]_{-\infty}^{\infty}}_{=0} + (n-1)a \int_{-\infty}^{\infty} x^{n-2}\ \exp\left[-\frac{x^2}{2a}\right] \mathrm{d}x \\
&= (n-1)a \int_{-\infty}^{\infty} x^{n-2}\ \exp\left[-\frac{x^2}{2a}\right] \mathrm{d}x \\
&= (n-1)(n-3)a^2 \int_{-\infty}^{\infty} x^{n-4}\ \exp\left[-\frac{x^2}{2a}\right] \mathrm{d}x \\
&\quad \vdots \\
&= (n-1)(n-3)(n-5)a^3 \\
&\qquad \cdots (n-(n-1))a^{n/2} \int_{-\infty}^{\infty} x^{n-n}\ \exp\left[-\frac{x^2}{2a}\right] \mathrm{d}x \\
&= (n-1)!!a^{n/2} \int_{-\infty}^{\infty} \exp\left[-\frac{x^2}{2a}\right] \mathrm{d}x \\
&= (n-1)!!a^{n/2}\sqrt{2a\pi} \qquad \text{(G.42) 式より}
\end{aligned} \tag{G.43}$$

と順次変形できる。これで (G.40) 式を証明できた。　□

G.11　双曲線関数

双曲線関数は次のように定義される[*3]。

$$\sinh x := \frac{e^x - e^{-x}}{2} \tag{G.44}$$

$$\cosh x := \frac{e^x + e^{-x}}{2} \tag{G.45}$$

$$\tanh x := \frac{e^x - e^{-x}}{e^x + e^{-x}} = \frac{\sinh x}{\cosh x} \tag{G.46}$$

$$\coth x := \frac{e^x + e^{-x}}{e^x - e^{-x}} = \frac{\cosh x}{\sinh x} \tag{G.47}$$

$$\operatorname{sech} x := \frac{2}{e^x + e^{-x}} = \frac{1}{\cosh x} \tag{G.48}$$

$$\operatorname{csch} x := \frac{2}{e^x - e^{-x}} = \frac{1}{\sinh x} \tag{G.49}$$

G.11.1　双曲線関数の積分

$$\int \sinh ax \mathrm{d}x = \frac{1}{a} \cosh ax \tag{G.50}$$

$$\int \cosh ax \mathrm{d}x = \frac{1}{a} \sinh ax \tag{G.51}$$

$$\int \tanh ax \mathrm{d}x = \frac{1}{a} \ln \cosh ax \tag{G.52}$$

$$\int \coth ax \mathrm{d}x = \frac{1}{a} \ln \sinh ax \tag{G.53}$$

$$\int \operatorname{sech} ax \mathrm{d}x = \frac{2}{a} \tan^{-1} e^{ax} \tag{G.54}$$

$$\int \operatorname{csch} ax \mathrm{d}x = \frac{1}{a} \ln \tanh \frac{ax}{2} \tag{G.55}$$

G.11.2　逆双曲線関数

$x = \sinh y$ のとき，$y = \sinh^{-1} x$ は x の逆双曲正弦という。これと同様に，他の逆双曲線関数が定義される。

$$\sinh^{-1} x = \ln\left(x + \sqrt{x^2+1}\right) \qquad -\infty < x < \infty \tag{G.56}$$

$$\cosh^{-1} x = \ln\left(x + \sqrt{x^2-1}\right) \qquad x \geq 1 \tag{G.57}$$

$$\tanh^{-1} x = \frac{1}{2} \ln\left(\frac{1+x}{1-x}\right) \qquad -1 < x < 1 \tag{G.58}$$

$$\coth^{-1} x = \frac{1}{2} \ln\left(\frac{x+1}{x-1}\right) \qquad x > 1 \text{ または } x < -1 \tag{G.59}$$

$$\operatorname{sech}^{-1} x = \ln\left(\frac{1}{x} + \sqrt{\frac{1}{x^2} - 1}\right) \qquad 0 < x \leq 1 \tag{G.60}$$

$$\operatorname{csch}^{-1} x = \ln\left(\frac{1}{x} + \sqrt{\frac{1}{x^2} + 1}\right) \qquad x \neq 0 \tag{G.61}$$

[*3] それぞれ，双曲正弦，双曲余弦，双曲正接，双曲余接，双曲正割，双曲余接とよぶ。英語では，sin や cos の前に hyperbolic（ハイパボリックと読む）をつける。なお，逆双曲線関数には inverse hyperbolic（インバースハイパボリック）をつける。

G.12　Stirling 近似

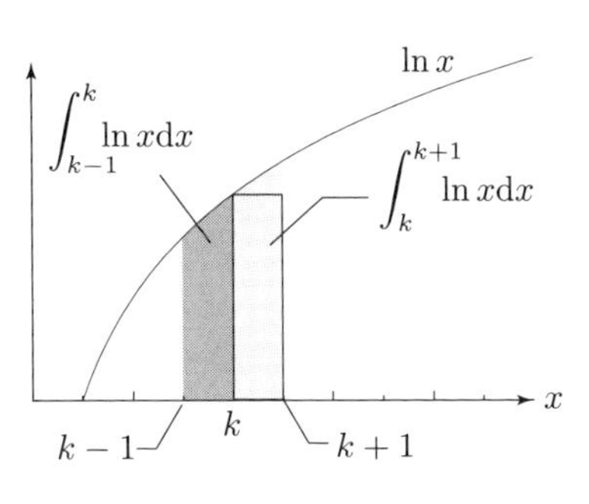

図 G.2　(G.63) 式の理解のために

N が大きい場合,

$$\ln N! = N \ln N - N \tag{G.62}$$

が成り立つ。これを**Stirling**[*4] 近似という。

<u>証明</u>　$\ln k$ は増加関数だから次式が成り立つ。

$$\int_{k-1}^{k} \ln x\mathrm{d}x \leq \ln k \leq \int_{k}^{k+1} \ln x\mathrm{d}x \tag{G.63}$$

この関係を図 G.2 に示した。$\int_{k-1}^{k} \ln x\mathrm{d}x$ は濃い色で塗りつぶした部分の面積，$\int_{k}^{k+1} \ln x\mathrm{d}x$ は薄い色で塗りつぶした面積，$\ln k$ は図中の長方形の面積（高さが $\ln k$ で横幅が 1）と考えられる。(G.63) 式の各項を $k=1$ から $k=N$ まで足し合わせると次式を得る。

$$\sum_{k=1}^{N} \int_{k-1}^{k} \ln x\mathrm{d}x \leq \sum_{k=1}^{N} \ln k \leq \sum_{k=1}^{N} \int_{k}^{k+1} \ln x\mathrm{d}x$$

$$\int_{0}^{1} \ln x\mathrm{d}x + \int_{1}^{2} \ln x\mathrm{d}x + \cdots + \int_{N-1}^{N} \ln x\mathrm{d}x \leq \ln 1 + \ln 2 + \cdots + \ln N$$

$$\leq \int_{1}^{2} \ln x\mathrm{d}x + \int_{2}^{3} \ln x\mathrm{d}x + \cdots + \int_{N}^{N+1} \ln x\mathrm{d}x$$

$$\int_{0}^{N} \ln x\mathrm{d}x \leq \ln N! \leq \int_{1}^{N+1} \ln x\mathrm{d}x \tag{G.64}$$

ここで，$\ln 1 + \ln 2 + \cdots + \ln N = \sum_{k=1}^{N} \ln k = \ln N!$ を用いた。最左辺と最右辺の積分は (G.36) 式で実行できるので，次式を得る。

$$N \ln N - N \leq \ln N! \leq (N+1)\ln(N+1) - N \quad \text{(G.36) 式より} \tag{G.65}$$

N は十分に大きい数を想定しているから，$N+1 \simeq N$ である。これで $\ln N!$ がおおよそ $N \ln N - N$ に等しいことが示された。□

[*4] James Stirling (1692–1770)

G.13　Lagrange の未定乗数法

n 個の変数 $\boldsymbol{x} = (x_1, x_2, \cdots, x_n)$ が拘束条件 $g(\boldsymbol{x}) = 0$ を満たしているとする。この条件下で，関数 $f(\boldsymbol{x})$ が極値をとる $\boldsymbol{x} = (x_1, x_2, \cdots, x_n)$ を求めたい。これには定数 λ を用いて，

$$L(\boldsymbol{x}, \lambda) = f(\boldsymbol{x}) - \lambda g(\boldsymbol{x}) \tag{G.66}$$

を定義し，

$$\frac{\partial L(\boldsymbol{x}, \lambda)}{\partial x_1} = \frac{\partial L(\boldsymbol{x}, \lambda)}{\partial x_2} = \cdots = \frac{\partial L(\boldsymbol{x}, \lambda)}{\partial x_n} = \frac{\partial L(\boldsymbol{x}, \lambda)}{\partial \lambda} = 0 \tag{G.67}$$

を満たす $\boldsymbol{x} = (x_1, x_2, \cdots, x_n)$ を求めればよい。この $\boldsymbol{x} = (x_1, x_2, \cdots, x_n)$ で $f(\boldsymbol{x})$ が極値をとる。すなわち，拘束条件のもとで関数の極値を求める問題では，① 関数 $f(\boldsymbol{x})$ から拘束条件 $g(\boldsymbol{x}) = 0$ の定数倍を差し引いて $L(\boldsymbol{x}, \lambda) = f(\boldsymbol{x}) - \lambda g(\boldsymbol{x})$ を定義し，② 普通の極値問題として関数 $L(\boldsymbol{x}, \lambda)$ の極値を求める，という手順で問題を処理できる。これを**Lagrange**（ラグランジュ）**の未定乗数法**（みていじょうすうほう）という。

演習問題 14　図 G.3 に示した楕円 $x^2/a^2 + y^2/b^2 = 1$ に内接する長方形の面積の極大値を求めなさい。

準備　まずは，Lagrange の未定乗数法を 2 変数版で書き換える。

$g(x, y) = 0$ という拘束条件のもとで $f(x, y)$ が極値をとる (x, y) を求めたい。これにはまず，$L(x, y, \lambda) = f(x, y) - \lambda g(x, y)$ を作り，$(\partial L/\partial x) = (\partial L/\partial y) = (\partial L/\partial \lambda) = 0$ を解けばよい。この解で $f(x, y)$ が極値をとる。

解答 14　極値を求めるべきは長方形の面積 $S := 4xy$ で，楕円に内接するというのが拘束条件である。つまり，極値を求めるべき関数 $f(x, y)$ と拘束条件 $g(x, y) = 0$ は次のように表される。

$$f(x, y) = 2x \times 2y = 4xy$$
$$g(x, y) = \frac{x^2}{a^2} + \frac{y^2}{b^2} - 1 = 0$$

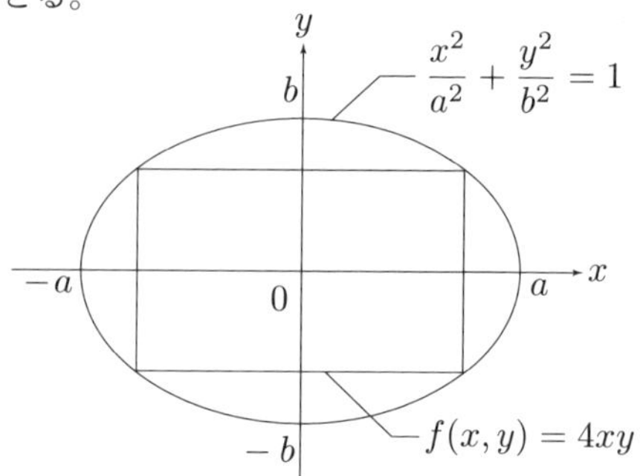

図 G.3　楕円に内接する長方形

常法に従い，$L(x,y,\lambda)$ を作る。

$$L(x,y,\lambda)=f(x,y)-\lambda g(x,y)=4xy-\lambda\left(\frac{x^2}{a^2}+\frac{y^2}{b^2}-1\right)$$

$\partial L/\partial\lambda=0$ は $g(x,y)=0$ そのものだから，これは計算の必要がない。$\partial L/\partial x$ と $\partial L/\partial y$ から，次の関係を得る。

$$\frac{\partial L(x,y,\lambda)}{\partial x}=4y-\frac{\lambda}{a^2}2x=0\longrightarrow\lambda=\frac{a^2}{x}2y$$

$$\frac{\partial L(x,y,\lambda)}{\partial y}=4x-\frac{\lambda}{b^2}2y=0\longrightarrow\lambda=\frac{b^2}{y}2x$$

上の 2 式の λ を等しいとおけば次式を得る。

$$\frac{a^2}{x}2y=\frac{b^2}{y}2x\quad\xrightarrow{\text{整理すると}}\quad x^2=\frac{a^2}{b^2}y^2$$

これを $g(x,y)=0$ の式に代入すれば，

$$\frac{1}{a^2}\left(\frac{a^2}{b^2}y^2\right)+\frac{y^2}{b^2}-1=0\quad\xrightarrow{\text{これよりただちに}}\quad y=\pm\frac{b}{\sqrt{2}},\ x=\pm\frac{a}{\sqrt{2}}$$

を得る。すなわち次の結果を得る。

$$S_{\max}=4xy=4\times\frac{a}{\sqrt{2}}\times\frac{b}{\sqrt{2}}=2ab\qquad\qquad \underline{S_{\max}=2ab}$$

G.14　順列と組み合わせ

G.14.1　順　列

異なる n 個のものから r 個とって，（順番に意味を持たせて）1 列に並べる順列（じゅんれつ）の数は次式で与えられる。

$$_n\mathrm{P}_r=n(n-1)(n-2)\cdots(n-r+1)=\frac{n!}{(n-r)!}\tag{G.68}$$

G.14.2　組み合わせ

異なる n 個のものから r 個とる組み合わせ（くみあわせ）の数は次式で与えられる。

$$_n\mathrm{C}_r=\frac{n(n-1)(n-2)\cdots(n-r+1)}{r(r-1)\cdots 1}=\frac{n!}{r!(n-r)!}=\frac{_n\mathrm{P}_r}{r!}\tag{G.69}$$

G.15　(8.6) 式の導出

まずは，(8.5) 式の左辺を，

$$\frac{\mathrm{d}^2\phi}{\mathrm{d}z^2} = \frac{\mathrm{d}}{\mathrm{d}z}\left(\frac{\mathrm{d}\phi}{\mathrm{d}z}\right) = \frac{\mathrm{d}\phi}{\mathrm{d}z}\frac{\mathrm{d}}{\mathrm{d}\phi}\left(\frac{\mathrm{d}\phi}{\mathrm{d}z}\right) = \frac{1}{2}\frac{\mathrm{d}}{\mathrm{d}\phi}\left(\frac{\mathrm{d}\phi}{\mathrm{d}z}\right)^2 \tag{G.70}$$

と変形し，(8.5) 式を，

$$\frac{1}{2}\frac{\mathrm{d}}{\mathrm{d}\phi}\left(\frac{\mathrm{d}\phi}{\mathrm{d}z}\right)^2 = \frac{2Zen_0}{\epsilon}\sinh\left(\frac{Ze\phi}{k_\mathrm{B}T}\right) \tag{G.71}$$

と書いて両辺を積分する。

$$\begin{aligned}
\int_{\mathrm{d}\phi/\mathrm{d}z}^{0}\mathrm{d}\left(\frac{\mathrm{d}\phi}{\mathrm{d}z}\right)^2 &= \frac{4Zen_0}{\epsilon}\int_{\phi}^{0}\sinh\left(\frac{Ze\phi}{k_\mathrm{B}T}\right)\mathrm{d}\phi \\
\left[\left(\frac{\mathrm{d}\phi}{\mathrm{d}z}\right)^2\right]_{\mathrm{d}\phi/\mathrm{d}z}^{0} &= \frac{4Zen_0}{\epsilon}\frac{k_\mathrm{B}T}{Ze}\left[\cosh\left(\frac{Ze\phi}{k_\mathrm{B}T}\right)\right]_{\phi}^{0} \quad \text{(G.50) 式より}
\end{aligned} \tag{G.72}$$

両辺をそれぞれ計算する。

$$\begin{aligned}
0-\left(\frac{\mathrm{d}\phi}{\mathrm{d}z}\right)^2 &= \frac{4n_0k_\mathrm{B}T}{\epsilon}\frac{1}{2}\left[\exp\left(\frac{Ze\phi}{k_\mathrm{B}T}\right)+\exp\left(\frac{-Ze\phi}{k_\mathrm{B}T}\right)\right]_{\phi}^{0} \quad \text{(G.45) 式より} \\
&= \frac{2n_0k_\mathrm{B}T}{\epsilon}\left[(1+1)-\left\{\exp\left(\frac{Ze\phi}{k_\mathrm{B}T}\right)+\exp\left(\frac{-Ze\phi}{k_\mathrm{B}T}\right)\right\}\right] \\
\left(\frac{\mathrm{d}\phi}{\mathrm{d}z}\right)^2 &= \frac{2n_0k_\mathrm{B}T}{\epsilon}\left\{\exp\left(\frac{Ze\phi}{k_\mathrm{B}T}\right)+\exp\left(\frac{-Ze\phi}{k_\mathrm{B}T}\right)-2\right\} \\
&= \frac{2n_0k_\mathrm{B}T}{\epsilon}4\left[\frac{1}{2}\left\{\exp\left(\frac{Ze\phi}{2k_\mathrm{B}T}\right)-\exp\left(\frac{-Ze\phi}{2k_\mathrm{B}T}\right)\right\}\right]^2 \\
&= \frac{8n_0k_\mathrm{B}T}{\epsilon}\sinh^2\left(\frac{Ze\phi}{2k_\mathrm{B}T}\right) \quad \text{(G.44) 式より} \\
\frac{\mathrm{d}\phi}{\mathrm{d}z} &= -\sqrt{\frac{8n_0k_\mathrm{B}T}{\epsilon}}\sinh\left(\frac{Ze\phi}{2k_\mathrm{B}T}\right)
\end{aligned} \tag{G.73}$$

なお，最後の行で，$\mathrm{d}\phi/\mathrm{d}z$ の 符号のとり方は $+$ もしくは $-$ の 2 通りあるが，いまは固体表面に正電荷が帯電している場合を考えているから，電位の傾き $\mathrm{d}\phi/\mathrm{d}z$ を負にとった。次は下記の積分を計算する。

$$\int_{\phi_0}^{\phi}\frac{\mathrm{d}\phi}{\sinh(Ze\phi/2k_\mathrm{B}T)} = -\sqrt{\frac{8n_0k_\mathrm{B}T}{\epsilon}}\int_0^z\mathrm{d}z \tag{G.74}$$

これを計算するには，まずはじめに Φ を次のように定義する。

$$\Phi := \exp\left(\frac{Ze\phi}{2k_{\mathrm{B}}T}\right) \tag{G.75}$$

すると，

$$\sinh\left(\frac{Ze\phi}{2k_{\mathrm{B}}T}\right) = \frac{1}{2}\left(\Phi - \Phi^{-1}\right), \qquad \phi = \left(\frac{2k_{\mathrm{B}}T}{Ze}\right)\ln\Phi \tag{G.76}$$

と書ける。つぎに，ϕ を Φ で微分すると，

$$\frac{\mathrm{d}\phi}{\mathrm{d}\Phi} = \left(\frac{2k_{\mathrm{B}}T}{Ze}\right)\frac{1}{\Phi} \xrightarrow{\text{ただちに}} \mathrm{d}\phi = \left(\frac{2k_{\mathrm{B}}T}{Ze}\right)\frac{\mathrm{d}\Phi}{\Phi} \tag{G.77}$$

を得るから，(G.74) 式は次のように書き換えられる。

$$\begin{aligned}\int_{\Phi_0}^{\Phi}\frac{2}{(\Phi - \Phi^{-1})}\left(\frac{2k_{\mathrm{B}}T}{Ze}\right)\frac{\mathrm{d}\Phi}{\Phi} &= -\sqrt{\frac{8n_0k_{\mathrm{B}}T}{\epsilon}}z \\ \int_{\Phi_0}^{\Phi}\frac{2}{(\Phi^2 - 1)}\mathrm{d}\Phi &= -\sqrt{\frac{2e^2n_0Z^2}{\epsilon k_{\mathrm{B}}T}}z\end{aligned} \tag{G.78}$$

左辺は部分分数分解できるから，次のように積分計算を進めることができる。

$$\begin{aligned}\int_{\Phi_0}^{\Phi}\left(\frac{1}{\Phi - 1} - \frac{1}{\Phi + 1}\right)\mathrm{d}\Phi &= -\sqrt{\frac{2e^2n_0Z^2}{\epsilon k_{\mathrm{B}}T}}z \\ \Big[\ln(\Phi - 1) - \ln(\Phi + 1)\Big]_{\Phi_0}^{\Phi} &= -\kappa z \qquad \text{(8.8) 式より} \\ \left[\ln\left\{\frac{(\Phi - 1)}{(\Phi + 1)}\right\}\right]_{\Phi_0}^{\Phi} &= -\kappa z\end{aligned} \tag{G.79}$$

さらに左辺については，

$$\left[\ln\left\{\frac{(\Phi - 1)}{(\Phi + 1)}\right\}\right]_{\Phi_0}^{\Phi} = \ln\left\{\frac{(\Phi - 1)}{(\Phi + 1)}\right\} - \ln\left\{\frac{(\Phi_0 - 1)}{(\Phi_0 + 1)}\right\} = \ln\left\{\frac{(\Phi - 1)\,/\,(\Phi + 1)}{(\Phi_0 - 1)\,/\,(\Phi_0 + 1)}\right\} \tag{G.80}$$

と計算できるので，(G.79) 式は次のように変形できる。

$$\frac{(\Phi - 1)}{(\Phi + 1)} = \frac{(\Phi_0 - 1)}{(\Phi_0 + 1)}\exp(-\kappa z) \tag{G.81}$$

ここで，右辺に含まれる定数を $\gamma := (\Phi_0 - 1)\,/\,(\Phi_0 + 1)$ とおく。これは，(8.7) 式に相当する。

$$\frac{(\Phi - 1)}{(\Phi + 1)} = \gamma\exp(-\kappa z) \tag{G.82}$$

Φ をもとに戻すと，左辺は次のように変形できる。

$$\frac{(\Phi-1)}{(\Phi+1)}=\frac{\exp\left(Ze\phi/2k_{\mathrm{B}}T\right)-1}{\exp\left(Ze\phi/2k_{\mathrm{B}}T\right)+1} \tag{G.83}$$

ところで，

$$\begin{aligned}\tanh\left(\frac{Ze\phi}{4k_{\mathrm{B}}T}\right)&=\frac{\exp\left(Ze\phi/4k_{\mathrm{B}}T\right)-\exp\left(-Ze\phi/4k_{\mathrm{B}}T\right)}{\exp\left(Ze\phi/4k_{\mathrm{B}}T\right)+\exp\left(-Ze\phi/4k_{\mathrm{B}}T\right)} \quad \text{(G.46) 式より}\\&=\frac{\exp\left(Ze\phi/2k_{\mathrm{B}}T\right)-1}{\exp\left(Ze\phi/2k_{\mathrm{B}}T\right)+1} \quad \text{分母分子に} \exp\left(\frac{Ze\phi}{4k_{\mathrm{B}}T}\right)\text{をかけた}\end{aligned} \tag{G.84}$$

であるから，結局，

$$\frac{(\Phi-1)}{(\Phi+1)}=\tanh\left(\frac{Ze\phi}{4k_{\mathrm{B}}T}\right) \tag{G.85}$$

と書ける。これを (G.82) 式に代入すると，

$$\tanh\left(\frac{Ze\phi}{4k_{\mathrm{B}}T}\right)=\gamma\exp\left(-\kappa z\right) \tag{G.86}$$

と書ける。双曲線関数 $x=\tanh y$ の逆関数：(G.58) 式を用いると，次の最終結果を得る。

$$\phi=\frac{2k_{\mathrm{B}}T}{Ze}\ln\left[\frac{1+\gamma\exp\left(-\kappa z\right)}{1-\gamma\exp\left(-\kappa z\right)}\right] \tag{G.87}$$

γ の ϕ 依存性　図 G.4 に γ の ϕ 依存性について示した。これから，表面電位 ϕ が大きいところでは γ が 1 に収束することがわかる。また，$\tanh x$ の Maclaurin 展開が $\tanh x=x-x^3/3+\cdots$ であることから，ϕ が小さいところでは $Ze\phi/(4k_{\mathrm{B}}T)$ で近似できることがわかる。

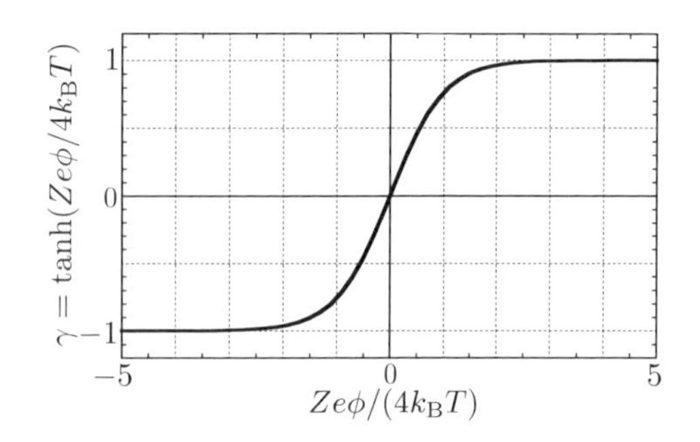

図 G.4　γ の ϕ 依存性

参考文献

[1] D. J. Shaw(ショウ), 北原文雄, 青木幸一郎 訳, コロイドと界面の化学, 廣川書店, 1983

[2] 中垣正幸, 表面状態とコロイド状態(現代物理化学講座 9), 東京化学同人, 1968

[3] B. Jirgensons(ヤーゲンソンス), M. E. Straumanis(ストラウマニス), 玉虫文一 訳, コロイド化学, 培風館, 1967

[4] 近藤保, 新版 界面化学, 三共出版, 2001

[5] 近澤正敏, 田嶋和夫, 界面化学, 丸善, 2001

[6] 近藤保, 鈴木四朗, 入門コロイドと界面の科学, 三共出版, 1983

[7] 北原文雄, 界面・コロイド化学の基礎, 講談社サイエンティフィク, 1994

[8] 北原文雄, 古澤邦夫, 金子克美 共編, コロイド科学 I. 基礎および分散・吸着, 東京化学同人, 1995

[9] 木村欣士, 福田清成, 荒殿誠 共編, コロイド科学 II. 会合コロイドと薄膜, 東京化学同人, 1995

[10] 尾関寿美男, 岩橋槇夫 共編, コロイド・界面化学 – 基礎と応用 –, オーム社, 2018

[11] 日本化学会 編, 現代界面コロイド化学の基礎 – 原理・応用・測定ソリューション(第 4 版), 丸善, 2018

[12] 小野周, 表面張力, 共立出版, 1980

[13] S. J. Gregg(グレッグ), K. S. W. Sing(シング), Adsorption, Surface Area and Porosity, SECOND EDITION, Academic Press, 1982

[14] 慶伊富長, 吸着, 共立全書, 1965

[15] 近藤精一, 石川達雄, 安部郁夫, 吸着の科学(第 3 版), 丸善, 2020

[16] 辻井薫, 超撥水と超親水, 米田出版, 2009

[17] 北原文雄，コロイド化学史，サイエンティスト社，2017

[18] 千原秀昭，徂徠道夫 共編，物理化学実験法（第 4 版），東京化学同人，2000

[19] G. M. Barrow，大門寛，堂免一成 訳，物理化学（第 6 版），東京化学同人，1999

[20] P. W. Atkins，J. de Paula，中野元裕，上田貴洋，奥村光隆，北川康隆 訳，物理化学（第 10 版），東京化学同人，2017

[21] W. J. Moore，細矢治夫，湯田坂雅子 訳，基礎物理化学（第 6 版），東京化学同人，1985

[22] M. A. McQuarriw，J. D. Simon，千原秀昭，江口太郎，齋藤一弥 訳，物理化学 – 分子論的アプローチ，東京化学同人，1999

[23] J. N. Israelachivili，大島広行 訳，分子間力と表面力（第 3 版），朝倉書店，2013

[24] B. Chu，飯島俊郎，上平恒 訳，デバイ 分子間力（初版），培風館，1969

[25] 田崎晴明，統計力学 II，培風館，2008

[26] F. Reif，中林祐次，中山壽夫 訳，統計熱物理学の基礎（上），吉岡書店，1977

[27] 日本化学会 編，化学便覧 基礎編 II（改訂 6 版），丸善，2021

[28] 奥村晴彦，黒木裕介，$\LaTeX\,2_{\varepsilon}$ 美文書作成入門（改訂第 8 版），技術評論社，2020

[29] I. Langmuir, "The Constitution and Fundamental Properties of Solids and Liquids. Part I. Solids", *J. Am. Chem. Soc.*, vol. **38**, pp.2221–2295, 1916.

[30] S. Brunauer, P. H. Emmett, E. Teller, "Adsorption of Gases in Multimolecular Layers", *J. Am. Chem. Soc.*, vol. **60**, pp.309–319, 1938.

[31] 矢崎成俊，実験数学読本，日本評論社，2016

[32] D. K. Owens and R. C. Wendt, "Estimation of the Surface Free Energy of Polymers", *J. Appl. Polym. Sci.*, vol. **13**, pp.1741–1747, 1969.

[33] `https://ja.wikipedia.org/wiki/ヘモグロビン`

[34] 大島広行，"界面動電現象理論の発展：Smoluchowski から ELKIN へ", オレオサイエンス, vol. **13**(7), pp.291–297, 2013.

[35] 川村みゆき，はじめての多面体おりがみ，日本ヴォーグ社，2001

[36] `https://physics.nist.gov/cuu/Constants/`

[37] M. R. Spiegel，氏家勝巳 訳，数学公式・数表ハンドブック，マグロウヒル，1984

索 引

ギリシャ文字

A

B

C

D

E

F

G

H

か

さ

た

な

は

【著者紹介】

類家正稔（るいけ・まさとし） 博士（理学）

1993 年　千葉大学理学研究科化学専攻修了
1994 年　東京電機大学理工学部自然科学系列助手
1999 年　東京電機大学理工学部講師
2000 年　東京電機大学理工学部生命工学科講師
2004 年　同助教授
2007 年　東京電機大学理工学部サイエンス学系准教授
現　在　東京電機大学理工学部理学系准教授

基礎　界面とコロイドの化学

2024 年 1 月 30 日　第 1 版 1 刷発行　　ISBN 978-4-501-63490-2 C3043

著　者　類家正稔

発行所　学校法人 東京電機大学　〒120-8551　東京都足立区千住旭町 5 番
東京電機大学出版局　Tel. 03-5284-5386（営業） 03-5284-5385（編集）
Fax. 03-5284-5387　振替口座 00160-5-71715
https://www.tdupress.jp/

組版：著者　　印刷・製本：三美印刷(株)　　装丁：齋藤由美子
落丁・乱丁本はお取り替えいたします。　Printed in Japan